Gli altopiani carsici del Finalese

Geomorfologia e evoluzione morfotettonica

Motta Michele & Motta Luigi

CAVELAB

2021

First Printing: 2021

ISBN 978-1-716-15706-6

Via Valperga Caluso 35
Torino, Italy 10122

www.unito.it

Sommario

Abstract

The karstic plateaux of ligurian Finalese (Italy). Geomorphology and morphotectonics.

The karstic plateaux of Finalese area (Western Liguria, NW of Italy) are some high plains in carbonatic rocks, with quartzitic and metamorphic rocks along the edge. Fluvial valleys, mainly carved in metamorphic rocks, flow through the plateaux.

While the today climate shape karst microforms, the big landforms are similar to those are typical of the tropical karst landscape. Morphology measurements indicate that the morphogenesis of the top surface of karstic plateaux dates back to a hotter and wetter period than the present one, responsible for the cockpit shape of the biggest karst landforms which is still recognizable, in spite of re-shaping at later times. This morphogenetic stage has been formed framed in the reconstruction of the post-serravallian evolution of the whole area. Such reconstruction has been achieved through the examination of the cave distribution, the discovery in some places of Quaternary flora and fauna, the study of the hydrographic grid (especially the parameters of maturity degree), the study of a «surface of peaks» extended to most of the surveyed area, and the analysis of cliffs at the plateaux edges.

The results can be resumed as follows: after the deposition of the «Pietra di Finale» (Middle Miocene) this area definitely emerges, forming a structural high, also emergent during the Pliocene transgression. As in many circum-mediterranean regions, also in this zone, probably during the Lower Pleistocene, there was the formation of an erosion pediment. After a climatic change, the sheet erosion of the pediment is replaced by fluvial erosion on the metamorphic rocks, and by karstic erosion on the soluble rocks. The erosion of soluble rocks is less strong; therefore the southern of the pediment becomes a big karst plateau. Later, once or more than once, the local climate becomes hotter and wetter than today climate, and favorable to cockpits development. The cockpits later are partly dismantled by an erosive phase. This erosive phase transforms the unique plateau in smaller units such as the Mànie Plateau.

The tectonic raising of the region has been accompanied by eustatic oscillations. Two of them, which may be referred to the Upper and Middle Pleistocene, have leaved marine deposits at Capo Noli; another leaved fossils during the Lower Pleistocene in Grotta dell'Edera (242 m a.s.l.).

During a period of standstill of the relative raising movements of the region, the formation of large valley bottoms (the one of the Rio Ponci is still well preserved) takes place together with a series of morphological terraces, 100-145 meters above the present sea-level, the same altitude of the alluvial deposits of the Ponci.

The relative raising movements bring to the present situation and to the dismantling of most of the old valley bottoms, through a new erosion period which rejuvenates the whole region. At present this erosive phase is at its final stage.

In the present climate, on the top surfaces of the high plains the karst processes prevail even though the morphology is dominated by old, fluvial-karst, morphology (cockpits, etc.).

On the edge of the high plains the high acclivity promotes fluvial and gravitational processes that together with the karst processes operate on the soluble rocks.

Large gullies takes place on quartzite rocks wherever the fire has destroyed the vegetation.

In the metamorphic rocks the reliefs have a lobed plan and slopes with a very regular concavo-convex profile. Consequently the rivers have a sinuous pattern and the fluvial erosion at the slope foot often shape landforms like to tectonic facets.

The coast has the typical dynamics of the high coasts: its shows cliffs and pocket beaches whose dynamics is determined by wave motion and controlled by extensive man-made works.

In the area there are the following soil series: lithosols, humo-calcareous soils, rendzinas and calcareous brown soils, on the slopes of "Pepino hills" at the top of the karstic plateaux; ferri-allitic red soils, eutrophic brown soil and anthropic brown rendzinas, on the bottom of karst landforms; lithosols, humo-calcareous soils and rendzinas soils, on the slopes of Capo Noli Mount and plateaux edges. On the Manie plateau there is also a paleosol of the Lower Pleistocene, with features of tropical clìmate.

Introduzione

Grazie alla favorevole situazione climatica e alla buona disponibilità di fonti alimentari lungo tutto l'anno, il Finalese è stato probabilmente una delle prime zone italiane colonizzate dall'uomo, come attestano i ritrovamenti paleoetnologici relativi all'Uomo di Neanderthal. Nei secoli ha rappresentato un'area tutt'altro che marginale della Riviera di Ponente, per le sue caratteristiche di coltivabilità, facile difesa, facile approdo, facili collegamenti con la Val Padana. A questa importanza, sottolineata da archeologi e storici, per lungo tempo non è corrisposta un'attenzione particolare dai geografi, specie nel campo geomorfologico. Caratterizzato da una morfologia nettamente differente dal resto della Liguria, di tipo carsico ma molto diversa dal classico Carso triestino, il paesaggio del Finalese è risultato di difficile comprensione per i primi studiosi. Rovereto, ad esempio, non arrivò a riconoscere come forme carsiche i valloni a fondo piatto tipici della sommità degli altopiani finalesi, e li interpretò come possibili valli glaciali; Issel, profondo conoscitore della zona, probabilmente ostacolato dall'idea dei suoi tempi che solo le forme perfettamente identiche a quelle del Carso triestino e dinarico fossero forme carsiche vere e proprie, non comprese pienamente l'importanza del carsismo nella genesi ed evoluzione degli altopiani finalesi. Fu comunque il primo a riconoscere la presenza dei processi carsici: in particolare, notevole per i tempi il corretto riconoscimento dei tufi calcarei di Isasco e Verzi come depositi quaternari di risorgenza carsica, disconosciuto dai geologi successivi. Per arrivare alle moderne idee sulla geomorfologia del Finalese bisognerà attendere la seconda metà del '900, quando la zona diventerà l'area di attività di gruppi speleologici, fra cui principalmente il Gruppo Speleologico Savonese, di cui alcuni membri sono anche ricercatori all'Università di Genova. Fu così possibile estendere la conoscenza delle grotte ben oltre il tratto iniziale delle cavità visitato da Rovereto e Issel, ed eseguire le prime analisi a sostegno delle ipotesi speleologiche (in quest'opera si distinsero in particolare Maifredi, Pastorino, Cachia, Calandri). Ciò portò alla scoperta di importanti deflussi idrici sotterranei (congiunzione Pollera – Buio, collegamento idrogeologico Altopiano delle Manie – Valle Sciusa…) e di un gran numero di grotte anche di notevole sviluppo, il che rese evidente la natura prevalentemente carsica dei processi geomorfologici locali. La zona divenne palestra di studio dei geomorfologi dell'Università di Torino e, nella tesi di laurea di M. Motta (1987), venne esposta la teoria che interpreta le maggiori depressioni degli altopiani come forme carsiche antiche sviluppate in condizioni di clima caldo umido, primo caso di una simile interpretazione in Italia. L'argomento divenne il tema centrale di un congresso di geomorfologia e geografia fisica nel 1989, durante il quale l'area venne visitata dai maggiori geomorfologi italiani e ne fu affermata l'importanza come testimonianza di una morfogenesi sviluppata prevalentemente in clima caldo, notevole in un ambiente come quello italiano (e specialmente alpino) in cui prevalgono piuttosto le forme sviluppate durante le glaciazioni. Nei decenni successivi il ritrovamento in diversi altri siti italiani ed europei di forme equivalenti ha un po' allontanato dal Finalese l'interesse della comunità scientifica su questo punto, ma non ha fermato le ricerche: in particolare, i successivi ritrovamenti paleontologici e paleoetnologici, la ripresa dello studio dei tufi calcarei, la capillare ricerca di nuove grotte hanno portato a meglio definire i particolari della struttura idrogeologica e dell'evoluzione morfoclimatica dell'area, fruttando pubblicazioni scientifiche (ad esempio, sui ritrovamenti di fossili marini nella Grotta dell'Edera, sull'origine dei tufi calcarei dell'Altopiano delle Manie, sui modelli di circolazione atmosferica ipogea) e un moderno catasto del carsismo ipogeo, presentato nel raduno Finalmentespeleo del 2017. Le nuove conoscenze hanno leggermente modificato quanto si conosceva della geomorfologia e dell'evoluzione morfoclimatica dell'area e, anche se il quadro generale non è sostanzialmente cambiato rispetto a quello esposto nei lavori degli anni '80, appare ormai doverosa una ripresa delle tematiche presentate nelle pubblicazioni degli anni '80, implementandole con le nuove conoscenze e unendole in un quadro complessivo. La mole di informazioni, sia recenti sia da contestualizzare nelle teorie scientifiche ormai obsolete, è tale che solo una revisione e un confronto delle informazioni provenienti dai diversi ambiti (speleologia, archeologia...) può far avanzare proficuamente le conoscenze sull'area: tale è lo scopo del presente lavoro.

1. I fattori climatici attuali

Precipitazioni

La stazione pluviometrica di Le Manie, situata al centro dell'omonimo altopiano e gestita attualmente da ARPAL, è ideale per rappresentare la piovosità della superficie sommitale degli altopiani finalesi. Le sue coordinate (WGS 84) sono 44.19866 N 8.37656 E, 297 m s.l.m. In Motta (1987) è calcolata la media annua di precipitazioni del periodo 1943 – 1985: 916,6 mm, 68 giorni piovosi all'anno. La Tab. 1.1 mostra la distribuzione stagionale delle piogge.

La media annua di precipitazioni nel periodo 1961 - 2010 è più bassa di quella 1943 – 1985 (come si osserva in molte stazioni italiane, secondo diversi autori a causa del riscaldamento climatico): 851 mm (fig. 1.1).

Tab. 1.1 – Distribuzione stagionale delle precipitazioni a Le Manie nel periodo 1943-1985 (Motta, 1987).

	Inverno	*Primavera*	*Estate*	*Autunno*
Media mensile di precipitazioni	225,5 mm	253,3 mm	114,2 mm	323,2 mm
Giorni piovosi	17	20	11	20
Densità di precipitazione stagionale	13,3	11,8	10,4	16,2

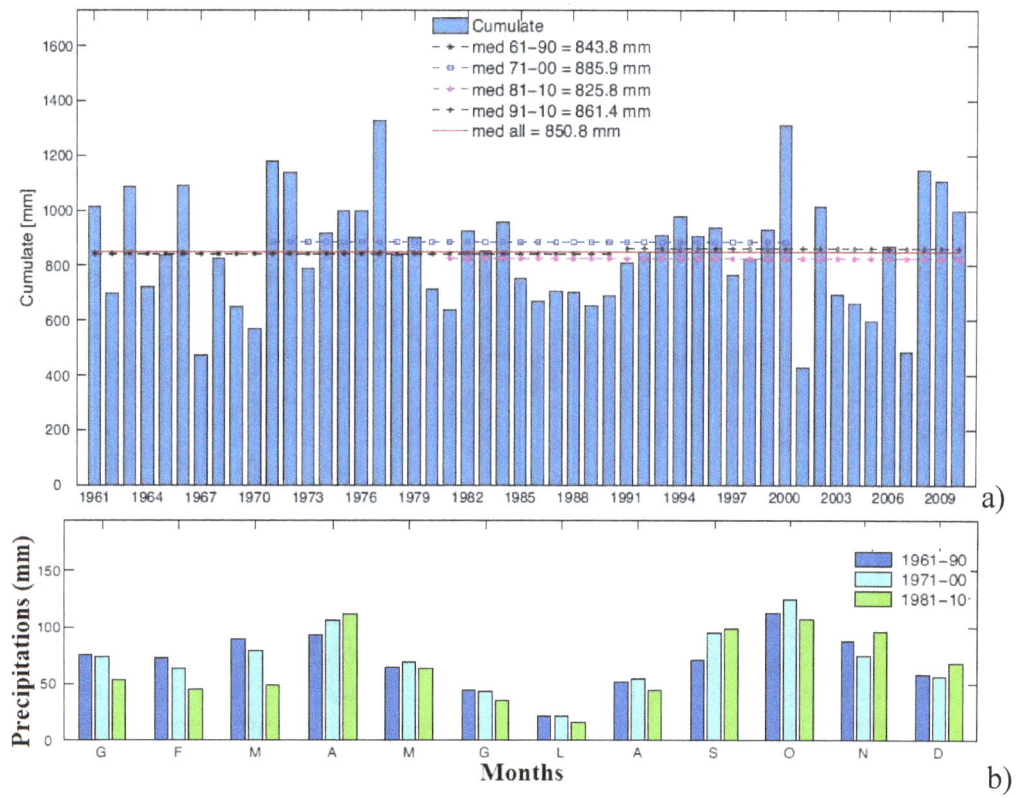

Fig. 1.1 – Precipitazioni annue (a) e loro distribuzione mensile (b) a Le Manie (ARPAL).

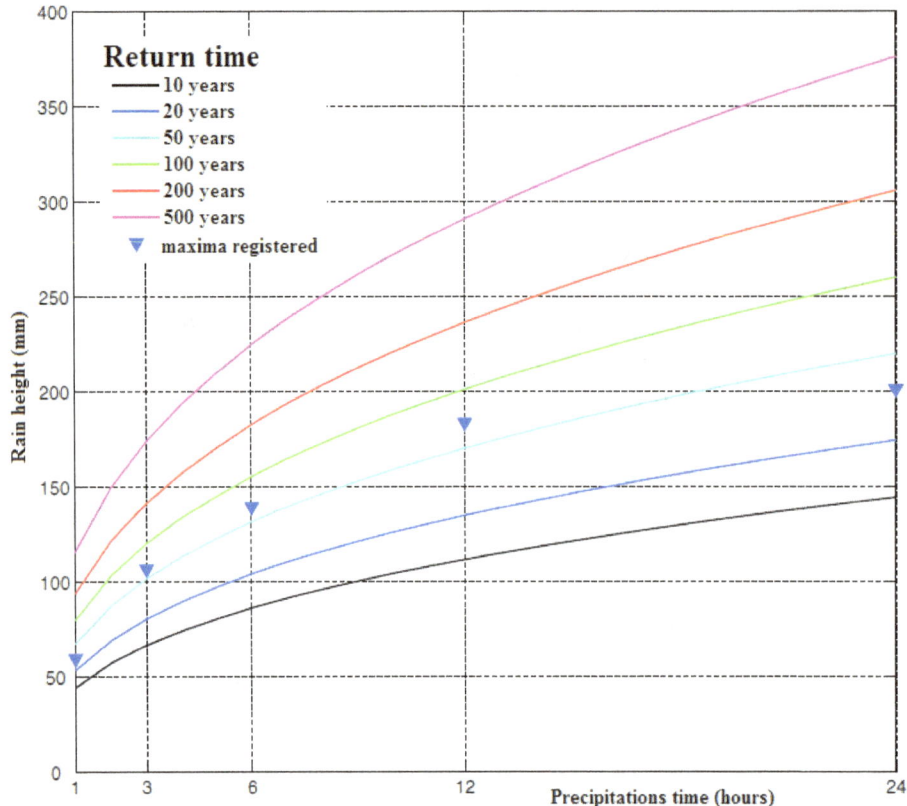

Fig. 1.2 – Curve di probabilità di precipitazioni alla stazione di Le Manie. Ridisegnato da Agrillo & Bonati (2013).

A NNW dell'Altopiano delle Manie, la stazione pluviometrica più vicina è Vezzi San Giorgio (Tab. 1.2). Essendo quasi alla stessa quota di quella delle Manie, 340 m s.l.m., rappresenta bene come cambia la piovosità avvicinandosi all'asse centrale delle Alpi Liguri. La media delle precipitazioni annue nel periodo 1921-1946 è 1109.7 mm, con 52 giorni piovosi all'anno (Motta, 1987), evidenziando così sia una maggiore piovosità sia una maggiore intensità di precipitazioni.

Tab. 1.2 – Distribuzione stagionale delle precipitazioni a Vezzi San Giorgio nel periodo 1921-1946 (Motta, 1987).

	Inverno	*Primavera*	*Estate*	*Autunno*
Media mensile di precipitazioni	259,4 mm	330,5 mm	157,8 mm	371,3 mm
Giorni piovosi	12,4	17,6	8,4	14,6
Densità di precipitazione stagionale	21,0	18,8	18,7	25,4

Il regime di piovosità è sublitoraneo, con massimo principale in Ottobre e secondario in Febbraio – Marzo, minimo principale a Luglio, secondario a Gennaio.

Per dare un'idea della distribuzione della piovosità nell'area, che ha forti variazioni legate all'orografia, la fig. 1.3 confronta l'andamento delle precipitazioni medie mensili e del numero di giorni piovosi nella stazione delle Mànie e in tre stazioni limitrofe all'altopiano, una a SW (Capo Noli), una a N (Vezzi), una a NW (Feglino).

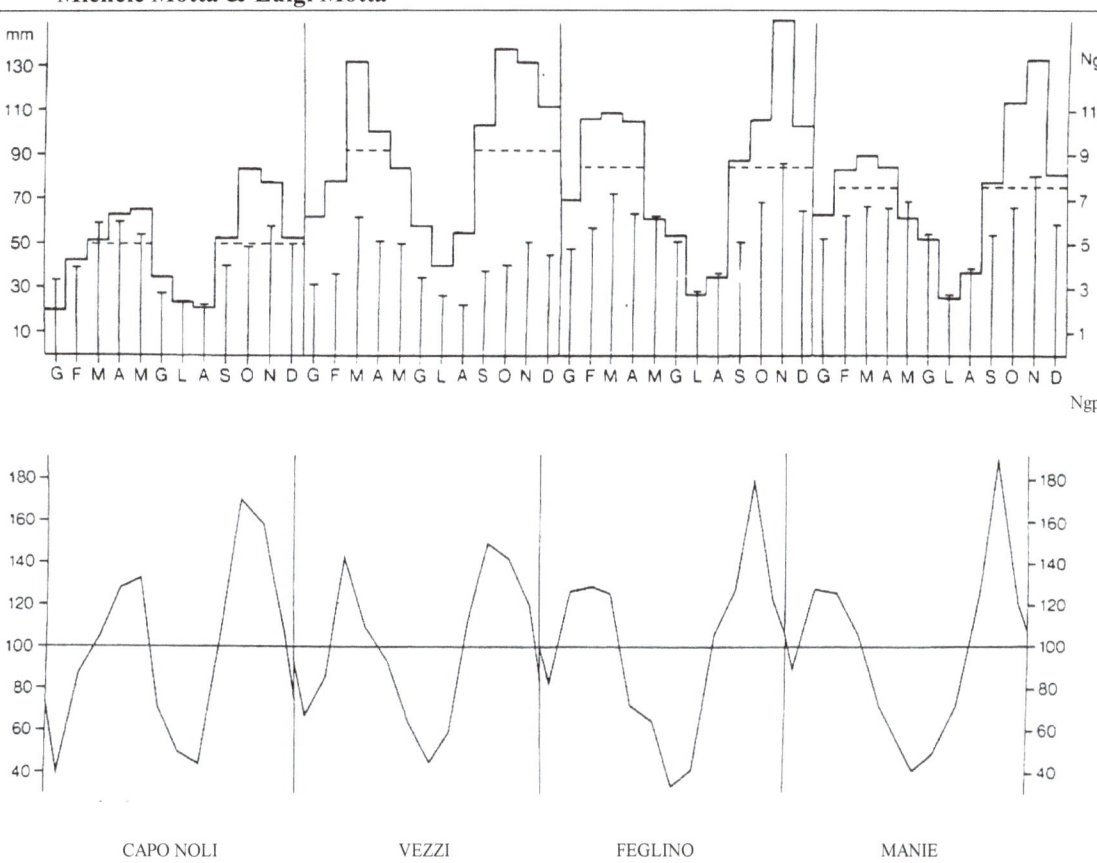

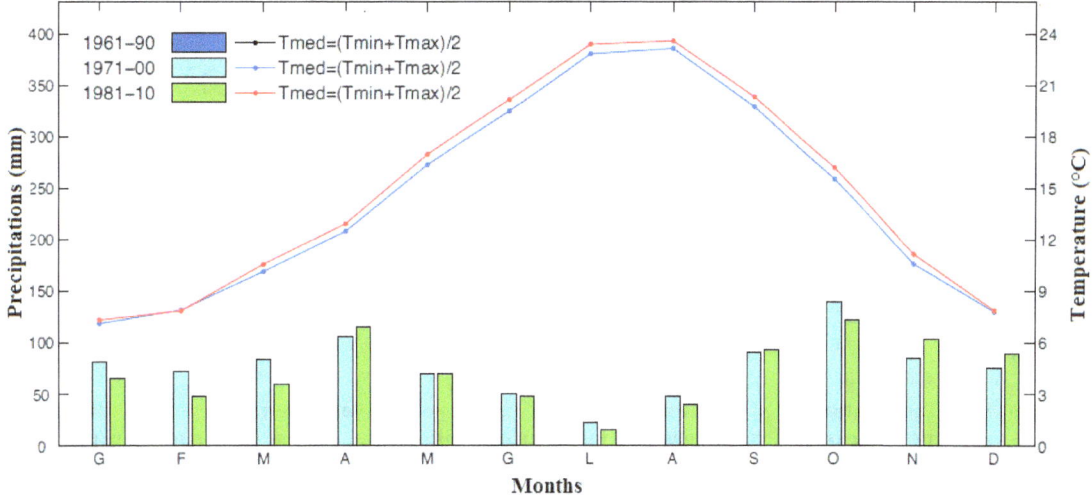

Fig. 1.3 – Andamento delle precipitazioni a Capo Noli, Vezzi, Feglino, Mànie. Linea continua degli isto-grammi: medie mensili; linee verticali sormontate da un trattino: medie mensili del numero di giorni piovosi; rette tratteggiate orizzontali: precipitazione media annua. Nei diagrammi in basso la precipitazione media an-nua é posta uguale al 100%, ed i valori delle precipitazioni medie mensili sono calcolati di conseguenza.

Temperature

La stazione termometrica più rappresentativa della sommità degli altopiani è Rialto (Tab. 1.3), che ha quota comparabile (376 m s.l.m.) ma un ridotto periodo di misura (1951-1974). Calice Ligure (WGS84 lat. 44,20310, lon. 8,29344) è a bassa quota (60 m s.l.m.) ma è la stazione più vicina con una serie termometrica trentennale (fig. 1.4).

Fig. 1.4 – Dati climatici di Calice Ligure. Le temperature estreme (in 38 anni di osservazioni) sono − 10,0 °C e + 40,1 °C. Ridisegnato da Agrillo & Bonati (2013).

Tab. 1.3 – Temperature medie nel periodo 1951-1974 a Rialto (Motta, 1987).

	massime	minime	medie	escursione termica
Medie annue	18,85 °C	10,62 °C	14,58 °C	-1,12 / 32,66 °C

I grafici della fig. 1.5 danno un'indicazione delle variazioni altimetriche, mostrando le temperature misurate in 23 anni di osservazioni (1951 - 1974) alle stazioni di Rialto (situata in Val Pora a N degli altopiani carsici a 376 m s.l.m.) e Calice, stazione sempre in Val Pora ma a quota 70 m s.l.m.

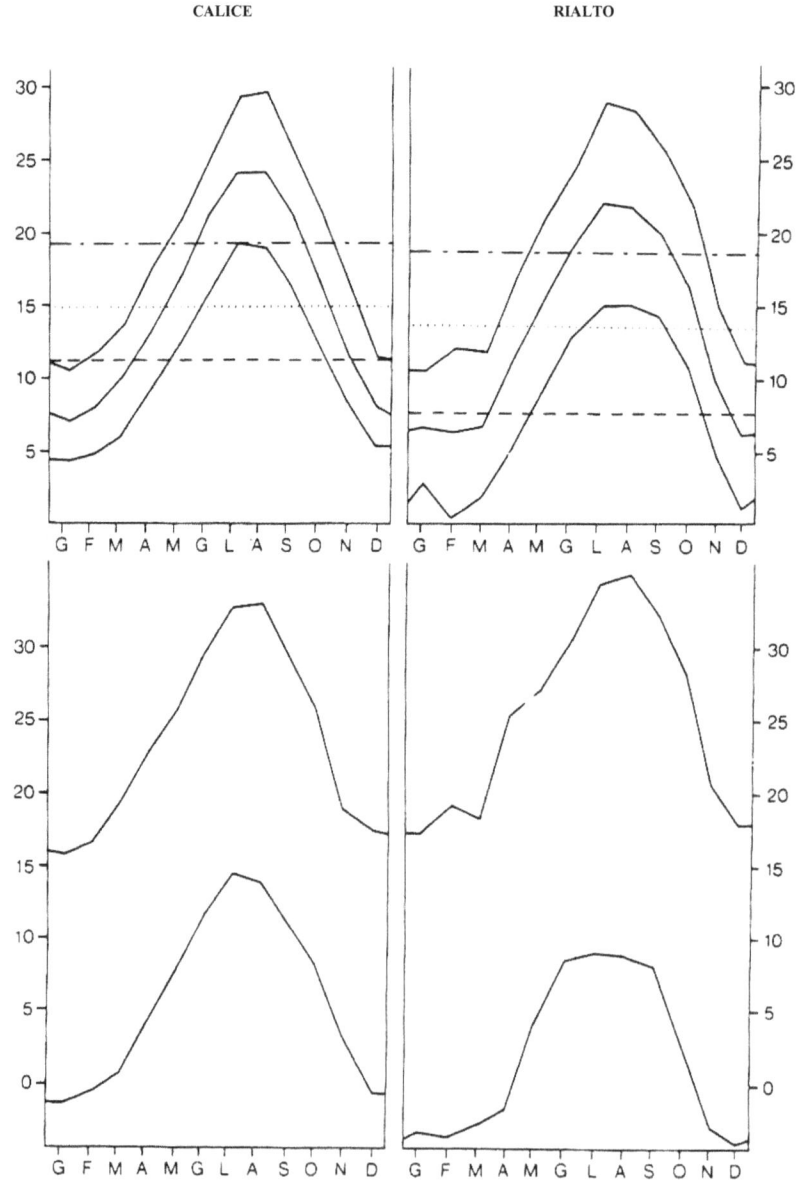

Fig. 1.5 – Temperature a Calice e Rialto. Nei grafici in alto le linee continue rappresentano, dall'alto in basso, le medie mensili massime, medie mensili e medie mensili minime. La retta a tratto e punto rappresenta la media annuale massime, la retta a puntini la media annuale, la retta tratteggiata la media annuale minime. I grafici in basso riportano l'andamento delle medie mensili di massime e minime mensili.

Stazioni meteorologiche dell'area attualmente in funzione

Nell'area sono presenti due stazioni automatiche della rete ARPAL funzionanti, una a Le Manie e una a Calice Ca' Rosse.

A Le Manie ($\lambda = 8°$ 22' 43,788"; $\varphi = 44°$ 11' 35,7"; h = 340 m s.l.m.) sono misurati la temperatura dell'aria, l'umidità relativa e le precipitazioni; a Calice Ca' Rosse solo l'umidità relativa e le precipitazioni.

LE MANIE

A Le Mànie i dati sono rilevati con continuità dal mese di Marzo 2014, con 86 dati mensili fino ad Aprile 2021.

Il grafico delle temperature massime assolute mensili, medie delle massime giornaliere, medie, medie delle minime giornaliere e minime assolute mensili mostra spezzate abbastanza regolari, col valore massimo sistematicamente ad Agosto.

La temperatura media è di 15,5 °C (tab. 1.4).

Tab. 1.4 – Temperature 2014 – 2021 a Le Mànie.

massime mensili	medie delle massime giornaliere	medie	medie delle minime giornaliere	minime mensili
25,3	19,5	15,5	12,5	7,7

Le escursioni termiche giornaliere si mantengono su valori moderati, maggiori in estate (8,3 °C a Luglio), più bassi in autunno che in primavera (6,7 °C a Ottobre rispetto ai 7,3 °C di Aprile). Il minimo lo si registra in tardo autunno e inverno (5,7 °C a Novembre, Dicembre e Gennaio).

L'escursione termica annuale, stimata dalle temperature medie mensili, è di 16,5 °C. L'escursione mediamente registrata ogni anno è di 23,5°C.

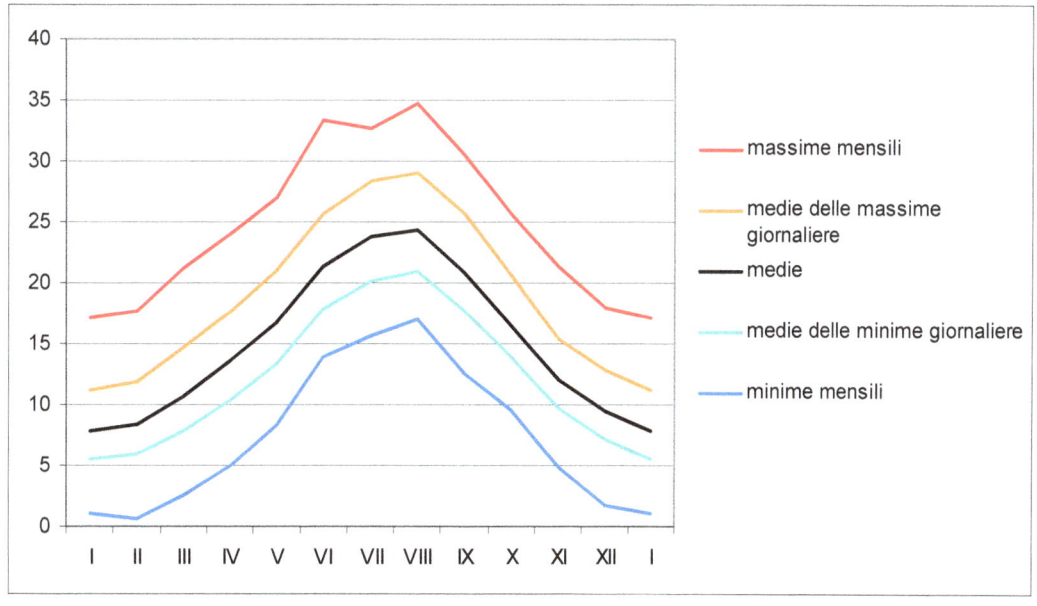

Fig. 1.6 – Temperature 2014 – 2021 a Le Mànie.

L'umidità relativa massima registrata mensilmente è sempre pari al valore di saturazione. Non così ovviamente i valori mensili medi e i minimi.

L'umidità relativa ha distribuzione mensile bimodale, con un massimo a Giugno-Luglio e uno secondario a Ottobre-Novembre, appena accennato nei valori minimi (fig. 1.7). Più interessanti paiono essere i valori minimi: a Marzo sono appena 13,5 % e a Gennaio 13,7 %.

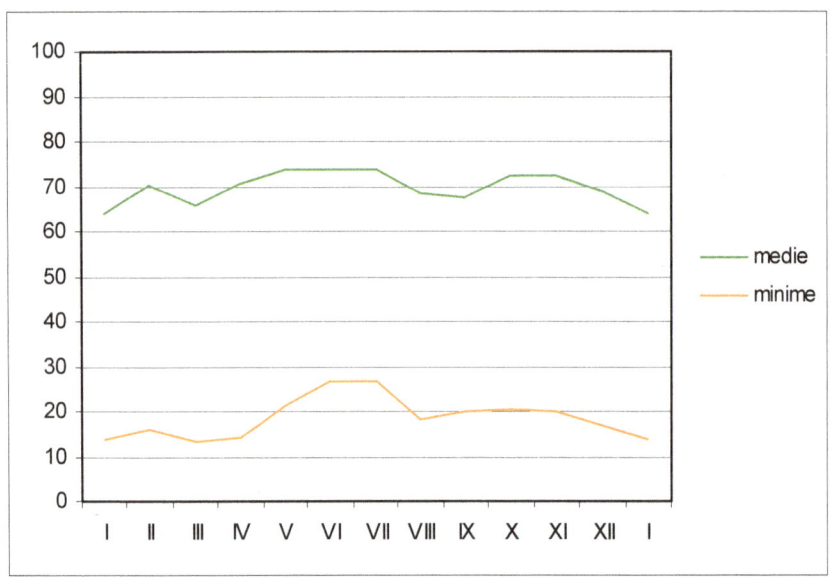

Fig. 1.7 – Umidità relativa 2014 – 2021 a Le Mànie.

Le precipitazioni cumulate annuali risultano di 861,5 mm, distribuite in 67,0 giorni.

La loro distribuzione è bimodale, con un picco pronunciato in Novembre (226,0 mm) e uno secondario a Marzo (83,1 mm); curiosamente, quest'ultimo è nel mese con minima umidità relativa. Il minimo principale di pecipitazioni è estivo, ad Agosto, con appena 26,5 mm.

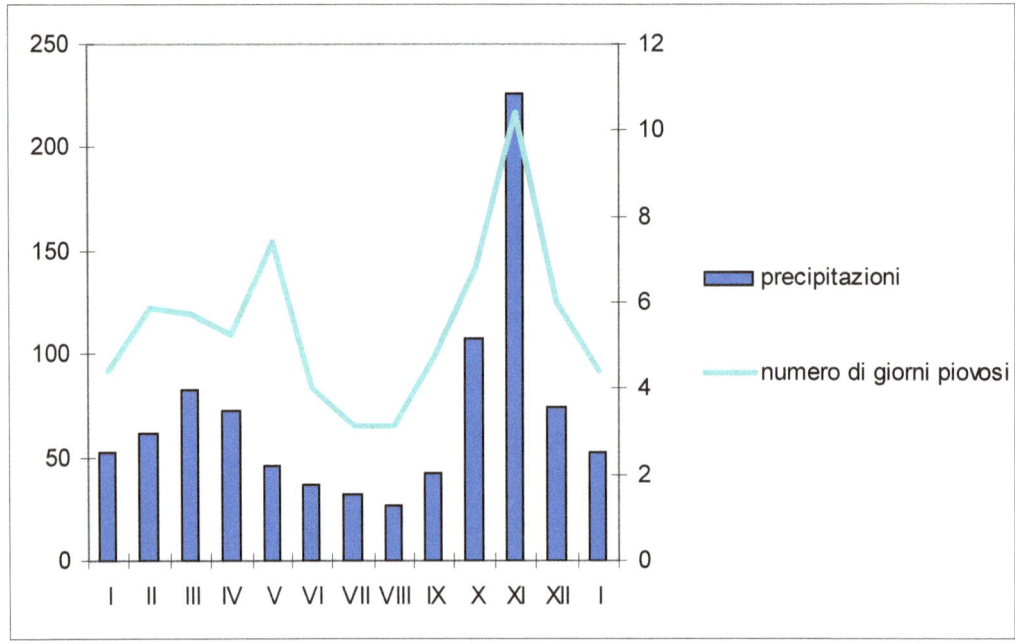

Fig. 1.8 – Precipitazioni 2014 – 2021 a Le Mànie.

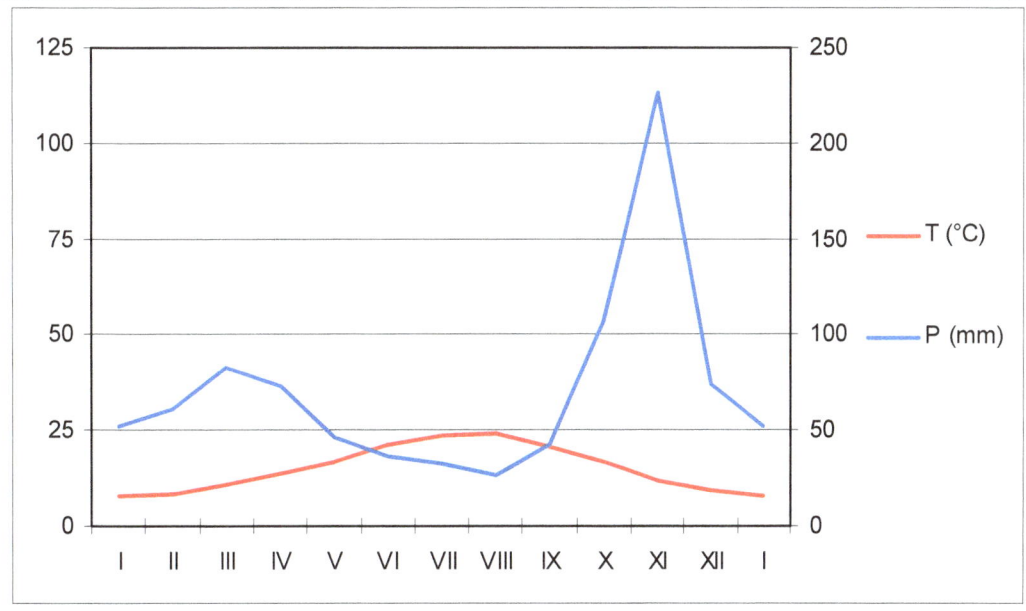

Fig. 1.9 – Diagramma umbrotermico 2014 – 2021 a Le Mànie.

CA' ROSSE

A Ca' Rosse ($\lambda = 8°$ 18' 7,38"; $\varphi = 44°$ 11' 44,628"; h = 50 m s.l.m.) sono rilevati solo 84 dati mensili dal mese di Gennaio 2011 ad Aprile 2021, con due lacune, una da Febbraio a Dicembre 2012 e l'altra da Aprile 2014 ad Agosto 2016.

La temperatura media è di 15,0 °C (tab. 1.5). Nonostante la quota minore di 290 m, la stazione risulta più fredda delle Mànie.

Tab. 1.5 – Temperature 2011-2021 a Ca' Rosse.

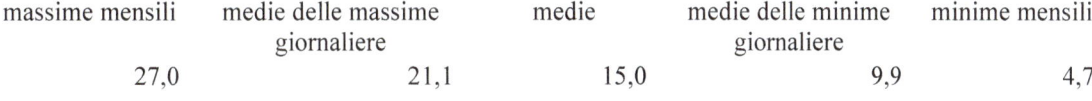

massime mensili	medie delle massime giornaliere	medie	medie delle minime giornaliere	minime mensili
27,0	21,1	15,0	9,9	4,7

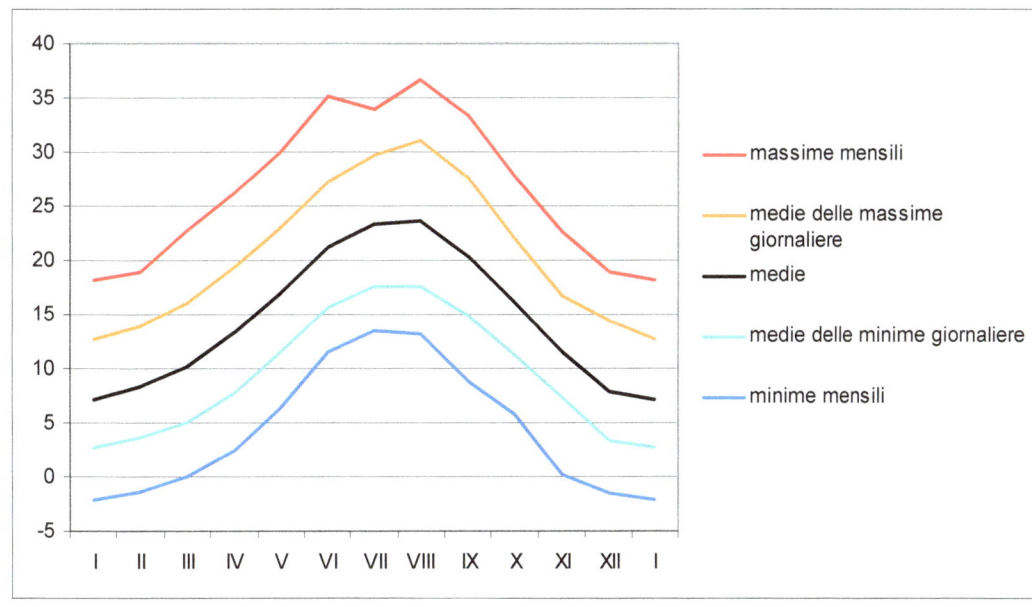

Fig. 1.10 – Temperature 2011-2021 a Ca' Rosse.

Le escursioni termiche giornaliere sono relativamente alte, maggiori in estate (13,4 °C ad Agosto), ridotte in autunno rispetto alla primavera (10,7 °C a Ottobre rispetto ai 11,6 °C di Aprile). Il minimo lo si registra in tardo autunno (9,5 °C a Novembre).

L'escursione termica annuale, stimata dalle temperature medie mensili, è 16,6 °C, circa la stessa delle Mànie. L'escursione mediamente registrata ogni anno (stimata dalla differenza fra il valore delle medie delle massime giornaliere del mese più caldo e quello delle minime del mese più freddo) è di 28,3 °C, più alta del valore analogo relativo a Le Mànie di ben 4,8 °C.

Le precipitazioni cumulate annuali sono 1032,9 mm, con distribuzione bimodale in 67,3 giorni, che mostra: un massimo pronunciato in Novembre (198,2 mm) e uno secondario a Marzo (113,3 mm); minimo principale in estate (Agosto, con solo 30,1 mm).

L'indice termoisodromico di Kerner descrive la asimmetria della spezzata delle temperature medie, maggiore a Le Manie (18,3) rispetto a Ca' Rosse (16,2). Potrebbe denunciare una maggiore influenza delle masse marine a Le Manie rispetto a Ca' Rosse.

L'indice di Fournier, calcolato per lo stesso trimestre piovoso (centrato a Novembre) è sensibilmente più elevato a Le Manie (47,3) rispetto a Ca' Rosse (43,1), denunciando una maggiore concentrazione delle precipitazioni nel corso dell'anno.

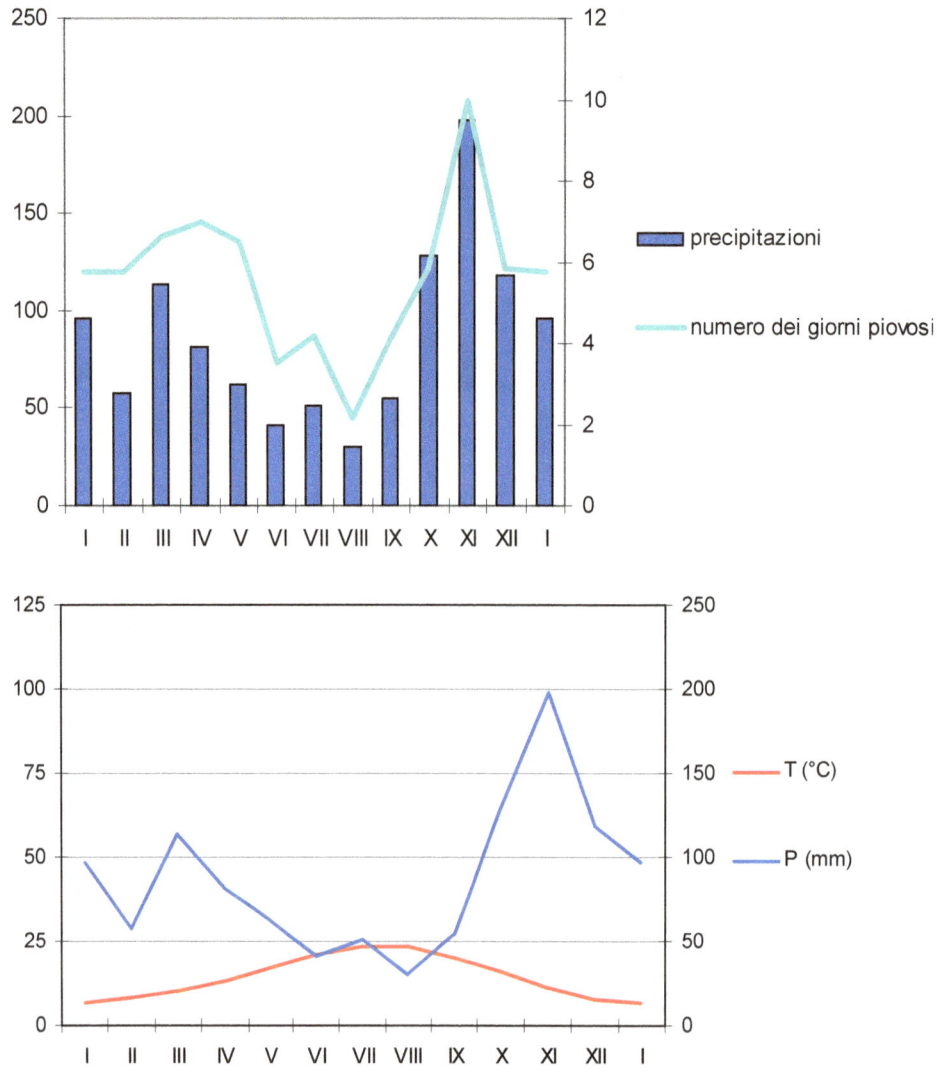

Fig. 1.11 – Precipitazioni (in alto) e diagramma umbrotermico (in basso) di Ca' Rosse.

10

2. Geomorfologia

Geografia

Il Finalese occidentale comprende il bacino del Torrente Pora ed è caratterizzato da altopiani carsici di piccole dimensioni (fig. 2.1): la Rocca Carpanea, la Rocca di Perti e l'altopiano situato fra il Pora e Verezzi, detto Altopiano della Caprazoppa o Rocce dell'Orera.

Fig. 2.1 - Bacini idrografici, altopiani carsici e principali grotte del Finalese occidentale. 1: Altopiano della Caprazoppa o Rocce dell'Orera; 2: Rocca di Perti; 3: Rocca Carpanea; 4: Altopiano delle Conche o di Campuriundu; 5: Rocca di Nava.

Il Finalese orientale comprende i bacini del Noli, che drena il bordo orientale dell'Altopiano delle Mànie, e dello Sciusa (in alcune carte detto anche Fiumara), che attraversa gli altopiani carsici di Campuriundu (detto anche delle Conche), Mànie e le *mesas* di Rocca di Corno – Rocca degli Uccelli e Rocca di Nava (fig. 2.2).

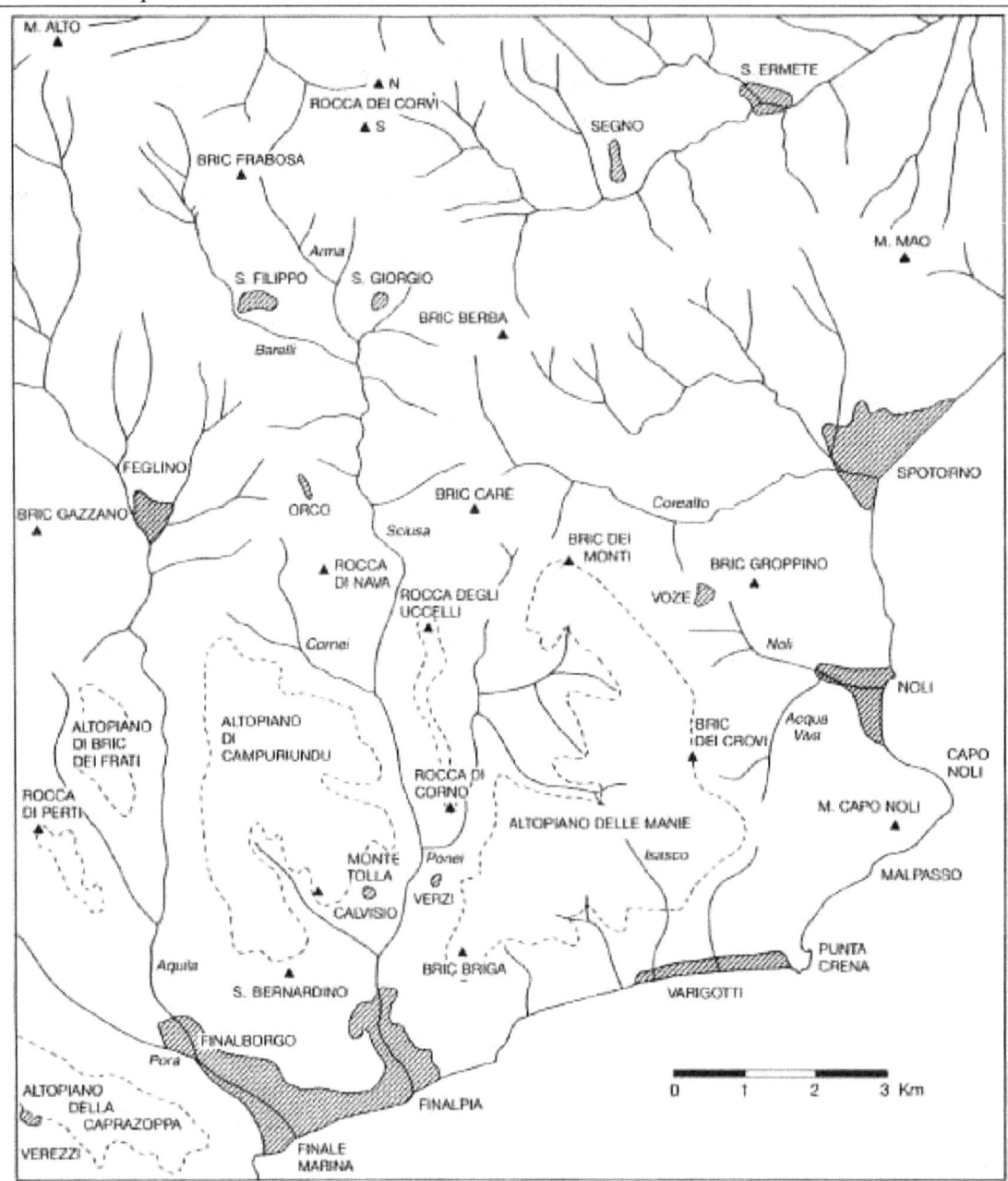

Fig. 2.2 - Bacini idrografici e altopiani carsici del Finalese orientale.

Geologia

Il Finalese in senso stretto (ovvero la zona degli altopiani carsici) dal punto di vista geologico é situato al centro della Zona Brianzonese ligure, ed é costituito dall'unità del Brianzonese esterno di M. Carmo-Rialto, costituente il substrato della copertura meso-cenozoica appartenente alla serie di Carpe.

I bacini idrografici che comprendono il Finalese possono essere suddivisi in tre parti di diverso stile tettonico.

1) Zona settentrionale, presso lo spartiacque principale delle Alpi Liguri, in cui affiorano estesamente le rocce metamorfiche permo-carbonifere del Brianzonese esterno, con l'eccezione della zona del M. Alto, dove affiora un piccolo *klippe* di Brianzonese interno: l'unità di Pamparato-Murialdo, formante un *klippe* sopra l'altra unità. Nella zona di Bric Frabosa, inoltre, sistemi di faglie hanno ribassato una grossa zolla di copertura meso-cenozoica.

2) Zona centrale, priva di importanti deformazioni. Il substrato paleozoico forma una grande monoclinale lievemente ondulata, immergente S-SW.

3) Zona meridionale, separata dalla centrale da una grande linea tettonica. Ne fa parte il piasttone rigido della Pietra di Finale, immune da deformazioni e poggiante su un substrato intensamente deformato da un sistema di anticlinali e sinclinali orientate NNE-SSW. Questo sistema, che si estende fino a Capo Noli, è dislocato da faglie orientate NWSE e NE-SW, delimitanti a Le Mànie una finestra tettonica in cui affiora il Paleozoico. L'andamento della linea di costa è controllato da faglie (ancora in parte attive) da Finale a Noli, che appartengono a due sistemi orientati rispettivamente WSW-ENE e E-W. Dalla loro intersezione con faglie secondarie risulta una scomposizione della zona costiera in blocchi fra loro dislocati. Probabilmente questa situazione si estende alla scarpata continentale (qui prossima alla costa), che presenta numerosi gradini morfologici subacquei.

L'evoluzione prepliocenica

Le rocce più antiche, nel Carbonifero erano sedimenti terrigeni continentali e litorali, in seguito metamorfosati e diventati le formazioni eteropiche di Murialdo e Ollano. Di esse affiora principalmente quella di Murialdo, con filladi e micascisti quarziferi carboniosi. Nel Carbonifero superiore inizia un'attività vulcanica molto intensa, che porta alla deposizione di una spessa coltre di lave e piroclastiti, intercalate a sedimenti terrigeni. Un debole metamorfismo alpino porterà alla trasformazione: delle lave acide in porfiroidi (Porfiroidi del Melogno); delle lave basiche in prasiniti e scisti vari di basso grado metamorfico, in prevalenza cloritico-epidotici (Formazione di Eze); dei sedimenti terrigeni e delle piroclastiti in sericitoscisti, quarzoscisti, scisti cloritici, gneissici, micascisti (Scisti di Gorra, Boni *et alii*, 1971). L'attività vulcanica e la sedimentazione proseguono fino al Permiano superiore. Le differenze tra le rocce terrigene permo-carbonifere ed i depositi quarzitici soprastanti sono più legate alla cessazione dell'attività vulcanica che non a cambiamenti sostanziali di ambiente deposizionale. I depositi quarzitici (quarzareniti e conglomerati quarzitici della Formazione di Monte Pianosa e delle eteropiche Quarziti di Ponte di Nava) sono il primo termine della copertura brianzonese meso-cenozoica) che prende il nome di «Serie di Carpe». Si tratta di depositi di spiaggia, che conservano spesso tuttora le strutture tipiche del loro ambiente di deposizione, molto elaborati, sicché fra i dasti si possono osservare solo rari ciottoletti feldspatici oltre al quarzo.

Probabilmente al termine dello Scitico si ha una parziale o totale emersione dell'area. Infatti, i depositi quarzitici talora (ad esempio a Bric di Crovi e a NE di Varigotti) presentano continuità di sedimentazione con le soprastanti Dolomie di San Pietro dei Monti, tramite un livello di transizione di argilliti giallastre, verso l'alto sempre più povere in quarzo e ricche in carbonati. Più comunemente quarziti e Dolomie di San Pietro dei Monti sono separati da una superficie erosionale. Ciò suggerisce una generale emersione dell'area, con continuità di sedimentazione solo in aree limitate.

Nell'Anisico si sviluppa una piattaforma carbonatica con la deposizione di: calcari dolomitici grigi; alternanze di dolomie grige e livelli a laminazione convoluta di calcari marnosi giallastri pulverulenti ("pseudoflysch"); localmente brecce dolomitiche, calcari ceroidi e, verso la sommità, marne, calcari marnosi silicei e calcari dolomitici a *Diplopora annulata v. debilis* (Streiff, 1956). La deposizione carbonatica perdura nel Ladinico poi cessa, lasciando una lacuna stratigrafica che dura sino alla base del Malm, lacuna che corrisponde al periodo in cui si forma ed emerge la geoanticlinale brianzonese. Questa fase erosiva porta in alcuni luoghi (Bric Groppino, San Bernardino...) alla completa elisione dei termini triassici ed alla diretta deposizione dei calcari pelagici del Malm sui termini permocarboniferi. Nel Malm il Brianzonese non costituisce più una geoanticlinale, ma una scarpata continentale collegante i domini «esterni» poco profondi con il dominio Piemontese (Debelmas & Kerckove, 1980). In questo periodo si deposita una serie lacunosa (del tipo detto «classico»). caratterizzata da un livello basale a facies «*marbre de Guillestre*» (conservato in alta Val Ponci), seguito da calcari ceroidi bianchi, rosati o azzurrini del Malm, da una lunga lacuna stratigrafica e dalla successiva deposizione (dal Cretaceo superiore all'Eocene) di sedimenti argilloso-calcarei di ambiente pelagico ("*Calcschistes planctoniques*"), appartenenti alla Formazione di Caprauna. Le caratteristiche di questa serie indicano che la zona corrispondeva ad una ruga secondaria sottomarina (Debelmas & Kerckove, 1980). Con le rocce della Formazione di Caprauna, rese molto scistose dal metamorfismo alpino ed attualmente poco affioranti per la facile erodibilità, si chiude la successione brianzonese. Segue l'orogenesi alpina, che causa la laminazione ed il metamorfismo delle rocce brianzonesi ed il sovrascorrimento del Brianzonese interno su quello esterno. Si arriva così alla particolare situazione geografica oligo-miocenica. Tra l'Oligocene inferiore ed il Langhiano la zona alpina è una costa a rias bordata da isole e frange coralline, di cui il Finalese costituisce un'ampia insenatura (lo sbocco di una grande valle?), in cui si depositano almeno 200 m di spessore di sedimenti terrigeni (argille marnose, sabbie e ghiaie), che costituiscono oggi il "complesso di base" della Pietra di Finale. Dopo l'erosione quasi completa di questi sedimenti (un'emersione?), nel Langhiano-Serravalliano il Finalese è di nuovo un ampio golfo marino, in cui la velocità di subsidenza è circa pari a quella di sedimentazione, permettendo la deposizione di oltre 200 m di calcari epineritici bioclastici (Pietra di Finale e Pietra di Verezzi). La costa di questo golfo è una costa alta, in cui il processo di subsidenza genera falesie a più altezze, ancor oggi riconoscibili nella superficie di contatto tra Pietra di Finale e substrato. Infine, la zona emerge del tutto con la regressione messiniana.

Le peculiari caratteristiche stratigrafiche (strati molto spessi, a giacitura suborizzontale) e composizionali (calcari molto porosi quasi puri) dei calcari serravalliani della Pietra di Finale, principali costituenti della successione miocenica, differenziano nettamente il Finalese dalle aree limitrofe, sia geologicamente sia morfologicamente.

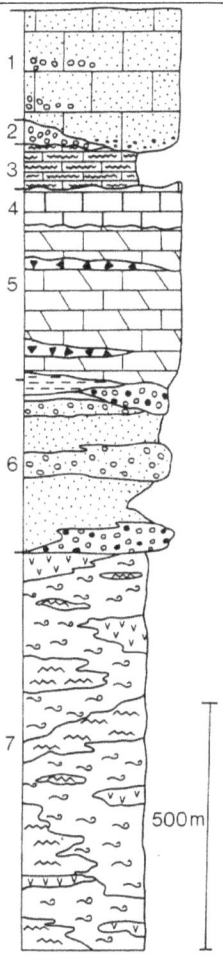

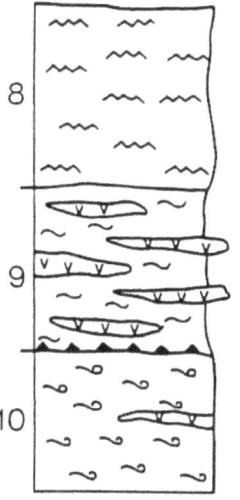

UNITÀ BRIANZONESE ESTERNA
DI M. CARMO-RIALTO E SUA
COPERTURA STRATIGRAFICA

UNITÀ BRIANZONESE INTERNA
DI PAMPARATO-MURIALDO

Fig. 2.3 - Le successioni stratigrafiche dell area in esame.

1: Calcare di Finale Ligure ("Pietra di Finale"), Membro di Monte Cucco: calcari bioclastici, in strati molto spessi, più o meno arenacei; localmente, alla base, calciruditi poligeniche. *Serravalliano - Langhiano?* 2: Complesso di base del Calcare di Finale Ligure: alternanze di conglomerati e sabbie poligenici, più o meno cementati; marne più o meno arenacee e argillose. *Miocene prelanghiano? Oligocene inferiore?* 3: Formazione di Caprauna: marne calcaree fogliettate più o meno argillose e arenacee, argilloscisti. *Eocene - Cretaceo superiore.* 4: Calcarì di Val Tanarello: calcari pelagici ceroidi, marmorei, talvolta con intercalazionì di pelitì marnose; localmente, alla base, calcari ceroidi giallastri più o meno arenacei, calcari nodulari argillosi, peliti violacee. *Malm.* 5: Dolomie di San Pietro dei Monti: dolomie calcaree, calcari dolomitici grigi; localmente calcari ceroidi; alternanze di dolomie grigie e livelli a laminazione convoluta di calcari marnosi giallastri pulverulenti ("pseudoflysch"), localmente con associati calcari dolomitici micacei nocciola; brecce dolomitiche, sia tettoniche sia intraformazionali; verso la sommità, manie e calcari marnosi silicei nocciola e rossi associati a calcari dolomitici spesso oolitici e zeppi di Diplopora spp.; alla transizione con le Quarziti di Ponte di Nava, argilloscisti, manie e calcari mamosi. *Anisico - Ladinico.* 6: "Verrucano brianzonese" l.s. (Formazione di M. Pianosa e Quarziti di Ponte di Nava): quarziti a granulometria, cementazione e colore molto variabili, talvolta scistose e ricche di sericite e/o clorite; conglomerati quarzitici, talvolta con ciottoli feldspatici; intercalazioni pelitiche, più frequenti verso l'alto. *Scitico - Permico superiore?* 7: Rocce derivanti dal metamorfismo di grado molto basso di un complesso vulcano-sedimentario permo-carbonifero, appartenenti a tre formazioni metamorfiche. Scisti di Gorra: sericitoscisti, quarzoscisti, scisti cloritici, filladi, micascisti. Porfiroidi del Melogno: porfiroidi più o meno scistosi. Formazione di Eze: andesiti, in genere metamorfosate in prasiniti; scisti vari di basso grado metamorfico, in prevalenza cloritico - epidotici. *Permico medio?- Carbonifero superiore?* 8 - Scisti di Gorra (vedasi 7). 9 - Formazione di Murialdo: filladi e micascisti quarziferi carboniosi di colore plumbeo, con abbondantissime vene di quarzo; localmente con intercalazioni della Formazione di Eze. *Carbonifero medio e superiore.* 10 - Porfiroidi del Melogno dell'unità brianzonese esterna di M. Carmo - Rialto.

I principali litotipi prequaternari

SCISTI METAMORFICI
Molto diffusi, sono principalmente sericitoscisti, filladi e micascisti molto laminati. Sono facilmente aggredibili da molti processi geomorfologici: l'alterazione siallitica li riduce ad una miscela di scagliette di roccia ed argilla; sono sgretolati dai processi idroclastici di imbibizione-disseccamento e dall'azione delle radici delle piante; sono frequentemente soggetti a movimenti gravitativi ed a erosione accelerata da ruscellamento.

PORFIROIDI
Sono gneiss molto scistosi e fratturati (derivanti dal metamorfismo di rocce vulcaniche), attaccati dagli stessi agenti geomorfologici che aggrediscono gli scisti metamorfici, ma in misura minore per la minore scistosità e alterabilità. Non originano materiali detritici fini, bensì blocchi angolosi decimetrici che proteggono in una certa misura il versante dal ruscellamento.

QUARZITI
Le loro caratteristiche geomorfologiche variano moltissimo a seconda della cementazione: a volte sono quarzareniti praticamente incoerenti, permeabili e facilmente erodibili; altre volte sono conglomerati quarzitici ("Verrucano brianzonese") molto resistenti all'erosione. Sono molto resistenti ai processi di alterazione chimica, e nelle facies più compatte anche ai principali processi di disgregazione fisica e biologica (ad eccezione del crioclastismo). Il principale agente geomorfologico che modella i versanti di quarziti é il ruscellamento, sia quello areale sia, in misura maggiore, quello concentrato.

ROCCE CARBONATICHE
Comprendono più formazioni e moltissimi litotipi, fra cui i più comuni sono calcari puri saccaroidi (formazione dei Calcari di Val Tanarello, Malm), calcari arenacei (Pietra di Finale) e calcari dolomitici (Dolomie di S. Pietro dei Monti). Caratteristiche comuni sono la forte permeabilità (per porosità e/o fessurazione) e la notevole resistenza all'erosione. Sovente presentano fenomeni di riprecipitazione superficiale dei carbonati che li rendono in superficie ancora più resistenti (*case hardening*). Fra i processi geomorfologici prevale nettamente il carsismo, seguito da ruscellamento (agente sulle fasce di roccia frantumata dalle faglie), crioclastismo, azioni biologiche, aloclastismo (nella *spray zone*).

I litotipi più comuni presentano tutti una percentuale di argilla + silice intorno al 2-6% (Motta, 1987). Dalla loro dissoluzione deriva quindi una discreta quantità di materiali residuali, che danno origine nelle depressioni carsiche a potenti accumuli di terre rosse mediterranee.

SCISTI CALCAREO-ARGILLOSI
Poco diffusi, sono fittamente clivati e con lo stesso comportamento geomorfologico degli scisti metamorfici alterati.

CONGLOMERATI
Rari, hanno scarsa importanza geomorfologica.

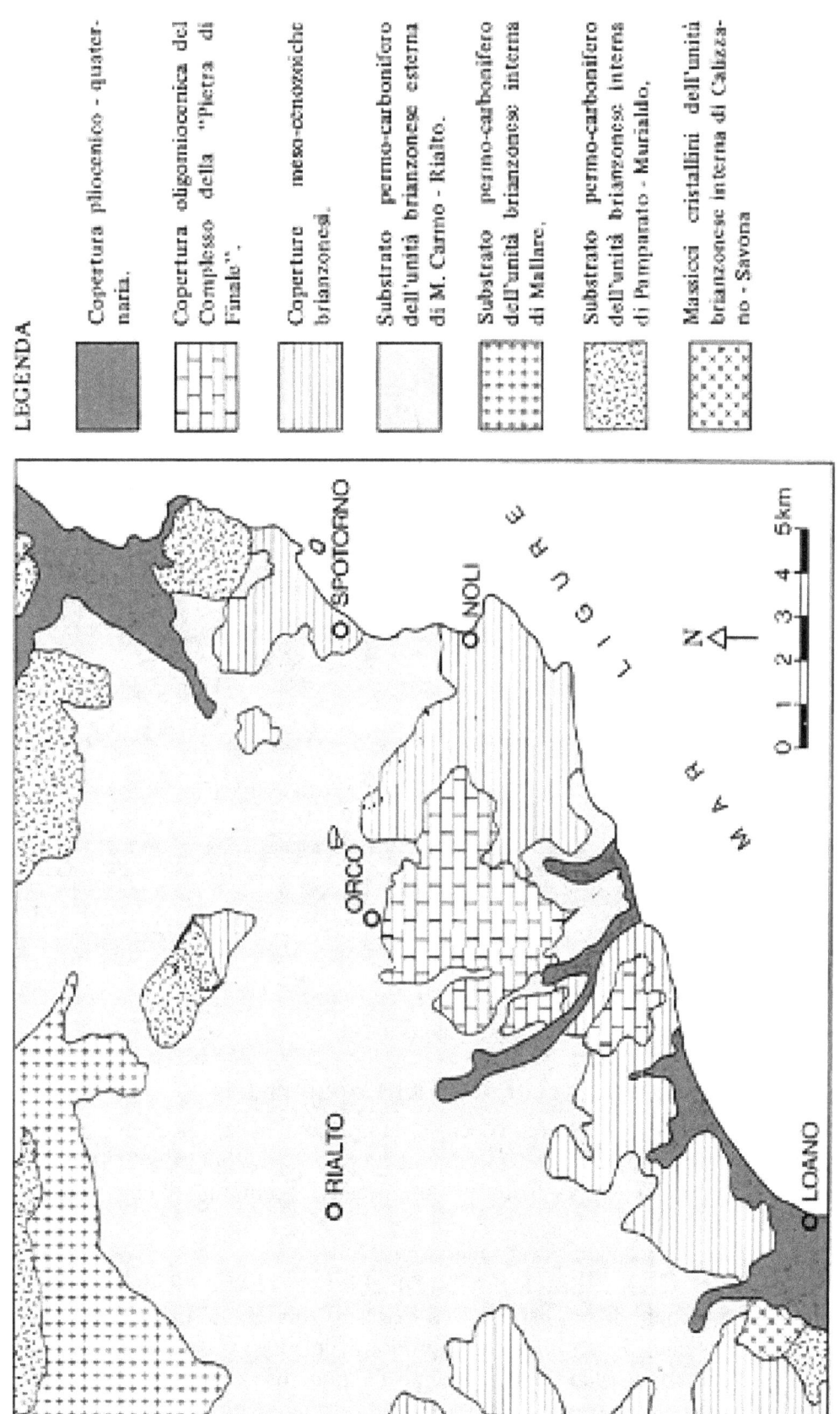

Fig. 2.4 - Geologia del Finalese (da Biancotti & Motta, 1989).

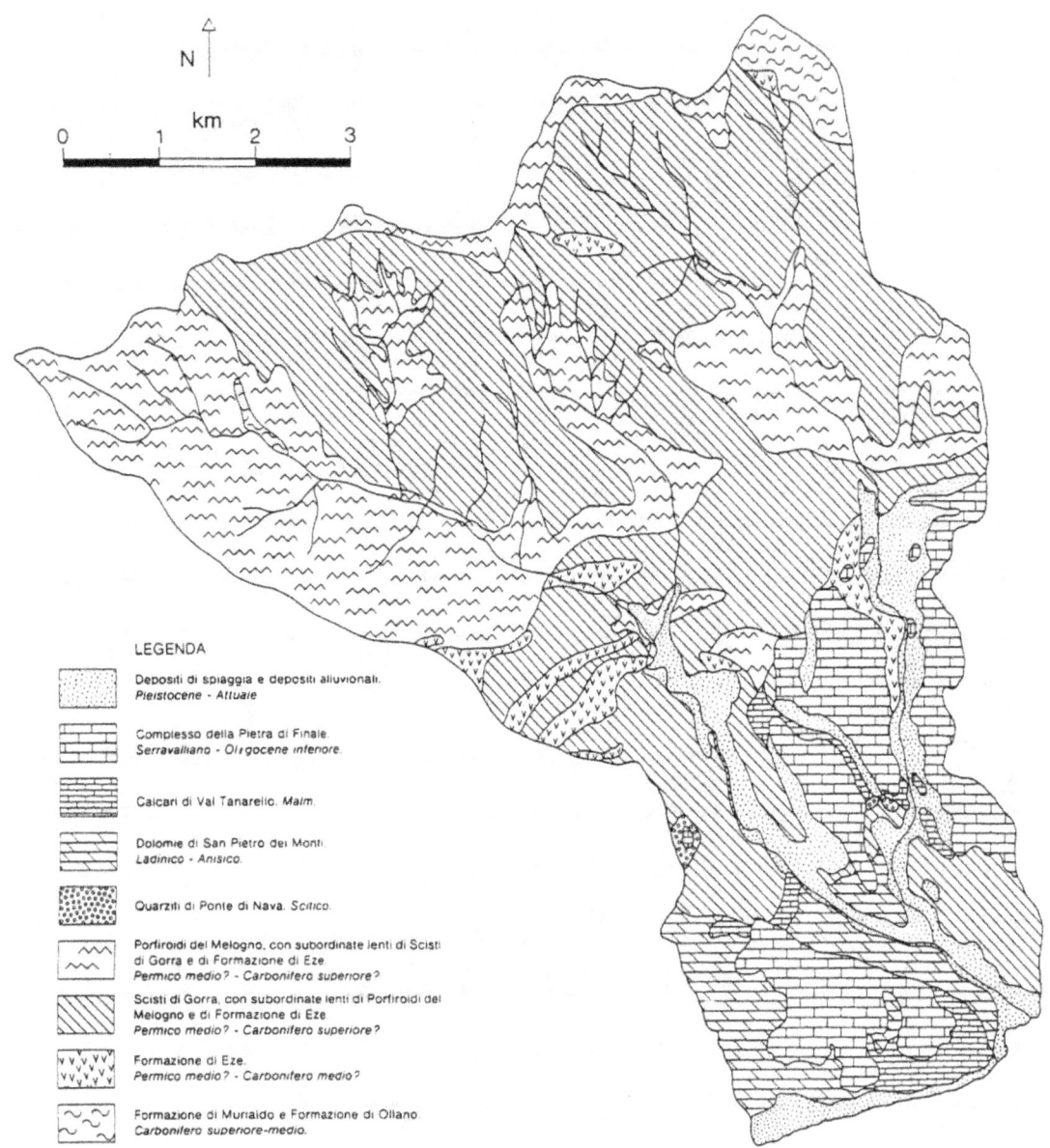

Fig. 2.5 - Geologia del Finalese occidentale (da Motta, 1991).

LEGENDA

Depositi di spiaggia e depositi alluvionali.
Pleistocene - Attuale

Complesso della Pietra di Finale.
Serravalliano - Oligocene inferiore.

Calcari di Val Tanarello. *Malm.*

Dolomie di San Pietro dei Monti.
Ladinico - Anisico.

Quarziti di Ponte di Nava. *Scitico.*

Porfiroidi del Melogno, con subordinate lenti di Scisti
di Gorra e di Formazione di Eze.
Permico medio? - Carbonifero superiore?

Scisti di Gorra, con subordinate lenti di Porfiroidi del
Melogno e di Formazione di Eze.
Permico medio? - Carbonifero superiore?

Formazione di Eze.
Permico medio? - Carbonifero medio?

Formazione di Murialdo e Formazione di Ollano.
Carbonifero superiore-medio.

Le formazioni superficiali detritiche quaternarie

Gli apporti detritici dalle pareti rocciose, la progressiva carsificazione superficiale, la degradazione superficiale degli affioramenti rocciosi e gli apporti eolici (silt di origine africana) hanno nel tempo costituito significativi accumuli, di cui verranno qui descritte i più significativi.

'TERRE ROSSE" DI RIEMPIMENTO DELLE CAVITA' CARSICHE

Suoli con fenomeni di xerolisi e colore rossastro sono molto diffusi su tutte le formazioni carbonatiche della zona, e i prodotti del loro dilavamento si trovano comunemente come materiale di riempimento di numerose cavità e depressioni carsiche, talvolta con potenza e continuità laterale ragguardevoli. Gran parte di esse é tutt'ora in formazione e pedogeneticamente in equilibrio con il clima attuale, sviluppando in superficie degli Alfisols (vedi capitolo sui suoli); una parte è però rappresentata da suoli non più in equilibrio con l'ambiente pedoclimatico attuale e paleosuoli con i caratteri di suoli plintitici, tipici di clima tropicale, e risale al Pleistocene inferiore, racchiudendo industrie dell'Acheulano arcaico (Bernardini, 1977; Vicino, 1982).

L'origine delle "terre rosse" può essere sia prevalentemente colluviale, sia eluviale. Il primo tipo ha l'esempio più tipico a E di Bric dei Crovi. Qui a monte delle "terre rosse" affiorano calcari marnosi rossastri, così profondamente alterati e decalcificati da essere ridotti in superficie ad un'argilla porosissima, interessata da frequenti piccoli smottamenti, che hanno dato origine al piede del versante ad accumuli di "terre rosse" spessi fino a l0 m.

Le terre rosse eluviali sono più siltose e meno argillose di quelle colluviali; nelle depressioni carsiche raggiungono spessori di almeno 10-15 m.

DEPOSITI ALLUVIONALI

Depositi alluvionali occupano i principali fondovalle attuali (Noli, Sciusa, Pora e Aquila), la parte medio-alta del fondovalle del Rio Ponci e della Valle Urta, ed alcuni terrazzi fluviali posti a diverse altezze. Sui terrazzi più alti i clasti di taglia più grossolana presentano una patina d'alterazione.

I depositi alluvionali dei torrenti Sciusa e Noli sono costituiti generalmente da ciottoli ben arrotondati, immersi in una matrice sabbioso-siltosa. A causa della forte antropizzazione non è valutabile con chiarezza il grado di alterazione superficiale, e non sono visibili i rapporti, con ogni probabilità eteropici, con i depositi di spiaggia.

I depositi alluvionali alla testata della Valle Urta (fra Rocca Carpanea e Rocca di Perti) sono ghiaie sabbiose alterate, con ciottoli di rocce metamorfiche che non affiorano nell'attuale bacino idrografico. La valle Urta é sovradimensionata rispetto al corso d'acqua attuale, di modestissima portata a causa della forte carsificazione dei versanti, e culmina con una larga sella (quotata 215,1 m) che si affaccia sulla Val Pora in prossimità di un terrazzo fluviale posto alla stessa quota. Appare quindi corretto considerare i suoi depositi allogenici e riferibili ad un periodo in cui la valle era percorsa da un corso d'acqua proveniente da NW (l'antico Pora) attraverso la sella di quota 215,1 m.

I depositi del Rio Ponci sono sedimenti fluviali alterati misti a terre rosse, di origine sia eluviale sia colluviale. Essi occupano una valle fortemente sovradimensionata. La capacità di trasporto del Rio Ponci è scarsissima, perchè un inghiottitoio a quota 210 m intercetta le acque provenienti dalla parte alta del bacino, convogliandole in Val Sciusa, mentre nella parte medio·bassa del bacino gli apporti idrici dai versanti laterali sono quasi nulli a causa della forte carsificazione.

DEPOSITI DI FRANA

In gran parte dell'area sono comuni accumuli di frana, quasi tutti assestati, naturalmente o per interventi antropici. Sui versanti sottostanti pareti di Pietra di Finale, gli accumuli sono principalmente di blocchi di Pietra di Finale crollati, con dimensioni sino a plurimetriche; nelle zone di affioramento delle altre rocce prevalgono taglie più piccole. Quasi tutti i corpi di frana più vecchi di qualche secolo sono stati profondamente modificati dall'uomo, che li ha sistemati per la messa a coltura con terrazzamenti e riporti di terreno agricolo.

L'unico accumulo di grande estensione areale è quello del versante meridionale dell'Altopiano delle Manie, tra Varigotti e Bric Briga, avente l'aspetto di una grande conoide ad apice tronco, poco potente, sotto la quale affiorano sovente brecce di pendio fortemente cementate. Il materiale di frana ha subito una certa selezione durante il trasporto e soltanto i blocchi di oltre 500 m³ e poco fratturati sono giunti fino in mare, formando scogli "a faraglione" anche di oltre 1000 m³. Probabilmente la stessa origine (ed età più antica?) ha il grande roccione sommerso a una trentina di metri di profondità nel fondale antistante, detto "Secca delle Stelle".

A Capo Noli fino a pochi anni fa era osservabile un accumulo di frana stratificato, in cui la successiva erosione aveva scavato un arco naturale. Alla sua base era inciso da un solco di battente a 1,6 m di quota, in cui erano conservati depositi marini; le frane che hanno originato l'accumulo sono quindi antiche, precedenti o contemporanee alla prima delle ingressioni marine riconosciute sull'attigua falesia nordorientale di Capo Noli (vedasi paragrafo sui depositi marini pleistocenici).

BRECCE DI PENDIO

Alla base di molte pareti si estendono falde detritiche, frequentemente cementate da soluzioni carbonatiche fino ad assumere una notevole resistenza all'erosione; associati a questi depositi si trovano talvolta piccoli ammassi di tufi calcarei.

Le falde sono in genere costituite da brecce monogeniche ad elementi calcarei o calcareo - dolomitici, con matrice sabbioso - pelitica più o meno cementata da carbonati per sparmicritizzazione. Sono molto diffuse, specialmente lungo la costa da Bric Briga a Capo Noli, dove spesso si aprono in esse piccole grotte, che non di rado ospitano sorgenti. Brecce di pendio molto potenti ed estese si osservano anche sul versante SW di Bric Caré. I clasti delle brecce hanno dimensioni variabili, da centimetriche a decimetriche.

A Capo Noli le brecce, potenti fino a 15 m, sono talvolta dislocate da faglie. Sono inoltre spesso vistosamente eteropiche sia dei depositi tirreniani, sia dei depositi travertinosi. Esistono comunque di sicuro brecce di pendio di età molro diverse ed in alcune zone appaiono fra l'altro ancora in formazione. Contengono spesso *Helix spp. e Pomatias elegans*.

DISCARICHE DI CAVA

Diverse pietre locali sono sfruttate da lunghissimo tempo (almeno dall'epoca romana) come pietre da taglio. Pregiate soprattutto la Pietra di Finale e la Pietra di Verezzi, apprezzate da secoli per lavorabilità e leggerezza, e i calcari tipo "*marbres de Guillestre*" del Malm della Val Ponci per la loro bellezza. A Noli si sono ampiamente sfruttate le facies massicce delle rocce metamorfiche per il castello, le mura e la parte bassa di torri e abitazioni. Numerosi versanti sono parzialmente ingombri dei materiali di scarto della lavorazione della pietra, talvolta difficilmente distinguibili dai depositi di crollo. Accumuli particolarmente imponenti, per spessore e taglia dei blocchi, sono quelli alla base delle cave sfruttate nel secolo scorso col massiccio ricorso a esplosivi. Particolarmente importanti gli accumuli sotto le pareti di Rocca degli Uccelli, Rocca di Nava, Rocca di Perti (versante SW), Bric del Frate, M. Cucco, Caprazoppa (cava Ghigliazza, la più grande del Finalese).

Tufi calcarei e altre rocce da deposizione carbonatica subaerea

L'Altopiano delle Manie ha numerosi affioramenti di tufi calcarei, rocce che risultano da fattori biochimici (organismi incrostanti, batteri), condizioni idrologiche e idrochimiche favorevoli alla precipitazione di calcite dall'acqua fredda (Hoffmann, 1998). Questa avviene in climi temperati o caldi (Zhang *et alii*, 2001), ma non freddi, come provato dall'assenza in tutta Europa di tufi calcarei di età corrispondente agli acmi glaciali (Hennig *et alii*, 1983): perciò la deposizione di tufi calcarei è un eccellente indicatore paleoclimatico e morfostratigrafico (Vaudour, 1988), usato ad esempio per la ricostruzione dell'evoluzione morfotettonica di Capo Noli in Motta & Motta (1989).

La classificazione dei tufi calcarei può basarsi sulle flore fossili (Pentecost & Lord, 1988), sulla posizione geomorfologica (Symoens e altri, 1951), o sui caratteri di facies (Buccino *et alii*, 1978; Ordóñez & Garcia del Cura, 1983; Pedley, 1990, in tab. 2.1).

Tabella 2.1 – Classificazione dei tufi calcarei (*cool freshwater calcareous tufas;* riassunto e tradotto da Pedley, 1990).

Tufi autoctoni	TUFI FITOERMALI *(Phytoherm framesto-ne)* = moss tufa = bryophyte tufa	Contengono normalmente vuoti riempiti da materiale simile ai tufi fitoclastici, micritici o detritici. Fauna fossile a molluschi, anellidi, ostracodi, larve d'insetti. Flora fossile a idrofite e macrofite semiacquatiche, con associati cianobatteri, coccobatteri, funghi, diatomee.
	TUFI STROMATOLITICI *(Phytoherm boundsto-ne)* = oscillatoriacean tufa	Noduli stromatolitici Ø 2-3 cm → 1 m; associati normalmente a tufi intraclastici e a oncoidi. Flora fossile a Oscillatoriacee (cianobatteri).
Tufi clastici	TUFI FITOCLASTICI *(Phytoclast tufa)* = crossed tube facies + foliar travertine	Foglie o rametti ricoperti da sparite e micrite; *grain supported fabric.*
	TUFI ONCOIDALI *(Cyanolith "oncoidal" tufa)* = oncolites	Da sferoidali (Ø ≥ 4 mm) in acque correnti, a mammellonati o ramificati (fino a 15 cm di lunghezza) in acque ferme. *Grain supported fabric* con intraclasti e micriti. Fauna fossile a gasteropodi; flora fossile a cianobatteri.
	TUFI INTRACLASTICI *(Intraclast tufa)*	Frammenti di tufi fitoermali risedimentati.
	TUFI MICRODETRITICI *(Microdetrital tufa)* = mondmilch = spring chalk	Tessitura grumosa. Distinguibili (al microscopio) in TUFI MICRITICI, formati da precipitazione extracellulare di $CaCO_3$ durante la fotosintesi, e TUFI PELOIDALI. Fauna fossile: molluschi terrestri e d'acqua dolce, talora così abbondanti da formare la tessitura della roccia.
	TUFI LITOCLASTICI *(Talus-rich tufa)*	Derivanti dall'abbassamento della falda con arresto della deposizione degli altri tufi; associati sovente a paleosuoli. Fauna fossile a molluschi polmonati.

Come gli altri depositi superficiali, i tufi calcarei sono stati trascurati dai primi geologi fino a Issel (1886), che cartografò sommariamente gli affioramenti di Chien, Isasco e Verzi, riconoscendone la natura travertinosa e l'età. Streiff (1956) descrisse l'affioramento di Verzi e la sua sovrapposizione stratigrafica alle rocce mioceniche e triassiche; trovandovi fossili di *Pomatias* (= *Cyclostoma) elegans* (Müller) mollusco terrestre di aspetto e nome simile al *Pomatias sulcatus* e determinandoli erroneamente *Tuba sulcata* Pilk, gasteropode di aspetto simile, ma di acque marine profonde, concluse che fosse un calcare di acqua profonda, unica testimonianza di un'ingressione marina riferita dubitativamente al Tortoniano (Miocene superiore); affermazioni riprese agnosticamente da Boni *et alii* (1971), che istituirono per l'affioramento la formazione del Calcare di Verzi.

Di seguito descriviamo i principali affioramenti di tufi calcarei dell'altopiano delle Mànie (fig. 2.6).

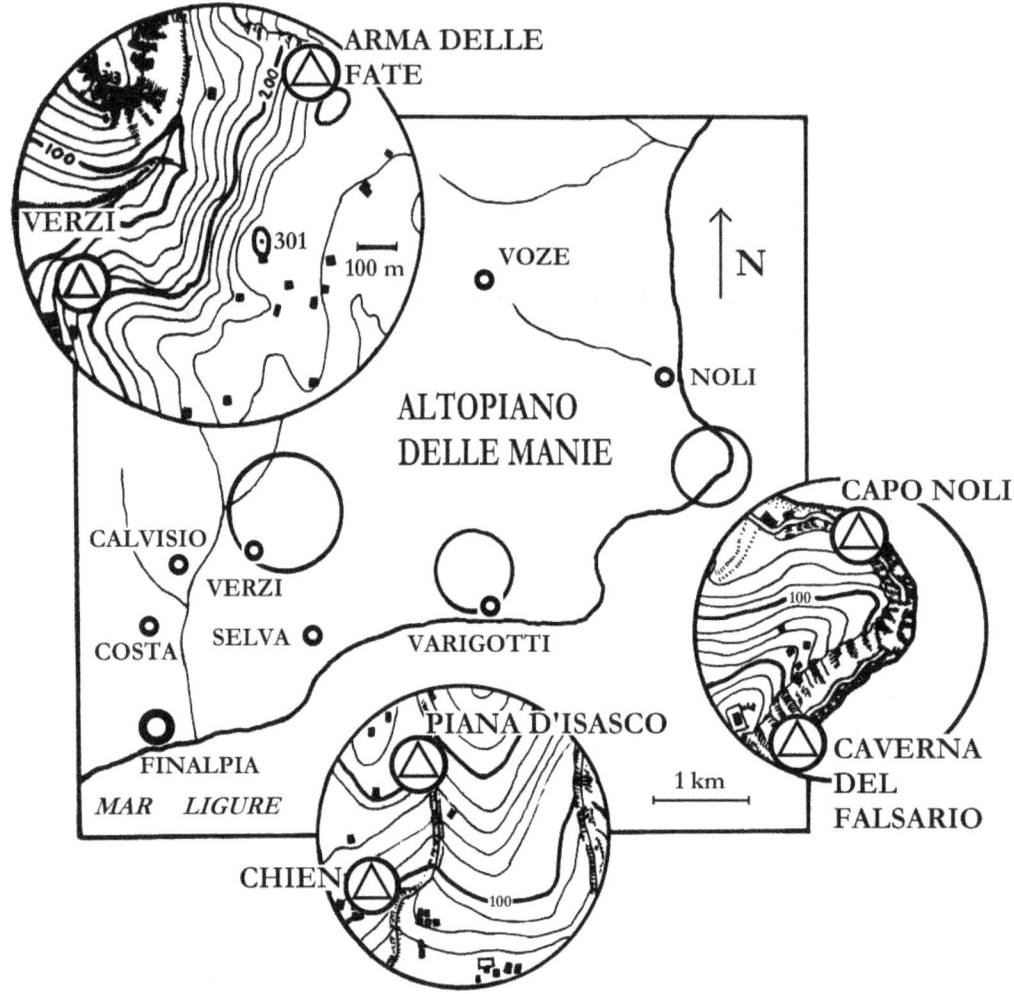

Fig. 2.6 – Principali affioramenti di tufi calcarei dell'Altopiano delle Mànie.

PINO E STRADA DI VERZI

In tali località, affiorano presso piccole risorgenze spessi strati paralleli al pendio di tufi litoclastici bruno-giallastri, con componente clastica da argillosa a ghiaiosa. Sulla strada che porta al terrazzo di Pino è evidente l'eteropia (in transizione graduale) di tufi e brecce di pendio. La fauna fossile è rappresentata da rari molluschi terrestri, tra cui prevale *Pomatias elegans*.

PARADISO

Il perenne stillicidio sulla sponda rocciosa di un piccolo rio, rivestita da muschi, determina la deposizione di un tipico tufo fitoermale, estremamente fragile e poroso, pressoché interamente costituito da sottili pellicole di carbonato deposite su muschi (fig. 4), di cui sono sovente ancora presenti i resti organici. L'età è olocenica e attuale.

BAIA DEI SARACENI

Una delle risorgenze carsiche di Monte Capo Noli, in origine a bordo spiaggia e fondamentale fonte d'approvvigionamento idrico per il porto del Marchesato di Finale, è stata sbarrata dai lavori di costruzione dell'Aurelia, e le sue acque sono incanalate dall'epoca napoleonica (fra il 1804 e il 1828). Esse sgorgano dal muro di contenimento dell'Aurelia poco sotto il livello stradale (fig. 2.8), cadendo a cascata sulla spiaggia sottostante. In circa due secoli hanno formato sul muro un accumulo a "cascata pietrificata" di tufo fitoermale analogo a quello di Paradiso.

CHIEN E BORDO SUDOCCIDENTALE DELLA PIANA D'ISASCO

In corrispondenza a piccole sorgenti legate all'alternanza di depositi carbonatici permeabili con quarziti e scisti metamorfici impermeabili (fig. 2.7), affiorano tufi fitoclastici concrezionati principalmente su foglie (fig. 2.10) di leccio (*Quercus ilex* L.), carpinello (*Ostrya carpinifolia*), pioppo bianco (*Populus alba* L.) e piccoli rami. In alcuni livelli l'intelaiatura di impronte esterne di foglie è isoorientata e costituisce la totalità della roccia; più comunemente le foglie formano accumuli caotici, che lasciano larghi spazi nei quali, come Pedley considera tipico di tufi fitoermali (tab. 2.1), si sono deposti tufi microdetritici argillosi, contenenti molluschi xerofili: *Pomatias elegans, Rumina decollata* (L.) e *Monacha cantiana* (Montagu). L'ultima specie è tipica del litorale mediterraneo, subfossile nel Pleistocene superiore - Olocene di Nizza. Sono presenti anche minori masse di tufi litoclastici, tufi oncoidali a clasti sferoidali e croste di concrezioni calcaree fibroso-raggiate millimetriche. La parte dell'affioramento a valle di Chien è sicuramente in attiva deposizione. Nei pressi, in una risorgenza aperta a 200 m sl.m. sul fondo del rio d'Isasco (Motta, 1987), si deposita *mondmilch*, fango calcareo appartenente ai tufi micritici. Fauna e flora degli affioramenti più cospicui, non più in attiva deposizione, indicano concordemente un ambiente deposizionale analogo all'attuale (e quindi un'età recente): un'area di risorgenza, con specie igrofile delle aree sorgive e dei fondovalle umidi (carpinello e pioppo bianco), nel contesto di un versante solatio in condizioni xerotermiche (leccio e molluschi terrestri).

BIVIO VERZI-VALLE PONCI E GUGLIETTA DI CHIEN

Al bivio fra le strade per Verzi e per la Valle Ponci, una grande massa di tufi calcarei occupa una cavità semicircolare nel substrato calcareo-dolomitico, allo sbocco della risorgenza carsica alimentata dall'unico *cockpit* dell'altopiano ancora ben conservato (Pian delle Noci). La risorgenza è alla quota di quello che era il livello di base carsico locale, nel periodo di stasi del sollevamento dell'altopiano in cui furono modellati i terrazzi marini oggi a 100 m sul livello del mare (Pleistocene inferiore). Anche la Guglietta di Chien, presso l'omonimo abitato, si trova al bordo superiore di uno dei terrazzi marini citati. In base alla posizione geomorfologica, questi tufi calcarei possono avere età compresa fra il Pleistocene inferiore e l'Olocene.

I tufi sono prevalentemente fitoclastici, simili a quella di Chien, ma più compatti e meno fossiliferi. A Verzi contengono *Ostrya carpinifolia* (prevalente, fig. 2.9) e *Populus alba*. La fauna è rappresentata da *Helix aspersa* Müller, *Helicodonta obvoluta* (Müller), *Hygromia cinctella* (Draparnaud), *Oxychilus draparnaudi* (Beck), specie igrofile ancor oggi comuni negli ambienti umidi e ombrosi del Finalese, e da *Pomatias elegans*, tendenzialmente xerofila ma presente sporadicamente anche al bordo dei ruscelli (Germain, 1930).

Tipiche di entrambi gli affioramenti sono numerose pseudostalattiti, lunghe sino a 50 cm e formate da lamine calcaree concentriche. Del resto *Oxychilus draparnaudi* è considerata specie eutroglofila: questo zonitide carnivoro vive normalmente sotto sassi e in piccoli anfratti e si concentra nelle grotte, quando presenti, perché vi trova cibo (insetti) e umidità (Lana, 2001). Anche *Helicodonta obvoluta* è segnalata nelle grotte (Bassi Pirenei); è una specie sciafila e umicola, molto diffusa nei depositi quaternari francesi e mitteleuropei (Germain, 1930). *Hygromia cinctella* vive spesso al bordo dei ruscelli, ed è segnalata (molto rara) nelle brecce di pendio di Mentone (Germain, 1930).

PIANA D'ISASCO

La piana è il fondo di una grande depressione carsica di morfogenesi tropicale umida, con aspetto intermedio fra i *cockpit* e le macrodoline, aperta a meridione per l'erosione del bordo dell'altopiano. Attualmente al termine della piana un piccolo rio stagionale scorre in un fosso profondo 7-8 m, sulla cui destra idrografica affiorano strati suborizzontali, spessi circa 1 m, di tufi litoclastici compatti, da bruno rossastri a biancastri, poco argillosi e con livelli ricchi di clasti ben classati, arenacei o meno frequentemente ghiaiosi. A essi sono intercalate ghiaie poligeniche molto eterometriche, a matrice argilloso-calcarea, probabilmente depositi di *debris flow*. I clasti dei tufi calcarei sono di calcari dolomitici e quarziti, i cui affioramenti sono a più di 1 km di distanza. Il deposito è in evidente eteropia di facies con i tufi calcarei di Chien già descritti. I fossili scarseggiano nei livelli ricchi di clasti, abbondano nelle facies di transizione con i tufi calcarei di Chien. La flora è rappresentata dagli eliofili e xerotermi leccio e pino d'Aleppo (*Pinus halepensis*), e dagli igrofili carpinello, pioppo bianco e salici (*Salix spp.*), oltre a abbondanti piante erbacee, soprattutto Monocotiledoni, e muschi. La fauna è rappresentata da *Pomatias elegans* e *Hygromia cinctella,* che probabilmente vivevano al bordo dell'area umida di deposizione, da *Limnaea peregra* (Müller)*,* specie dulcacquicola di acqua ferma strettamente autoctona, e da *Bythinella ligurica* (Paladilhe) (scoperta da Issel proprio a Finale, e segnalata in diverse località liguri), appartenente a un genere crenobionte sovente stigofilo: la specie *Bythinella schmidti* (Kuster) è segnalata in diversi corsi idrici ipogei dell'arco alpino (Lana, 2001).

ARMA DELLE FATE

Nelle imboccature secondarie di questo sistema ipogeo lo stillicidio sulla lettiera di foglie accumulate dal vento forma attualmente tufi fitoclastici bruno-giallastri, ricchi di argilla, clasti calcarei, e sovente di resti organici delle foglie. La specie prevalente è il leccio, ma compare anche l'olivo, a dimostrazione della genesi attuale. La fauna è troglossena: *Pomatias elegans*, che vive presso l'imboccatura delle grotte; *Solatopupa pallida* (Philippi in Rossmässler) e *Xerosecta cespitum* (Draparnaud), molluschi molto xerofili tipici delle pareti rocciose molto soleggiate, che anche attualmente vivono in numerose colonie sulla parete in cui si apre l'Arma delle Fate. Il genere *Solatopupa* è frequentemente troglosseno: ad esempio due varietà della specie affine *Solatopupa similis* (praehistorica e speluncarum) sono tipiche degli speleotemi quaternari di Mentone. *Xerosecta cespitum* è una specie tipicamente associata all'olivo (Germain, 1930), segnalata nelle brecce di pendio quaternarie di Mentone.

CAVERNA DEL FALSARIO

Contiene un tufo calcareo bruno, poco vacuolare, simile a quello dell'Arma delle Fate, con abbondante frazione ghiaiosa e numerose conchiglie di *Xerosecta cespitum*, xerofila e *Chilostoma cingulata* Studer. Quest'ultima, calcicola e sciafila, vive nelle fessure delle rocce o sotto le pietre; tipica dell'Italia settentrionale, è segnalata anche presso l'ingresso della grotta di Bossea, e in numerosi canyon carsici italiani e francesi (Germain, 1930).

GROTTA A POZZO DI CAPO NOLI

Nella galleria epifreatica terminale di questa grotta (Motta, 2021), a 2 – 10 m sul livello del mare, sinuose "dighe di travertino", costituite da lamine parallele calcaree brune, poco porose, formano una serie di vasche poco profonde, colme di speleotemi che hanno fornito ossa di vertebrati del Pleistocene superiore, fra cui *Homo sapiens cfr. cromagnensis* (calotta cranica un tempo conservata presso il Gruppo Speleologico Nolese), *Ursus spelaeus* Linné, *Homo sapiens* Linné, bovidi. Brecce correlabili agli speleotemi, affioranti (prima dei recenti lavori del comune) all'imbocco della grotta, hanno fornito frammenti di ossa di mammiferi, *Solatopupa pallida*, *Monacha cantiana*, *Xerosecta cespitum*, altri polmonati indeterminabili, e una *Patella ferruginea* Gmelin con aderenti *Balanus balanoides* Linné. Tale fauna indica un ambiente costiero più caldo dell'attuale (vedi capitolo relativo); è molto probabile che le "dighe di travertino" siano correlabili con i livelli di alabastriti e concrezionamenti della falesia di Capo Noli (livelli 2b, 4c, 6c, 6e e 7b di Motta & Motta, 1989), formati in un periodo di regressione marina della parte inferiore del Pleistocene superiore, anteriore alla deposizione delle brecce affioranti all'imbocco della grotta.

RIO PONCI E RIO DI CHIEN

La Val Ponci, una delle valli allogeniche che hanno smembrato l'originario altopiano a *cockpit* in altipiani minori, separa l'altopiano delle Manie dalla *mesa* di Rocca di Corno – Rocca degli Uccelli. Il corso d'acqua allogenico l'ha abbandonata a favore del nuovo percorso della Valle Sciusa, ed è senza deflusso idrico per gran parte dell'anno, sia per la forte riduzione dell'area di bacino non carsificata, sia per l'apertura sul fondovalle di inghiottitoi collegati a importanti sistemi ipogei (Grotta della Mala). La parte della valle che conserva ancora l'originaria morfologia a fondovalle piatto, è raccordata alla Valle Sciusa da una ripida successione di grandi marmitte d'evorsione torrentizia collegate da saltini rocciosi, su cui si depositano tufi molto compatti, bruni, a elevato contenuto argilloso e fossili rari e mal conservati. I caratteri sedimentologici non sono riferibili alla classificazione di tab. 2.1 ma piuttosto ai *sinter*, tufi calcarei di prevalente deposizione chimica (e non biochimica) caratteristici dei rii a cascate (*river waterfall tufa*; Zhang *et alii*, 2001). Analoghi litotipi affiorano lungo il Rio di Chien, che scende lungo il bordo meridionale dell'altopiano delle Manie.

ANALISI DI FACIES

Nei *cool freshwater calcareous tufas*, il $CaCO_3$ è deposto principalmente per:
- parziale evaporazione dell'acqua;
- differenza di pressione parziale di CO_2 fra l'ambiente ipogeo e quello subaereo;
- differenza di temperatura tra il sottosuolo e la superficie.

I tre processi agiscono contemporaneamente dove le acque sotterranee carsiche vengono a giorno: le principali masse di tufi calcarei si trovano così in corrispondenza alle risorgenze, ma non necessariamente a quelle più importanti.

Nei tufi di cascata, invece, la perdita di CO_2 dovuta all'evaporazione è scarsa, e prevalgono altri tre fattori di precipitazione di $CaCO_3$ (Zhang *et alii*, 2001): aerazione dell'acqua, flusso a getto, abbassamento della pressione, effetti dovuti a due processi tipici delle cascate d'acqua: l'accelerazione del flusso, e l'allargamento dell'interfaccia aria-acqua (che interviene anche nei tufi formati da stillicidio).

I depositi carbonatici continentali dell'altopiano sono costituiti, in proporzione variabile, da $CaCO_3$ depositata dai processi sopra elencati, e da clasti derivanti dall'erosione dei versanti, prevalentemente di litotipi carbonatici per la loro larga diffusione. Se presente, la matrice è di argille limose derivanti dall'erosione di suoli rossi fersiallitici brunificati e suoli bruni eutrofici (i suoli tipici dei valloni carsici della sommità dell'altopiano: Ajassa & Motta, 1991). Ne derivano quattro facies principali.

- Speleotemi, costituiti prevalentemente da brecce molto eterometriche con matrice argilloso-siltosa rossastra talvolta cementata, di *cave breakdown*, e ghiaie e sabbie ben classate, fluitate dall'esterno. Le rocce di deposizione chimica associate sono *sinter* (*flowstone*, croste travertinose) o alabastriti a lamine sovente molto sottili, con struttura granulare o fibrosa cristallina (dighe di travertino, crostoni stalagmitici).

- Brecce di pendio, a clasti eterometrici principalmente carbonatici, e matrice argilloso-siltosa cementata da $CaCO_3$ (sparmicritizzazione); possono essere *éboulis ordonnés* derivati dalle fasi fredde del Pleistocene inferiore e medio (generalmente formati da alternanze di strati chiari poveri di matrice e scuri più argillosi), o *lithoclast slopewash* (di significato paleoclimatico opposto) derivati dall'interazione fra apporti clastici gravitativi e apporti chimici di origine carsica, aventi sovente aspetto intermedio con i tufi calcarei veri e propri.

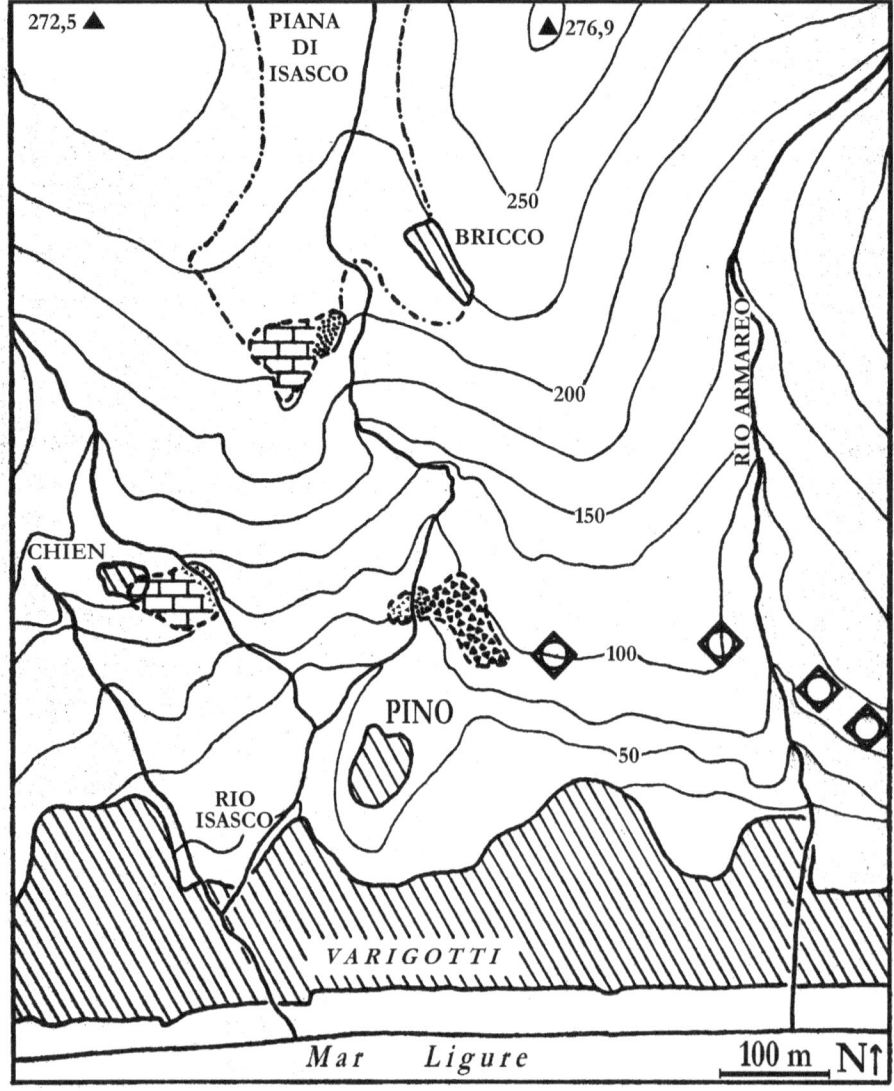

Fig. 2.7 - Gli affioramenti dell'area di Chien – Piana d'Isasco. In righettato obliquo sono rappresentati gli abitati, in mattonato i tufi calcarei, in triangolini le brecce di pendio; con cerchio iscritto in rombo gli affioramenti di dimensioni non cartografabili.

- Tufi calcarei di acqua fredda (*sensu* Pedley, 1990; Pazdur *et alii*, 2002), tipici di sorgenti, stillicidi e corsi d'acqua stagionali, aventi marcata variabilità dei caratteri di facies in dipendenza da microclima, associazione vegetale, apporti colluviali.

- Tufi (o travertini) di cascata, tipici dell'ambiente fluviocarsico, in cui l'acqua è generalmente soprasatura ma deposita CaCO$_3$ solo lungo le cascatelle (Zhang *et alii*, 2001).

MODELLI DEPOSIZIONALI DEI TUFI CALCAREI

I tufi fitoermali di Paradiso sono tipici delle risorgenze carsiche inquadrabili nel *perched springline model* di Pedley (1990): su un versante collinare vengono a giorno acque carsiche, che depositano negli immediati pressi della sorgente *sinter* e più a valle, ma ancora in posizione prossimale, tufi fitoermali in una sorta di conoide. Lo stesso modello prevede in posizione distale associazioni di tufi microdetritici, fitoclastici e oncoidali, come quelle di Chien e del bordo SW della Piana d'Isasco. Sempre nel medesimo modello, la presenza di tufi fitoclastici in quantità superiore al normale indica fasi erosive col modellamento di canali erosionali, che nel nostro caso possono derivare dalle variazioni di portata delle sorgenti conseguenti alle oscillazioni climatiche oloceniche e/o pleistoceniche.

I depositi di Verzi somigliano a quelli distali di risorgenza di Chien, ma le pseudostalattiti e cavità, la mancanza di depositi prossimali o palustri a monte e la presenza di specie eutroglofile, indicano che, come nel *cascade model* di Pedley (1990), la deposizione è avvenuta sia lungo cortine verticali di briofite, sia dietro le cortine, dove sono presenti strutture verticali e cavità cieche (*blind caves*) in cui si depositano anche speleotemi. L'affioramento della strada di Verzi è inquadrabile nel medesimo modello, rappresentando una tipica facies distale di transizione con le brecce di pendio (*lithoclast slopewash*), deposta quando la cascata si è esaurita per l'abbassamento del livello di base carsico. Dell'analogo affioramento di Pino non si conoscono i depositi prossimali: ciò è normale, in quanto raramente la sequenza è risparmiata *in toto* dall'erosione successiva (Pedley, 1990).

La guglietta di Chien ha facies simile a Verzi, ma i rapporti con gli affioramenti di tufi calcarei vicini e la morfologia stessa dell'affioramento indicano che, sebbene l'ambiente sia sempre quello di una cascata, il modello deposizionale è quello dei *phytoherm framestone barrages* di Pedley, nel sottotipo (esemplificato dal sistema di Plitvice, del carso dinarico; fig. 2.8) in cui la corrente fluviale è piuttosto veloce: si forma una diga di tufi fitoermali subverticale, alta da 1 a 30 m, il cui lato a valle è strapiombante, con cortine di muschi, e sovente con fenomeni di dissoluzione e riprecipitazione che favoriscono la deposizione di lenti fitoclastiche. Nello stesso modello sono inquadrabili i depositi della Piana d'Isasco: si sono formati ai bordi di uno stagno o una palude, a monte dello sbarramento di cui resta la guglietta di Chien, per cui hanno un'associazione di tufi litoclastici e microdetritici, molluschi dulcacquicoli, abbondanti Monocotiledoni e piante igrofile come i salici. Perciò i depositi della Piana d'Isasco sono coevi di quelli della guglietta di Chien, e verosimilmente del Pleistocene inferiore – medio, precedenti al periodo in cui il processo di erosione del bordo dell'altopiano ha causato un'ulteriore incisione del Rio d'Isasco, da cui il drenaggio della zona umida, la parziale erosione dei tufi e il loro parziale seppellimento sotto falde detritiche stratificate (in una delle fasi fredde del Pleistocene superiore?).

Nel caso dei tufi di Val Ponci e delle altre forre fluviocarsiche, i periodici eventi erosivi causati dalle piene eccezionali impediscono lo sviluppo di facies fitoermali, permettendo unicamente la conservazione dei più resistenti *sinter*.

I tufi calcarei delle grotte non sono inquadrabili nei modelli di Pedley. Quelli considerabili di ambiente epigeo o almeno di transizione, tipici degli ingressi delle grotte più ampi, sono formati non da una falda idrica, ma da semplice stillicidio, e derivano dal microclima attuale, che presenta sovente un contrasto tra ambiente umido ipogeo, accentuato da processi di condensazione superficiale, e ambiente della parete rocciosa esterno, di tipo mediterraneo asciutto.

Gli ambienti deposizionali legati più strettamente all'ambiente ipogeo (grotte di Capo Noli, Mala, sistema Pollera-Buio, ecc.), alla presenza contemporanea di un corso d'acqua proveniente da monte e di risorgenze carsiche di pendio (area di Piana d'Isasco – Chien), o ancora alla presenza di morfologie e processi erosivi condizionanti la deposizione (forre fluviocarsiche), sono solo in parte inquadrabili nei modelli deposizionali esistenti, perché la posizione delle risorgenze in genere è data da strati impermeabili, dunque il livello di base carsico locale non può abbassarsi progressivamente. Negli stadi climatici quaternari più secchi e/o freddi è però diminuita la deposizione dei tufi e si sono sviluppate forme erosive carsiche che hanno in seguito favorito la deposizione di tufi fitoclastici.

La fauna fossile è tipica degli ambienti deposizionali dei tufi calcarei, talora con specie stigofile o eutroglofile, indicanti l'esistenza di risorgenze carsiche di dimensioni accessibili ai molluschi. È indicativa di clima analogo all'attuale, essendo interamente rappresentata da specie viventi ancor oggi nella zona. Non si nota il declino tardoolocenico di *Pomatias elegans* segnalato nel Nordeuropa per cause climatiche (Limondin-Lozouet & Preece, 2004), né segni di recente diminuzione della sedimentazione (*late Holocene tufa decline* di Goudie *et alii*, 1993).

Fig. 2.8 – A sinistra, sporgente dal muro è visibile la cascata pietrificata della Baia dei Saraceni. A destra, le cascatelle dei Laghi di Plitvice (HR) hanno l'aspetto che doveva essere quello originario dell'ambiente di deposizione dei tufi della Guglietta di Chien.

Fig. 2.9 – Tipici fossili contenuti nei tufi calcarei. 1: impronta di carpinello (Verzi); 2: impronte di leccio e carpinello (Chien); 3: muschi incrostati di $CaCO_3$ (Paradiso); 4: impronta di pigna di pino d'Aleppo (Piana d'Isasco); 5: impronte di monocotiledoni, leccio e carpinello (Piana d'Isasco).

Depositi marini quaternari e recenti
DEPOSITI DELLA GROTTA DELL'EDERA

La Grotta dell'Edera si apre a 240 m s.l.m. (imbocco inferiore, fig. 2.10, in base a Google Earth; 250 m s.l.m. in base a Issel, 1885) nella Pietra di Finale in Valle Urta. La parte inferiore di tale grotta è parzialmente riempita da depositi con caratteri paleontologici e stratigrafici peculiari. Le numerose altre grotte della valle sono in maggioranza resti di reticoli ipogei a prevalente sviluppo orizzontale, con segni di evoluzione da condizioni freatiche a vadose; quelle a sviluppo verticale sono perlopiù diaclasi formate da processi tensionali legati alla verticalità delle pareti e allargate da processi carsici locali. In questo quadro, la Grotta dell'Edera costituisce un'eccezione, perchè è a prevalente sviluppo verticale, ma formata da più pozzi campaniformi coalescenti (fig. 2.11). Presso l'imbocco superiore della grotta, foggiato ad ampia dolina di crollo (fig. 2.12), sono presenti numerose piccole doline a imbuto, verosimilmente collegate a pozzi come quelli che compongono la Grotta dell'Edera: esse suggeriscono che anche la Grotta dell'Edera drenava originariamente delle doline. Da notare che negli altopiani finalesi le doline sono rare, decisamente subordinate ai *cockpit*; la loro concentrazione nell'area della grotta sembra da attribuire alla presenza di deformazioni fragili (su una delle quali si sviluppa la grotta, vedi fig. 2.10).

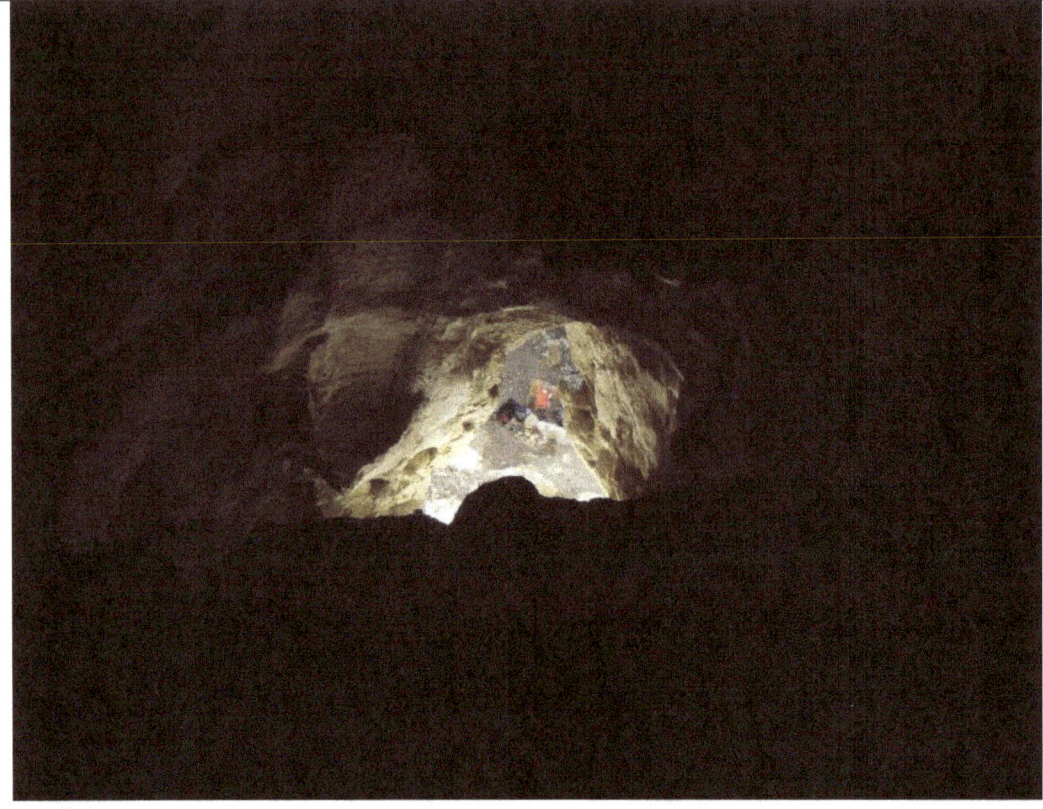

Fig. 2.10 - L'ingresso inferiore della Grotta dell'Edera, visto dall'interno (in alto e a sin.) e dall'esterno (ds.), dove si nota la frattura su cui si sviluppa la grotta.

Fig 2.11 - Particolari della morfologia a pozzi coalescenti dell'interno della grotta.

Fig. 2.12 – Le aperture superiori della Grotta dell'Edera. Quella di destra in origine si presentava probabilmente come una dolina di crollo.

Le successioni stratigrafiche delle grotte finalesi ubicate a quote comparabili alla Grotta dell'Edera (Arma delle Fate, Arma Strapatente, Attico di Spaventaggi, ecc.) sono interamente di ambiente continentale, con alla base facies di trasporto fluviale in ambiente vadoso (sabbie laminate e ghiaie embricate a clasti alloctoni), cui seguono sequenze di riempimento di grotta inattiva (alternanza di depositi di crollo e residui di decalcificazione fini contenenti ossa di mammiferi e manufatti). Del tutto differente la successione di riempimento all'imbocco inferiore della Grotta dell'Edera, che è dall'alto in basso (Motta & Motta, 1998):

— Livello A (400 cm). Breccia a clasti lunghi sino a 2 m, di Pietra di Finale, immersi in una matrice franco-argillosa bruna (7,5YR 5/3) che ha restituito ossa frammentate di uccelli e macromammiferi, una emimandibola di *Sorex* sp. e abbondanti resti di Microtini, fra cui *Arvicola* sp.

— Livello B (100 cm). Breccia a clasti di diametro massimo inferiore a 75 cm di Pietra di Finale e crostoni stalagmitici, immersi in una matrice franco-argillosa bruno chiara aranciata (5YR 6/3). Fossili piuttosto scarsi, esclusivamente continentali: molluschi polmonati (*Discus rotundatus, Theba cemenelea*) e mammiferi (un frammento di costola di un macromammifero, *Arvicola* sp. e altri Microtini).

— Livello C (80 cm). Breccia a blocchi lunghi sino a 2 m (i maggiori sono lastroni crollati dalla volta, fig. 2.13), mediamente meno angolosi di quelli dei due livelli sovrastanti, immersi in una matrice franco-sabbiosa bruno chiara arancio-giallastra (7,5YR 6/4), fra i quali sono presenti, oltre agli stessi litotipi del livello sovrastante, ciottoletti arrotondati centimetrici di Calcari di Val Tanarello rosa e grigi, calcari dolomitici grigi delle Dolomie di San Pietro dei Monti, e frammenti spigolosi di quarziti e metamorfiti (fig. 2.14). A scarsi molluschi continentali (*Pomatias elegans, Delima itala, Limax cf. maximus, Chondrina pallida*, un pupillide indeterminabile, *Discus rotundatus, Helicella conspurcata*, un elicide indeterminabile), e vertebrati (uccelli, macromammiferi, *Sorex* sp., chirotteri, microtini e murini), sono mescolati molluschi marini, più avanti descritti in dettaglio.

— Livello D (14 cm). Breccia a clasti molto angolosi di Pietra di Finale e Dolomie di San Pietro dei Monti, i maggiori dei quali sono lastre lunghe sino a 40 cm, immersi in una matrice pelitica bruno-rossastra (5YR 5/4), senza contenuto paleontologico.

— Livello E (10 cm). Sabbia giallastra (10YR 7/6) grossolana con ciottoletti di diametro massimo 3 cm, non fossilifera.

— Livello F (45 cm). Breccia monogenica a clasti di diametro massimo 20 cm, immersi in una matrice terrosa grigio-bruna (10YR 5/2), non fossilifera.

Considerando contenuto paleontologico e posizione stratigrafica, si prospetta la seguente interpretazione della successione stratigrafica di riempimento.

Su un livello basale (F) di depositi graviclastici si sono sedimentate sabbie (E) di ambiente ipogeo vadoso. Le loro strutture sedimentarie mostrano che la corrente idrica era diretta dai pozzi superiori verso l'attuale ingresso inferiore; da quest'ultimo non giungevano ancora apporti sedimentari, perchè probabilmente il suo sbocco all'esterno non era nella posizione attuale, ma più distante dal deposito studiato. Il livello D, un deposito di clasti caduti in grotta dai pozzi superiori, è il primo di grotta inattiva, poichè a partire da esso sono deposti solo *speleothem* (*sensu* Moore, 1952). La breccia del livello C si è formata per *cave breakdown* a spese di un soffitto ricco di concrezioni, crollato in acqua marina (infralitorale di bassa profondità o sopralitorale). I livelli soprastanti (B e

A) derivano anch'essi da *cave breakdown*, ma sono crollati su un pavimento non più raggiunto dal mare, come prova il contenuto paleontologico.

La fauna marina del livello C, sicuramente la più interessante della successione stratigrafica, è costituita da fossili perlopiù subcentimetrici e frammentati (Fig. 2.15). Non appartengono a nessuna delle specie mioceniche segnalate nella Pietra di Finale, ed è escludibile che siano stati portati dall'uomo nella preistoria, essendo in gran parte di specie senza alcun interesse edule o ornamentale. La classazione dei frammenti di conchiglie, unita al tipo di conservazione (tab. 2.2), induce a ritenere alloctona l'associazione fossile.

Fig. 2.13 - I livelli inferiori della successione studiata (livelli C - F).

Fig. 2.14 - Clasti del livello C: a sinistra 3 cristalli di calcite sfaldati provenienti dal disfacimento di depositi di grotta, e un frammento spigoloso di quarzite; a destra clasti ben arrotondati (ma poco sferici) di calcari (Calcari di VaI Tanarello) e calcari dolomitici (Dolomie di San Pietro dei Monti).

Fig. 2.15 - Alcuni molluschi marini del livello C. A sinistra opercoli dì esemplari giovanili di *Bolma rugosa* (L.), i fossili più comuni del livello; sempre di dimensioni molto piccole, hanno scarsissimo interesse sia ornamentale sia alimentare, il che ne rende altamente improbabile un apporto antropico. A destra in alto: gasteropodi e bivalvi moderatamente usurati, anche in questo caso principalmente di specie senza interesse ornamentale o alimentare. A destra in basso: frammenti fortemente usurati. Le dimensioni medie degli opercoli e degli esemplari moderatamente e fortemente usurati sono praticamente costanti (al contrario dei fossili di molluschi continentali, assai più grandi).

Tab. 2.2 - Molluschi marini ritrovati nel livello C della Grotta dell'Edera.

Specie	Stato di conservazione	Numero	Fondale	Biocenosi	Piano
Bolma rugosa (L.)	opercoli e frammenti	99	Fr/Fg		IC
Glycymeris glycymeris (L.)	framm. ± arrotondatì	22	Fs/Fsp	SGCF	I
Venus casina L.	frammenti angolosi	12	Fs/Fsp/Fg	SGCF	I
Callista chione (L.)	framm. ± arrotondati	9	Fs/Fp	SGCF/SFBC	IC
Dosinia exoleta (L.)	frammenti angolosi	2	Fs/Fp	SGCF	IC
Jujubinus exasperatus (Pennant)	conchiglie intere	2	Fr	HP/AP/C	IC
Bittium reticulatum (Da Costa)	conchiglie intere	2	Fr/Fc/Fsp	HP/AP	IC
Tapes decussatus (L.)	frammenti angolosi	2	Fs/Fsp		I
Turritella communis (Risso)	parti apicali	2	Fs/Fp	DC/VTC/PE	IC
Pecten jacobaeus (L.)	frammento angoloso	1	Fp	DC	IC
Chlamys opercularis (L.)	frammento angoloso	1	Fr/Fsp/Fp	DC	IC
Glans trapezia (L.)	frammento angoloso	1	Fr/Fsp/Fp	HP/AP	IC
Barbatia barbata (L.)	frammento angoloso	1	Fr	HP/AP	IC
Petaloconchus intortus (Lamarck)	frammento angoloso	1	Fr		I
Hinia costulata (Renieri)	conch. molto usurate	2	Fs		I
Hinia cf. *incrassata* (Müller)	conchiglia intera	1	Fgs/Fs		I
Dentalium inaequicostatum (Dautzenberg)	framm. parte distale	1	Fsp/Fs		IC
Acanthocardia tuberculata (L.)	frammento angoloso	1	Fs	SFBC	IC

Fondali: r = roccioso; s = sabbioso; sp = sabbioso-pelitico; p = pelitico; g = ghiaioso; gs = ghiaioso-sabbioso.
Biocenosi: denominate con le sigle usate da Péres e Picard (1964)
Piani: I = Infralitorale; C = Circalitorale.

Le specie determinate sono tutte viventi attualmente nel Mar Ligure: la loro età va considerata genericamente pleistocenica (Motta & Motta, 1998). *Glycymeris glycymeris, Venus casina* e *Dosinia exoleta* sono esclusive della biocenosi delle sabbie grossolane e ghiaie fini influenzate dalle correnti di fondo (SGCF di Péres & Picard, 1964). Lo stato frammentario delle conchiglie conferma tale attribuzione: gli Autori precitati descrivono come caratteristici della tanatocenosi di questo ambiente "*rests calcaires brisés et plus ou moins émoussés d'organismes ayantes veçu soit dans l'herbier de posidonies, soit sur la roche littorale*". Ulteriore indicazione sul paleoambiente è la presenza di molluschi tipici della prateria di *Posidonia oceanica* (HP di Péres & Picard, op. cit.) ma non dell'ambiente roccioso mesolitorale, come *Jujubinus exasperatus, Bittium reticulatum, Glans trapezia, Barbatia barbata*. Ciò è spiegabile ammettendo che, come accade sovente, la biocenosi SGCF si sviluppi nei canali posti fra le praterie di posidonia abitate dalla comunità climacica infralitorale HP. La presenza di molluschi della biocenosi circalitorale detritica costiera (DC di Péres & Picard, op.cit.): *Turritella communis, Chlamys opercularis, Pecten jacobaeus* (quest'ultimo esclusivo di DC) fa pensare ad apporti dalle parti più profonde dei canali sopra menzionati. Mancano totalmente specie batiali, meso- e sopralitorali. Nonostante la biocenosi SGCF si sviluppi su sedìmenti non pelitici, nell'associazione fossile compaiono anche specie viventi preferenzialmente o esclusivamente su fondi pelitici.

La presenza di specie continentali assieme a quelle marine indica che l'imboccatura dei pozzi superiori si trovava sopra il livello tidale e convogliava resti di organismi terrestri nella parte di grotta immersa, come si può osservare attualmente in molte grotte situate a livello del mare (Grotta di Bergeggi, grotta di Capo Noli, ecc.).

DEPOSITI CEMENTATI IN FACIES PANCHINA

Lungo la costa tra Capo Noli e Punta Crena cavità carsiche di vari tipi, piccole insenature e solchi di battente contengono in più punti tasche di depositi marini. I più rappresentativi sono quelli della falesia nordorientale di Capo Noli, ricchi in fossili e facilmente correlabili fra loro (Motta & Motta, 1989). I processi erosivi agenti su tale falesia sono essenzialmente carsismo, abrasione marina, aloclastismo e processi gravitativi. All'azione esclusiva di processi carsici sono attribuibili le forme più antiche, di ambiente ipogeo: la Grotta di Capo Noli (descritta nel capitolo sul carsismo ipogeo) e la piccola grotta che si apre presso di essa, che ha la morfologia tipica dell'ambiente vadoso. A queste due cavità principali si accompagnano numerose diaclasi e nicchie, sovente allargate da abrasione marina e aloclastismo, che spesso ospitano depositi quaternari. L'abrasione marina, erodendo in sinergia con processi biologici (molluschi ed altri organismi perforatori) e carsici, ha formato solchi e nicchie di battente, in alcuni dei quali, ormai "inattivi" e sospesi sul livello del mare, si sono conservati depositi quaternari cementati. La concomitante azione del carsismo e dell'aloclastismo ha provocato la formazione di kamenitze marine ed ha parzialmente rimodellato i solchi di battente sospesi. Tutti i processi summenzionati, agendo più intensamente sugli strati più erodibili dei Calcari di Val Tanarelio e dei depositi quaternari, hanno formato gradini morfologici, spesso foggiati a lunghe e continue cenge suborizzontali o poco inclinate. La falesia è sovrastata da alte pareti di Dolomie di San Pietro dei Monti, soggette a crolli (anche recentemente); da queste proviene il grande accumulo di crollo presso Villa Meyer, in cui l'erosione ha formato un arco naturale.

Per maggior chiarezza descriviamo i depositi da Sud-Ovest verso Nord-Est, radunandoli in tre gruppi di affioramenti (numerati secondo lo schema della Fig. 2.16).

FALESIA NORDORIENTALE DI CAPO NOLI

Le rocce prequaternarie della falesia sono Calcari di Val Tanarello, rosati o grigiochiari. All'estremità sudoccidentale della falesia, sotto il muro di sostegno della Via Aurelia, affiora un silt ghiaioso con livelli di ciottoli angolosi (*grès lité*?), contenente molluschi terrestri: *Cyclostoma elegans* (Muller), *Chondrina similis* (Bruguière), *Discus ruderatus* (Studer), *Theba cemenelea* (Risso), *Helicella conspurcata* (Draparnaud). In questo settore i calcari sono cataclasati per la vicinanza di una faglia. Un solco di battente a 4-5 m di quota giunge sino ad un piccolo sperone, dove sui calcari poggia la successione 2:

2a 0 - 1,3 m: Breccia monogenica a clasti di circa un decimetro di diametro, poco eterometrici, di calcari giurassici molto alterati ed addensati in una matrice brunastra molto compatta, calcareo-argillosa e non fossilifera; manca una stratificazione evidente. Su questa breccia fra 0,5 e 1,1 m sono aderenti piccole tasche spesse una ventina di centimetri di un litotipo avente la granulometria di un microconglomerato, formato essenzialmente da molluschi di dimensioni minori di 4 cm frammentati, abbondantissimi micromolluschi e granuli calcarei e quarzitici, in un'abbondante matrice argillosa arancione.

2b 1,3 - 1,7 m: Crostone stalagmitico formato da alabastrite a cristalli fascicolati paralleli con zonature rossastro-giallastre, a patina bruno-rossastra e con frequentissime piccole ondulazioni e dislocazioni.

2c 1,7 - 6,0 m: Breccia a clasti molto eterometrici di diametro minore di 40 cm di calcare triassico e giurassico, di alabastrite e di brecce identiche a quelle sottostanti (2a) immersi in una matrice argilloso-calcarea di colore da rosso-arancio sino a rossastro. Contiene molluschi, briozoi, coralli, anellidi e crostacei, in parte elencati nella tab. 2.3. Alla quota di 2,4 - 3,1 m, in questo litotipo vi sono lenti di pelite calcarea giallastra molto sabbiosa, compatta e non fossilifera, che sfumano nelle brecce incassanti per graduale aumento del numero e della dimensione dei clasti presenti. Sotto i succitati litotipi affiorano talora brecce monogeniche analoghe a quelle del livello 2a, separate da una netta superficie di erosione. Superiormente la breccia poligenica sfuma in una breccia oligomittica a clasti decimetrici, molto eterometrici, di calcare giurassico e di alabastrite, corrosi ed immersi in una scarsa matrice rossastra. Questo litotipo, non fossilifero, è molto compatto e presenta solo raramente una stratificazione molto grossolana.

2d 6,0 - 6,4 m: Crostone stalagmitico analogo a quello del livello 2b.

2e 6,4 - 7,6 m: Breccia analoga a quella del livello 2c.

2f 7,6 - 8,0 m: Crostone stalagmitico analogo a quello del livello 2b.

A 6 m verso Nord-Est, proseguendo su una cengia a 6 m di quota, si giunge ad un solco di battente, posto a 1.6 m sul mare; su di esso si osserva la successione 3:

3a 0 - 1,6 m: è la prosecuzione del livello 2a di breccia. Poggiante su una superficie di erosione netta, è una breccia a clasti molto eterometrici, di calcari dolomitici triassici (70%), calcari giurassici (25%), quarziti e rari scisti verdastri, corrosi e talora perforati da litodomi e spugne clionidi. La matrice è argilloso-calcarea, bruno-rossastra e più o meno abbondante; spesso è grossolanamente stratificata e con concentrazioni di grossi ciottoli. Contiene *Patella aspera spinulosa* Bucquoy, Dautzenberg & Dolfuss, *Spondylus gaederopus* Linné, *Ostrea* cf. *stentina* Payraudeau, tutti in posizione di vita, ed altri molluschi, nonché briozoi ed anellidi.

3b 1,6 - 3,0 m: è la prosecuzione del livello 2c di breccia, separata dal livello 3a da una netta superficie di erosione.

Superiormente tornano ad affiorare i calcari del substrato prequaternario, a cui dall'altezza di 4,15 m tornano ad aderire sedimenti quaternari:

3c 4,15 - 4,9 m: Pelite calcarea rossastra compattissima, non fossilifera e con cenni di stratificazione.

3d 4,9 - 5,3 m: Crostone stalagmitico identico a quello del livello 2d e forse correlabile con esso.

3e 5,3 - 5,55 m: Pelite analoga a quella del livello 3c.

Spostandosi lateralmente di 6 m verso Nord-Est, sullo stesso solco di battente si osserva la successione 4:

4a 0,5 - 1,9 m: è la prosecuzione della breccia poligenica marina del livello 3a. Al tetto di questi depositi era presente un mascellare sinistro di un subadulto appartenente alla sottofamiglia Caprinae. Sul fondo marino antistante questo affioramento un blocco dello stesso litotipo conteneva l'ultimo molare mascellare sinistro di un individuo adulto di *Sus* cf. *scrofa* Linné (determinazioni del prof. G. Giacobini del Dip. Anatomia e Fisiologia Umana, sez. Paleontologia Umana, Un. di Torino).

4b 1,9 - 2,4 m: Breccia a clasti decimetrici prevalentemente di calcari giurassici, ma anche di calcari dolomitici triassici e di scisti, immersi in una matrice bruno- giallastra, calcareo-argillosa molto compatta, non fossilifera. Alla base è presente un livello giallastro più sabbioso ed erodibile.

4c 2,4 - 2,7 m: Crostone stalagmitico analogo a quello del livello 2b e probabilmente correlabile con esso.

4d 2,7 - 3,5 m: è la prosecuzione del livello 3b di breccia, e ha fornito le specie elencate nella tab. 2.2. Lateralmente, in una piccola grotta ad Ovest, la breccia marina è sostituita, a partire da 3,0 m, da una pelite sabbioso-calcarea giallastra molto compatta, analoga a quella presente in lenti nel livello 2c e passante gradualmente alla breccia sottostante per alternanza dei due litotipi ed aumento progressivo percentuale della matrice nella breccia.

Spostandosi lateralmente 4 m più ad Est, sui calcari affiorano altri depositi quaternari, che per la maggior quota sono stati compresi nella sezione 4. Essi sono:

4e 3,9 - 4,7 m: Pelite probabilmente correlabile con il livello 3c, di cui è identica.

4f 4,7 - 5,0 m: Crostone stalagmitico analogo a quello del livello 3d e probabilmente correlabile con esso.

4g 5,0 - 5,25 m: Pelite analoga a quella del livello 3e e probabilmente correlabile con essa.

Una dozzina di metri più a Nord-Est, una cengia (5) porta all'imboccatura di una piccola grotta (fig. 2.17). Sulla verticale di questa grotta, una diaclase nei calcari è riempita dalla successione 6:

6a 1,7 - 2,2 m: Microconglomerato analogo a quello presente in tasche sul livello 2a; vi è stata ritrovata la ricca associazione fossile elencata nella tab. 2.2.

6b 2,2 - 3,0 m: Si passa gradualmente a una pelite compatta giallastra con pochi clasti calcarei, corrosi e concentrati in livelli. Alla base del livello sono stati ritrovati esemplari di *Rumina decollata* (Linné). Verso l'alto aumentano i clasti di calcari giurassici finchè la pelite diventa una breccia monogenica.

6c 3,0 - 4,2 m: Colata calcarea concrezionata formata da alabastrite argillosa a sottili lamine ondulate bianco-giallastre e bruno rossastre; nella sua parte superiore contiene lenti di breccia a clasti centimetrici di calcari dolomitici triassici (70%) e giurassici (30%), immersi in un'abbondante matrice calcareo-argillosa brunastra, con *Cyclostoma elegans* (Muller) e *Chondrina similis* (Bruguière).

6d 4,2 - 4,7 m: Breccia analoga a quella della parte superiore del livello 6c.

6e 4,7 - 5,1 m: Colate calcaree concrezionate analoghe a quella del livello 6c.

6f 5,1 - 6,5 m: Breccia a clasti molto eterometrici, decimetrici, di calcari triassici e giurassici, di scisti verdastri quarziferi e di frammenti dell'alabastrite e della breccia sottostanti, immersi in un'abbondante matrice arancione argilloso-siltosa. Questo livello è parzialmente ricoperto da concrezioni calcaree, che rivestono l'interno della grotta. Immediatamente a sinistra dell'imboccatura della grotta vi è un piccolo deposito terroso bruno-rossastro, con livelli di ciottoli centimetrici; ha fornito *Helicella conspurcata* (Draparnaud), *Eobania vermiculata* (Muller), *Helix aspersa* (Muller). Sulla sua verticale a 2,2 m si osserva una vaschetta di corrosione carsica nella prosecuzione dello strato 6c di alabastrite; asportando completamente la sabbia terrosa e limosa che la riempiva, sono stati trovati in posizione di vita: *Patella caerulea subplana* Poitiez & Michaud, *Patelia aspera* Lamarck, *Patella rustica* Linné e *Littorina neritoides* (Linné).

Immediatamente a sinistra dell'imboccatura della Grotta di Capo Noli si osservava prima della posa di *spritz-beton* (lavoro eseguito nel 1986 durante la posa di un condotto fognario nella grotta) la successione 7:

7a 1,8 - 2,3 m: Breccia analoga a quella della parte superiore del livello 6c.

7b 2,3 - 2,8 m: Prosecuzione della parte inferiore del livello 6c di colata calcarea concrezionale.

7c 2,8 - 4,5 m: Breccia analoga a quella del livello 6f, contenente frammenti di ossa di mammiferi, *Chondrina similis* (Bruguière), *Theba cemenelea* (Risso), *Helicella cespitum* (Draparnaud) ed altri molluschi terrestri; inferiormente ha dato una grossa *Patella ferruginea* Gmelin (non in posizione di vita), con aderenti alcuni *Balanus balanoides* Linné.

In depositi confrontabili col livello 7c per facies e altezza sul livello del mare, posti nella galleria epifreatica della Grotta di Capo Noli, furono ritrovati manufatti ed una calotta cranica attribuiti all'Uomo di Cro-Magnon (Motta & Motta, 1989), denti di *Homo sapiens* Linné e di bovidi, abbondanti ossami di *Ursus spelaeus* Linné. Questi depositi sono quindi attribuibili a una fase fredda del Pleistocene superiore (Masini & Sala, 2007).

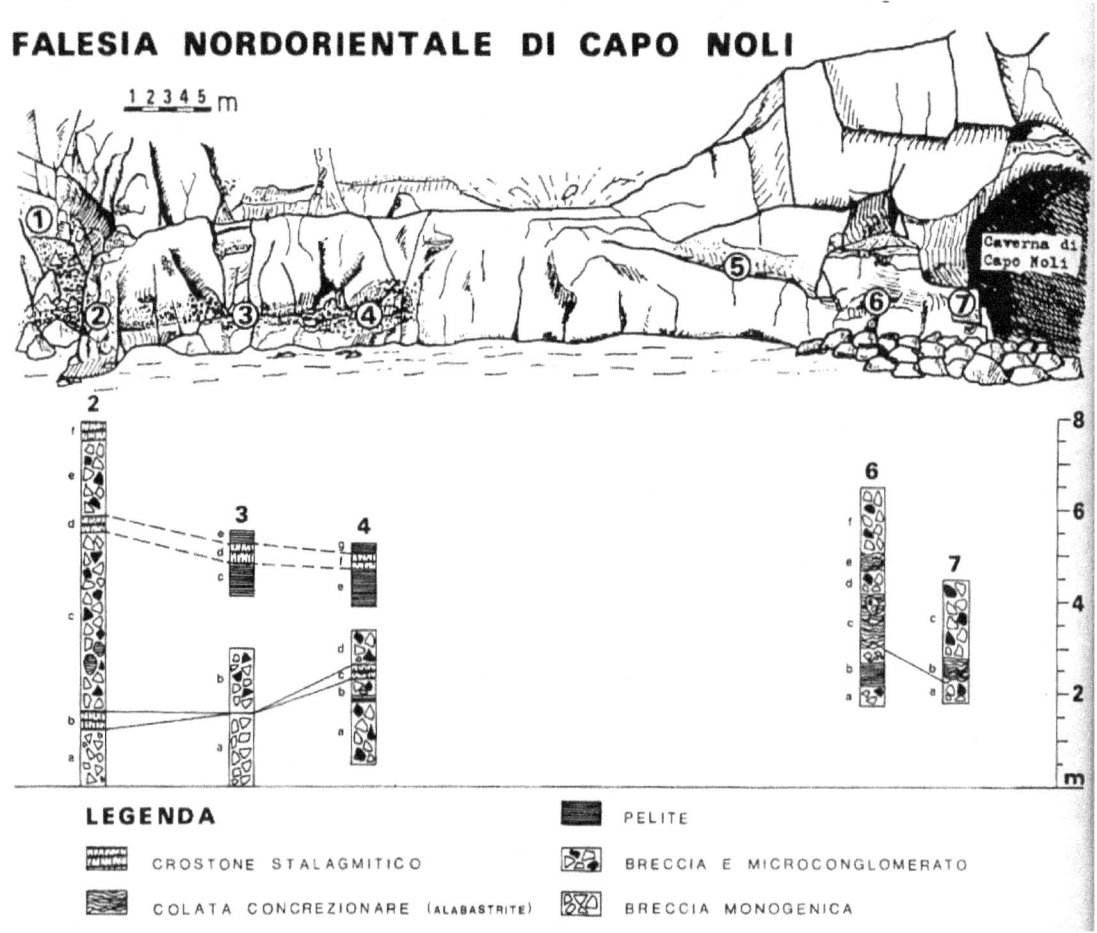

Fig. 2 .16 – La falesia nordorientale di Capo Noli.

Tab. 2.2 – Fossili ritrovati nel microcongiomerato della prima ingressione marina (livello 6a) e nella breccia poligenica della seconda ingressione marina (livelli 2c-3b-4d).

	6a	2c-3b-4d		6a	2c-3b-4d
Poriferi:			*Hinia incrassata* ("Muller" Stromberg)	c	m
Cliona sp. (perforazioni)	m	c	*Amyclina corniculum* (Olivi)	m	
Antozoi:			*Cyclope* cf. *donovani* Risso	r	
Cladocora coespitosa (Linné)	c	c	*Mitra fusca* (Swainson)		r
Molluschi Poliplacofori:			*Gibberula philippi* (Monterosato)	r	
Lepidopleurus cajetanus (Poli)	m		*Gibberulina clandestina* (Brocchi)	c	
Ischnochiton rissoi (Payraudeau)	m		*Cythara pacinii* (Calcara)	r	
Chiton olivaceus Spengler	c	m	*Raphitoma* cf. *reticulata* (Renier)	m	
Acanthochitona cf. *communis* (Risso)	m		*Raphitoma bicolor* (Risso)	m	
Molluschi Gasteropodi:			*Conus mediteraneus* "Hwass" Bruguière	m	r
Haliotis tuberculata Linné	m		*Chrysallida excavata* (Philippi)	m	
Emarginula elongata (Da Costa)	m		*Turbonilla lactea* (Linné)	r	
Diodora italica (Defrance)	m	m	*Turbonilla delicata* Monterosato	r	
Diodora gibberula (Lamarck)	c		*Bulla striata* Bruguière	m	
Patella caerulea subplana Poitiez & Michaud	m		*Retusa truncatula* (Bruguière)	r	
Patella aspera Lamarck	r		**Molluschi Bivalvi:**		
Patella rustica Linné = *lusitanica* Gmelin	m	m	*Arca noae* Linné		r
			Arca tetragona Poli	r	
Acmaea unicolor Forbes	r		*Barbatia barbata* (Linné)	r	c
Monodonta turbinata (Born)	m		*Striarca lactea* (Linné)	c	c
Monodonta articulata Lamarck	r		*Mytilus edulis galloprovincialis* Lamarck	c	c
Jujubinus sp. pl.	c		*Lithophaga lithophaga* (Linné)		m
Gibbula varia (Linné)	m		*Modiolus barbatus* (Linné)	r	
Gibbula richardi (Payraudeau)	c		*Modiolus adriaticus* (Lamarck)	m	
Gibbula racketti gibbosula (Brusina)	m		*Chlamys hyalina* (Poli)		r
Calliostoma laugieri (Payraudeau)	m		*Chlamys multistriata* (Poli)	c	m
Calliostoma granulatum (Born)	m		*Chlamys distorta* (Da Costa)	r	
Clanculus sp.	m		*Spondylus gaederopus* Linné	r	
Homalopoma sanguineum (Linné)	m		*Anomia ephippium* Linné	r	
Tricolia sp. (opercoli)	r		*Lima* sp.	r	
Littorina neritoides (Linné)	c	m	*Limaria hians* (Gmelin)	c	c
Cingula proxima (Alder)	m		*Ostrea* cf. *stentina* Payraudeau		m
Folinia costata (Adams)	m		*Ctena decussata* (O. G. Costa)	c	
Alvania cimex (Linné)	r		*Chama gryphoides* Linné	c	m
Alvania reticulata (Montagu)	c	r	*Galeomma turtoni* "Sowerby" Turton	r	
Alvania montagui (Payraudeau)	c		*Cardita calyculata* (Linné)	c	m
Alvania consociella Montagu	c		*Cardita calyculata* (Linné)	c	m
Alvania cancellata (Da Costa)	c	r	*Plagiocardium papillosum* (Poli)	r	
Alvania lactea (Michaud)	m		*Abra alba* (Wood)	r	
Turboella similis (Scacchi)	c		*Petricola lithophaga* (Retzius)	r	
Turboella inconspicua (Alder)	m		*Hiatella arctica* (Linné)	c	
Rissoa punctura (Montagu)	m		**Policheti:**		
Rissoa variabilis braevis Monterosato	c		*Pomatoceros* sp.	r	m
Rissoa guerini Récluz	r		*Spirorbis* sp.	r	
Rissoina bruguièrei (Payraudeau)	m		*Serpula* sp. pl.	c	c
Barleeia rubra (Adams)	c		**Briozoi:**		
Melanopsis sp.	r		Numerose specie	c	c
Philippia mediterranea (Monterosato)	m		**Crostacei:**		
Bivonia triquetra (Bivona)	m		*Balanus balanus* Linné	c	c
Bittium reticulatum (Da Costa)	c	c	*Chthamalus stellatus* (Linné)	m	
Bittium exiguum (Monterosato)	r		Chele e frammenti di carapace di decapodi	m	m
Bittium lacteum (Philippi)	r		**Echinidi:**		
Cerithium vulgatum Bruguière	m	c	*Paracentrotus lividus* (Lamarck)	c	c
Cerithiopsis bilineata (Hornes)	m		*Sphaerechinus granularis* (Lamarck)	m	
Cerithiopsis rugulosa (Sowerby)	r		**Vertebrati:**		
Triphora perversa (Linné)	c		Denti ed otoliti di pesce	m	
Epitonium cf. *vittatum* (Jeffreys)	r		**Foraminiferi:**		
Fossarus ambiguus (Linné)	m				
Natica cf. *dillwyni* (Payraudeau)	r		Numerose specie di microforaminiferi bentonici, fra cui abbondanti grosse *Quinqueloculina*		
Muricopsis cristata (Brocchi)	m	r			
Ocenebrina edwardsi (Payraudeau)	c	m			
Ocenebrina hibrida (Aradas & Benoit)	r				
Ocenebrina aciculata (Lamarck)	m				
Coralliophila meyendorffi (Calcara)		r	= comuni; m = poco comuni; r = rari.		
Columbella rustica (Linné)	c	m			
Pisania striata (Gmelin) = *maculosa* (Lamarck)	c	r			
Cantharus sp.	m				
Chauvetia minima minima (Montagu)	m				
Chauvetia mimima mammillata (Risso)	r				

FALESIA AD OVEST DELL'ARCO NATURALE

In un canalino poco a N della Caverna di Capo Noli, che incide la falesia (costituita da Calcari di Val Tanarello rosati), l'acqua satura di carbonato discendente da un foro canalicolare ha cementato i detriti di varia granulometria che riempivano una sorta di "organo geologico". I litotipi risultanti sono calcareniti argillose giallastre e brecce monogeniche a clasti corrosi di Calcari di Val Tanarello ed abbondante matrice argillosa calcitizzata arancione. Questi depositi sono ricoperti da uno strato di alabastrite fibrosa e zonata, costituente una colata calcarea concrezionata.

AFFIORAMENTI PRESSO L'ARCO NATURALE

Lungo la faglia separante i caicari dolomitici dai Calcari di Val Tanarello, si hanno brecce tettoniche con clasti esclusivamente calcareo-dolomitici, immersi in una scarsa e compattissima matrice argilloso-siltosa rossastra chiara. La successione quaternaria osservabile un tempo (prima dei recenti lavori di restauro della Via Aurelia soprastante) presso l'arco naturale (Motta & Motta, 1989) poggiava su un basamento di calcari dolomitici grigi con abbondanti columnalia di *Encrinus* (Dolomie di San Pietro dei Monti), rappresentata da tre litotipi.

— Gran parte dell'arco naturale era costituito da brecce di frana grossolanamente clinostratificate verso mare e gradate, a blocchi eterometrici, talora anche di qualche metro cubo, di calcari dolomitici ad *Encrinus*, spesse circa 6 m. La matrice, rossastra ed argilloso-calcarea, ha dato elicidi e *Cyclostoma elegans* (Muller).

— Brecce monogeniche a clasti molto eterometrici di calcari dolomitici, immersi in un'abbondante matrice rossastra calcareo-argillosa, contenente *Emarginula elongata* (Da Costa), *Rissoa variabilis brevis* Monterosato, *Bittium reticulatum* (Da Costa), *Serpula* sp. Queste brecce sono eteropiche delle brecce di frana e situate ad una quota di 1,5-1,8 m.

— Brecce a netta stratificazione suborizzontale e gradate, a clasti di calcari dolomitici in una abbondante matrice terrosa rossastra, che contiene *Cyclostoma elegans* (Muller), *Oxychilus glaber* (Studer), *Discus rotundatus* (Muller), *Helicella conspurcata* (Draparnaud), *Helix aperta* Born, *Helix aspersa* Muller, *Theba cemenelea* (Risso) ed altri molluschi terrestri. nonché ossa di mammiferi. Tali depositi sono sovrapposti lateralmente e discordanti sulle brecce di frana, in una rientranza alla base dell'arco naturale. La loro potenza è di circa 3,2 m.

Le associazioni fossili esaminate non comprendono specie estinte e danno quindi nozioni esatte sull'ambiente in cui vivevano gli organismi che le formano.

La tanatocenosi presente nei microcongiomerati (livello 6a e tasche aderenti sul livello 2a), formata da piccoli frammenti di molluschi e altri organismi marini e da abbondanti micromolluschi, è considerabile pressoché interamente allocrona, anche se si è ritrovata in essa una mezza teca di *Paracentrotus lividus* (Lamarck) e qualche altro fossile abbastanza fragile. I molluschi più comuni di questa tanatocenosi sono divisibili in tre gruppi:

— specie del piano litorale in ambiente roccioso: *Patella* spp., *Littorina neritoides*, *Barleeia rubra*, *Ocenebrina edwardsi*, *Pisania striata*, *Columbella rustica*, *Mytilus edulis galloprovincialis*, *Ostrea* spp., *Cardita calycuiata*;

— specie della prateria di posidonie del piano infralitorale: *Alvania* spp., *Rissoa variabilis braevis*, *Limaria hians*, *Ctena decussata*;

— specie viventi in entrambi gli ambienti succitati: *Chiton olivaceus, Diodora gibberula, Gibbula richardi, Turboella similis, Bittium reticulatum, Cerithium vulgatum, Triphora perversa, Hinia incrassata, Gibberulina clandestina, Striarca lactea, Chlamys multistriata, Chama gryphoides, Hiatella arctica.*

Probabilmente questi microconglomerati si sono deposti in ambiente litorale, con consistenti apporti di conchiglie da una prateria di posidonie presente nel piano infralitorale.

Caratterizzano le brecce marine della prima ingressione (livello 3a-4a) molluschi di medie dimensioni ben conservati: *Spondylus gaederopus* e *Ostrea* cf. *stentina* ancora aderenti al substrato sono certamente autoctoni. Queste brecce si sono formate probabilmente nella parte inferiore del piano litorale, habitat di tutte le specie di molluschi ritrovate in esse. Sicuramente alloctoni sono i resti di mammiferi, fra l'altro molto usurati e frammentari, che testimoniano apporti continentali.

Nella tanatocenosi contenuta nelle brecce della seconda ingressione (livelli 2c-3b-4d, 6f e 7c) si possono distinguere tre gruppi:

— fossili alloctoni continentali, rappresentati da molluschi terrestri alofili e mammiferi, presenti in tutto il livello, ma via via più abbondanti verso la sommità;

— fossili marini del piano litorale in ambiente roccioso, fra cui esemplari sicuramente autoctoni (valve in connessione) di *Striarca lactea* e *Mytilus edulis galloprovincialis;*

— fossili probabilmente alloctoni di molluschi marini del piano infralitorale, quali *Muricopsis cristata* o *Coralliophila meyendorffi.*

L'ambiente di deposizione di tali brecce non doveva quindi differire sostanzialmente da quello dei microconglomerati.

I depositi brecciosi e pelitici continentali contengono molluschi calcifili, alofili e xerofili: *Cyclostoma elegans* (Muller), *Rumina decollata* (Linné), *Chondrina similis* (Bruguière), *Helicella cespitum* (Draparnaud), *Helicella conspurcata* (Draparnaud), *Theba cemenelea* (Risso); nei depositi terrosi interpretabili come falde detritiche stratificate si trovano anche specie più igrofile: *Oxychilus gìaber* (Studer), *Discus rotundatus* (Muller), *Helix aspersa* Muller, *Helix aperta* Born.

Tutte le specie continentali sono ancora comunemente reperibili viventi a Capo Noli. Dei molluschi marini, *Barleeia rubra* (Adams) e *Gibberulina clandestina* (Brocchi), molto comuni nei microconglomerati, oggi sono rare nel Golfo di Noli; *Patella ferruginea* Gmelin e *Isara cornea* (Swainson) (= *Mitra fusca*), presenti nelle brecce della seconda ingressione, sono assenti a Capo Noli e possono essere quasi considerate "ospiti caldi", in particolar modo *Isara cornea.*

INTERPRETAZIONE GENETICA DEI DEPOSITI

I più antichi depositi quaternari della falesia nordorientale di Capo Noli, le brecce monogeniche (livello 2a-3a), non contengono elementi sufficienti per interpretarle geneticamente: forse sono continentali. Dopo la loro deposizione si ebbe la prima ingressione marina quaternaria riconoscibile nella zona, in cui sia nei calcari prequaternari sia nelle brecce monogeniche si formò un solco di battente, oggi alla quota di circa 1,6 m.

Fig. 2.17 – A sin., piccola grotta sulla falesia nordorientale di Capo Noli, posta a 6 m s.l.m. come l'attiguo solco di battente testimoniante il livello marino durante la seconda ingressione marina; alle pareti di questa grotta aderiscono le brecce poligeniche della seconda ingressione marina (livello 6f). A ds., l'arco naturale formatosi nelle brecce di frana (oggi riempito artificialmente). Da Motta & Motta, 1989.

Fig. 2.18 – 1: *Patella ferruginea*, livello 7c. - 2: *Emarginula elongata*, microconglomerati presso l'arco naturale - 3: *Diodora gbberula*, livello 4d. - 4: *Diodora italica*, livello 4d. - 5: *Cerithium vulgatum*, livello 4d. - 6: *Conus mediterraneus*, livello 4d. - 7: *Striarca lactea*, livello 6a. - 8: *Chama gryphoides*, livello 6a. - 9: *Cardita calyculata*, livello 4d. - 10: *Ctena decussata*, livello 6a.

Un ulteriore aumento del livello marino fece sì che, nel solco di battente e nella larga diaclase posta poco più a Nord, si depositassero brecce e microconglomerati poligenici (tasche aderenti sui livello 2a-3a e livelli 4a e 6a), a matrice argillosa ed in parte *matrix-supported*. Ciò indica un tranquillo ambiente di deposizione, quale un solco di battente inattivo alla profondità di qualche metro, indicazione confermata dall'associazione fossile, ricca di specie tipicamente litorali. Il solco di battente a 4,5 m di quota, in parte rimodellato in una cengia e numerose nicchie allineate, si è formato durante la stessa ingressione che depose le brecce ed i microconglomerati, in quanto nella fase regressiva successiva si depositarono su di esso e sui litotipi citati gli stessi livelli continentali. Se si identifica, come sembra logico, la quota di un solco di battente con quella assunta per lungo tempo dal livello marino durante un'ingressione, si può ipotizzare per le brecce e per i microconglomerati una profondità di deposizione di 2-3 m.

In una successiva fase regressiva emerse il solco di battente più basso (quello attualmente a 1,6 m di quota), ed essendo occupato solo in parte dai sedimenti della precedente fase trasgressiva, formò una piccola grotta. In questa grottina, nonostante le ridotte dimensioni, si depositò una sequenza di riempimento analoga a quelle osservabili nei grandi sistemi carsici ipogei: peliti basali (livello 6a), riferibili alla sedimentazione del carico solido della circolazione idrica ipogea; brecce (livelli 6b e 7a) deposte ad opera del *cave breakdown*; alabastriti (livelli 2b, 4c, 6c, 6e e 7b) derivanti da fenomeni di concrezionamento ipogeo, localmente con lenti di brecce dovute a nuovi episodi di *cave breakdown* (parte superiore del livello 6c e livello 6d). È una sequenza troppo complessa per un semplice solco di battente, ed è perciò probabile che il riempimento del solco di battente celi uno o più raccordi con il sistema carsico ipogeo della Grotta di Capo Noli, che del resto in questa zona è separato dall'esterno solo da pochi metri di roccia. È infine da notare che le numerose piccole dislocazioni delle alabastriti testimoniano un'attività tettonica agente successivamente alla deposizione di questi sedimenti.

Una nuova ingressione marina causò la parziale erosione dei litotipi precedentemente depositatisi, tanto che nella sezione 3 una superficie erosionale sostituisce i depositi continentali della fase regressiva. Il livello marino si portò a 6 m di quota sul livello attuale e vi restò abbastanza a lungo da formare un solco di battente (oggi rimodellato quasi completamente in una lunga cengia). Durante questa fase trasgressiva, nei punti della falesia più riparati dall'abrasione marina, ovvero i vecchi solchi di battente, le cavità carsiche più profonde e l'imboccatura della Caverna di Capo Noli, si depositarono brecce poligeniche (livelli 2c-3b-4d, 6f e 7c). La presenza in queste brecce di abbondanti blocchi di brecce dei livelli sottostanti e di alabastriti, nonché la composizione dell'associazione fossile, indicano che l'ambiente di sedimentazione era probabilmente meno tranquillo di quello della precedente ingressione. Inoltre tra i clasti sono presenti scisti della Formazione di Eze, che attualmente affiora solo alcuni chilometri a Nord-Est di Capo Noli; ciò indica che durante questa seconda trasgressione c'era un'attiva deriva litoranea diretta verso ponente (al contrario di oggi).

Dopo l'ultima fase regressiva, la sedimentazione prosegue in cavità carsiche e sui versanti. All'imboccatura della Grotta di Capo Noli il passaggio da ambiente marino a continentale è rilevabile esclusivamente dal contenuto paleontologico della breccia: ciò è probabilmente dovuto al particolare ambiente deposizionale. Le altre cavità carsiche contengono sequenze di riempimento analoghe a quelle della fase regressiva precedente: peliti e brecce basali (livelli 2d, 3c e 4e) ed alabastriti (livelli 2e, 3d e 4). In molte sequenze di riempimento i clasti delle brecce sono molto corrosi, come nella più antica sequenza della falesia ad Ovest dell'arco naturale.

Localmente le sequenze sono raddoppiate (peliti e brecce dei livelli 2f, 3e e 4g ed alabastrite del livello 2g), indicando forti variazioni del livello di base carsico, probabilmente oscillazioni eustatiche positive troppo deboli per lasciare linee di riva a quote superiori al livello marino attuale.

I depositi della Falesia ad Ovest dell'arco naturale hanno la stessa genesi delle brecce monogeniche a clasti corrosi e matrice argillosa appena descritte, ma l'assenza di fossili e clasti alloctoni rende impossibile sicure correlazioni. Essi rappresentano una tipica successione di riempimento di pozzo carsico verticale, in ambiente sempre ipogeo. Il pozzo si colmò di brecciame mentre era ancora attivo (e quasi sicuramente collegato con il sistema carsico ipogeo della Grotta di Capo Noli), come è provato dalla forte corrosione dei clasti della breccia; successivamente, i vuoti fra i clasti furono riempiti dall'attuale matrice argillosa della breccia. Diventato inattivo, il pozzo fu percorso da stillicidio di acque sature di carbonato, che cementarono la matrice e depositarono sopra la breccia colate concrezionali di alabastriti laminate.

Le falde detritiche stratificate, debolmente cementate da soluzioni carbonatiche, si sono formate al piede di ripidi pendii posti presso la terminazione meridionale della falesia, la piccola grotta attigua all'imboccatura della Grotta di Capo Noli e alla base dell'arco naturale. Derivano dall'alternanza di eventi franosi (crolli dalle pareti superiori del promontorio di Capo Noli) e momenti in cui il ruscellamento superficiale depositava sul versante materiali fini. Diversi autori ritengono che questo tipo di deposizione sia tipico delle fasi climatiche più fredde, sebbene altri ritengano che sia semplicemente un tipo di dinamica tipica dei versanti di rocce calcareo-dolomitiche molto fratturate. Riguardo alla nostra area, la falda detritica stratificata alla base dell'arco naturale somiglia molto ai *grèzes lités* crionivali, ma in più punti di Capo Noli si osservano depositi analoghi, contenenti frammenti fittili recenti.

Durante un'ingressione marina, le brecce di frana furono in gran parte erose e si depositarono brecce con fauna marina in nicchie di battente. Le brecce con fauna marina sono monogeniche perché derivanti dall'erosione e risedimentazione delle brecce di frana, ma il loro ambiente di sedimentazione non doveva differire molto da quello delle brecce marine della falesia nordorientale di Capo Noli. Le nicchie di battente summenzionate sono poste a 1,6 m circa sul livello marino, quindi correlabili con il solco di battente osservabile alla medesima quota sulla falesia nordorientale di Capo Noli.

BEACH ROCK

Da Finale a Capo Noli, con qualche interruzione, si estende dal livello tidale fino a 1 - 2 metri di profondità una *beach rock*, deposito di spiaggia cementato costituito essenzialmente da microconglomerati e arenarie grossolane, con subordinate biolititi. Queste rocce sono sovente ritenute proprie di climi caldi. Ad esempio per Tricart & Cailleux (1965) la *beach rock* «sembra caratterizzare regioni abbastanza calde, non aride o subaride ma aventi una stagione secca ben marcata» e, nella regione mediterranea, si forma solo a S dell'isoterma di luglio di 33°C. In quest'ottica le *beach rock* finalesi sarebbero forme relitte di età interglaciale. Tuttavia occupano piattaforme d'abrasione marina anche alla base di falesie tutt'ora in evoluzione, contengono frammenti fittili e detriti antropici e coinvolgono anche i materiali scaricati dai Genovesi nel 1341 per interrare la Baia dei Saraceni, porto del Marchesato di Finale, loro nemico (fig. 2.19). L'origine di queste rocce è la precipitazione di carbonati indotta da piccole risorgenze carsiche, e probabilmente la presenza di diffuse risorgenze alla base del Monte Capo Noli favorisce talmente la precipitazione dei carbonati da rendere possibile la formazione di *beach rock* anche nel clima relativamente freddo della Liguria.

Le *beach rock* costituiscono anche il substrato delle limitrofe spiagge, e vengono portate alla luce temporaneamente dopo le mareggiate più forti.

Fig. 2.19 – Strati di beack rock nella spiaggia della Baia dei Saraceni (fra Capo Noli e Punta Crena).

DEPOSITI SCIOLTI DI SPIAGGIA

In condizioni seminaturali sono alternanze di ghiaie, ghiaie sabbiose pelitiche e sabbie siltose, con livelli fillitiferi a *Posidonia*, che a ridosso dei tratti rocciosi della costa fra Noli e Spotorno assumono spessore pluridecimetrico. Le ghiaie sabbiose contengono sovente conchiglie marine, fra cui predominano *Hinia incrassata, Bittium reticulatum* e *Columbella rustica,* gasteropodi tipici dei bassi fondali rocciosi e delle praterie a *Posidonia.*

Da tempo l'uomo modifica pesantemente dinamica e composizione dei depositi di spiaggia. Particolarmente significativi l'interramento già ricordato della Baia dei Saraceni al tempo della guerra fra Genova e Finale; la distruzione nel secolo scorso della duna delle Arene Candide alla Caprazoppa, uno dei pochissimi ambienti dunali di retrospiaggia liguri; la realizzazione di discariche a mare di grandi dimensioni, foggiate a promontori artificiali, per smaltire lo smarino delle gallerie dell'autostrada (realizzate fra 1965 e 1971); i massicci ripascimenti a più riprese delle spiagge di Noli a scopo balneare; la realizzazione del porto turistico di Finale; la creazione di spiagge artificiali sul lato settentrionale del promontorio di Capo Noli; le recenti tecniche di autoripascimento (spostamento a inizio inverno della sabbia fine nella parte alta della spiaggia e riposizionamento nella parte bassa per la stagione balneare) praticate a Finale e Noli. Principale conseguenza di molte di queste azioni, la riduzione della granulometria media e dei livelli fillitiferi a Posidonia, che rende molto più mobilizzabile il sedimento della spiaggia emersa e della battigia. Attualmente la tendenza di quasi tutte le spiagge locali è all'erosione, via via crescente da Finale verso Spotorno.

Fig. 2.20 - La spiaggia emersa di Noli, costituita da ghiaie e subordinate sabbie grossolane.

Fig. 2.21 - La spiaggia di Finalpia, costituita prevalentemente da sabbia fine di origine fluviale.

Suoli

In questo paragrafo sono descritti i tipici suoli osservabili nel paesaggio a *cockpit* e colline emisferiche della superficie sommitale dell'Altopiano delle Manie (l'altopiano con maggiore varietà di substrati pedologici), e nella zona di Monte Capo Noli (rappresentativa per clima, pendenza e vegetazione del bordo di tutti gli altopiani carsici finalesi). Tali suoli hanno caratteristiche peculiari, derivanti da:

- antichissima antropizzazione dell'area, risalente almeno all'Acheulano arcaico (Vicino, 1982; Bernardini, 1977);
- alternanza fra condizioni *climax* dell'evoluzione pedologica, degradazione pedologica ed erosione conseguente ai ricorrenti incendi;
- presenza di uno dei pochissimi paleosuoli datati con certezza al Pleistocene inferiore dell'Italia nord occidentale, indicativo di clima tropicale.

La scelta dei siti in cui eseguire i profili qui descritti ed analizzati, riportati in fig. 2.22, è in funzione del substrato litologico e della posizione morfologica, elementi di grande rilevanza nella determinazione dei processi pedogenetici.

Una prima suddivisione dei suoli dell'Altopiano delle Mànie é in base al substrato litologico:

- suoli su substrato di quarziti del Permiano superiore - Scitico, rappresentativi dei suoli sviluppati su rocce insolubili;
- suoli su substrato carbonatico (generalmente calcari dolomitici e dolomie, più raramente calcari pelagici e Pietra di Finale), rappresentativi dei suoli sviluppati su rocce solubili.

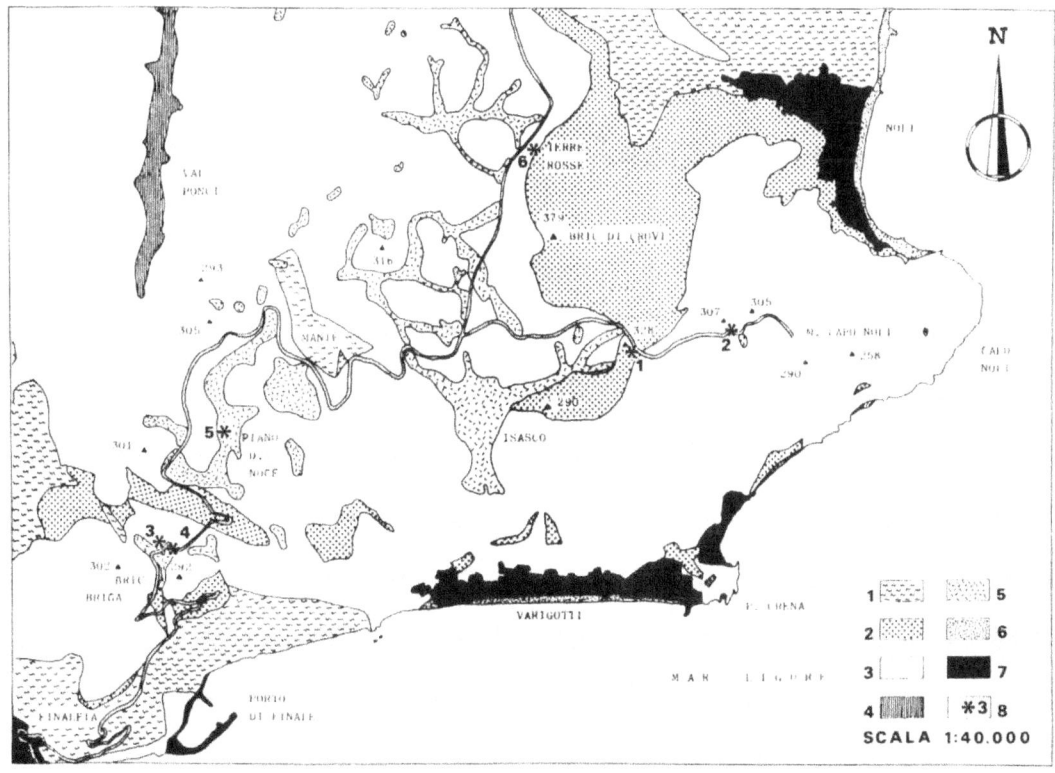

Fig. 2.22 – **Ubicazione dei profili pedologici studiati. 1: metamorfiti; 2: rocce carbonatiche; 3: quarziti; 4: depositi fluviali (Val Ponci); 5: depositi argillosi residuali delle depressioni carsiche; 6: depositi di spiaggia; 7: suoli impermeabilizzati (centri abitati, opere portuali); 8: Località dei profili pedologici (i numeri si riferiscono ai testo).**

Di ciascun profilo si riportano, la dettagliata descrizione dei caratteri riconoscibili in campagna e le descrizioni dei principali caratteri chimico-fisici dei diversi orizzonti di Ajassa & Motta (1991).

I suoli su substrato quarzitico

I versanti con substrato quarzitico risultano morfologicamente piuttosto omogenei: pendii con pendenza media del 40 - 50% (fig. 2.23), soggetti a forte ruscellamento sia areale sia concentrato. L'associazione vegetale è dominata nettamente dal Pino Nero nello strato arboreo e dall'Erica in quello arbustivo e deriva dagli effetti della riforestazione dopo i disastrosi incendi che periodicamente percorrono questi versanti. In base alla vegetazione delle poche aree sfuggite almeno agli incendi più recenti, è probabile che la vegetazione originaria fosse un bosco misto a prevalenti pini (probabilmente Pino Marittimo) e querce (probabilmente Roverella). La forte erosione, accentuata dalla degradazione della copertura vegetale per quanto appena detto, fa sì che in vaste aree il suolo manchi totalmente o sia limitato a piccole tasche e a coltri d'alterazione scarsamente pedogenizzate, in versanti con sovente oltre il 60% di rocciosità. Anche dove la pedogenesi é più sviluppata il suolo é comunque molto sottile, a profilo A – C di tipo rankeriforme (profilo n. 1).

L'associazione pedologica caratterizzante l'area é costituita da Litosuoli, Suoli humo - calcarei, Rendzina, (Ranker) e roccia affiorante.

PROFILO N. 1
È stato eseguito al margine orientale dell'altopiano delle Mànie, lungo la strada che lo collega con Capo Noli.

Quota 300 m, esposizione Sud, pendenza 20%, rocciosità e pietrosità da scarsa a comune, drenaggio molto rapido; erosione idrica elevata da ruscellamento superficiale diffuso. Vegetazione: bosco rado di Pino Nero, con sottobosco costituito prevalentemente da Erica.

Orizzonte A_0, cm 1-0: orizzonte umifero, fibroso, asciutto.
Orizzonte A_1, cm 0-8: orizzonte organico bruno scuro (7,5 YR 3/2); scheletro abbondante, minuto e medio; tessitura franco-sabbiosa; struttura poco evidente, piccola, grumosa. Sostanza organica di tipo Mull, ben incorporata con la frazione minerale. Asciutto, friabile, molto poroso; attività biologica intensa (Artropodi); radici erbacee e legnose di picole dimensioni, abbondanti. Moderata reazione all'HCI. Passaggio all'orizzonte inferiore piuttosto graduale (localmente chiaro) e ondulato.
Orizzonte A_1C: evidente orizzonte di transizione al C sottostante, di colore bruno grigiastro (7,5 YR 6/3). Scheletro molto abbondante, prevalentemente minuto; tessitura da franco-sabbiosa a franco-sabbioso-argillosa; struttura molto debole e poco evidente, Asciutto, estremamente friabile; attività biologica ridotta; radici comuni. Buona reazione all'HC1.

In questo caso, più che di un *Ranker* o *Ranker d'erosione (FAO: Ranker; USDA: Typic° Lithic Haplumbrept),* come sembrerebbe logico per posizione morfologica e substrato pedogenetico, è più opportuno parlare di un *Suolo rankeriforme.* In base ai dati analitici di Tab. 2.3, esso ha infatti un'elevata quantità di carbonati, soprattutto nella porzione più superficiale del profilo, ed una totale saturazione del complesso di scambio (circa 10 m.eq. x 100 g di suolo). Questi dati lo avvicinano molto ai suoli calcimagnesiaci come i *Rendzina* e gli *Humo - calcarei (FAO: Rendzina; USDA: Rendollic Eutrochrept)*. Tale situazione è riconducibile al costante apporto di materiale dai rilievi carbonatici circostanti.

Tab. 2.3 – Dati analitici del profilo 1.

Orizzonte	A_0	A_0C
Profondità cm	0-8	8-24
Granulometria %		
Sabbia > 1 mm	8,3	5,6
Sabbia < 1 mm	47,1	42,2
Limo grosso	5,8	5,5
Limo fine	20,3	23,5
Argilla	18,5	23,2
Analisi chimiche		
pH (in H20)	7,9	8,1
pH (in KC1)	7,1	7,3
C organico %	3,6	1,9
S.O. %	6,2	3,3
CaCO3 %	28,5	15,0
Basi scambiabili (m.eq. x 100 g)		
Ca^{++}	5,34	3,92
Mg^{++}	4,40	4,15
K^+	0,34	0,25
Na^+	0,33	0,20
Tot.	10,41	8,52
C.S.C.	10,85	8,60
Saturaz. %	96	98

Fig. 2.23 – Il bordo orientale dell'Altopiano delle Mànie, dove sono maggiormente estesi i suoli a substrato quarzitico.

I suoli su substrato carbonatico

Le aree a substrato carbonatico, caratterizzanti la maggior parte della sommità dell'altopiano, sono geomorfologicamente disomogenee e mostrano quindi maggior variabilità pedologica, in relazione alle diverse condizioni di evoluzione dei suoli. Dal punto di vista pedologico, sono divisibili in due settori.

    1. La superficie sommitale dell'altopiano delle Mànie, con morfologia a *cockpit* e colline cupoliformi, dove sono stati descritti i profili n, 3, 4 e 5. In

questo settore si differenzia nettamente: il fondo dei valloni carsici, subpia-neggiante, in cui il substrato pedologico é costituito da depositi argillosi residuali, umidi, a drenaggio normale, in massima parte coltivati e soggetti da lungo tempo a spietramento; i versanti delle colline cupoliformi, a mode-rata o forte acclività, soggetti ad intensi fenomeni di dilavamento ed erosione superficiale, a prevalente copertura forestale.

2. I bordi dell'altopiano e Monte Capo Noli (settore più orientale) dove é stato descritto il profilo n. 2. È un settore geomorfologicamente piuttosto omoge-neo e simile alle zone d'affioramento delle rocce quarzitiche, se si escludono gli effetti del carsismo superficiale (minore ruscellamento, mag-giore rocciosità). I suoli sono caratterizzati da una marcata aridità stagionale, come testimonia l'associazione vegetale di tipo xerofilo.

In relazione alle osservazioni appena esposte, sono state individuate tre associazio-ni di suoli, che rappresentano la situazione *climax* dell'area studiata:

1 - Fondo delle grandi depressioni carsiche e dei valloni carsici derivanti dal rimo-dellamento di *cockpit: Suoli rossifersiallitici brunificati* e *Suoli bruni eutrofici.*

2 - Colline cupoliformi della superficie sommitale dell'altopiano: *Rendzina bruni, Litosuoli, Suoli bruni calcarei* e *Suoli bruni eutrofici.*

3 - Dorsale di Monte Capo Noli: *Rendzina bruni, Litosuoli* e *Suoli humo-calcarei.*

A queste associazioni va aggiunto il paleosuolo osservabile in località Terre Rosse, formatosi in condizioni climatìche diverse dalle attuali.

PROFILO N. 2

È in prossimità di Monte Capo Noli, vicino al profilo n. 1, ma su un substrato car-bonatico costituito da calcari dolomiticì grìgì delle Dolomie di San Pietro dei Monti, alla base del versante di uno dei modesti rilievi cupoliformi che caratterizzano la dorsale di Monte Capo Noli.

Quota m 290, pendenza 15 - 20%, esposizione SE; rocciosità assente, pietrosità su-perficiale da scarsa a comune. Drenaggio buono, erosione idrica moderata, localmente intensa. Vegetazione forestale rada (copertura inferiore al 40%) di varie specie di Pini, vegetazione erbacea xerofila (copertura tra il 50% ed il 70%).

Orizzonte A_0, 2-0 cm: orizzonte organico, fibroso, asciutto, costituìto da frammenti vegetali non decomposti, frustoli legnosi, foglie e apparati radicali in parte scoperti.

Orizzonte A_1, 0-12 cm: colore bruno scuro (7,5 YR 3/3), scheletro comune, minuto in prevalenza, tessitura da franco-sabbio sa a franco-sabbioso-argillosa; struttura evi-dente, piccola e media, grumosa. Asciutto, soffice, friabile, mostra buona in-corporazione della sostanza organica (abbondante e di tipo Mull calcareo) con la frazio-ne minerale. Porosità abbondante, attività biologica comune (Artropodi), radici comuni, piccole e medie, erbacee, abbondanti nei primi 5 o 6 cm. Forte reazione all'HCl. Ben marcato, limite inferiore chiaro e ondulato.

Orizzonte $A_1(B)$, 12-26 cm: orizzonte strutturale, bruno rossastro (5 YR 5/6), sche-letro comune minuto e medio, tessitura franco-sabbioso-argillosa, struttura poliedrica subangolare evidente, di piccole dimensioni. Leggermente umido, poco consistente, at-tività biologica scarsa, radici erbacee da comuni a scarse. Forte reazione all'HCI. Passaggio irregolare all'orizzonte C sottostante, localmente netto, con contatto quasi di-retto col substrato di calcari dolomitici.

Si tratta di un *Rendzina bruno (FAO: Rendzina; USDA: Rendoll)* con orizzonte A a Mull calcareo, relativamente poco organico. La ridotta quantità di sostanza organica determina una modesta capacità dì scambio complessiva ed il complesso di scambio é totalmente saturo in funzione dell'elevato tenore di carbonati. Il ridotto spessore dell'orizzonte A, come pure il colore piuttosto chiaro, sono da considerare conseguenti alla degradazione del suolo in seguito agli incendi: questo, privato della copertura vegetale, va infatti incontro a fenomeni di intensa erosione superficiale e di distruzione dell'orizzonte superficiale.

Tab. 2.3 – Dati analitici del profilo 2.

Orizzonte	A_1	$A_1(B)$
Profondità cm	0-12	12-26
Granulometria %		
Sabbia > 1 mm	21,5	9,7
Sabbia < 1 mm	34,0	41,8
Limo grosso	13,8	17,5
Limo fine	8,5	7,5
Argilla	22,5	23,5
Analisi chimiche		
pH (in H20)	8,0	8,1
pH (in KC1)	7,5	7,5
C organico %	2,4	0,6
S.O. %	4,1	1,0
CaCO3 %	91,2	94,0
Basi scambiabili (m.eq. x 100 g)		
Ca^{++}	6,18	7,82
Mg^{++}	5,04	4,01
K^+	0,25	0,21
Na^+	0,13	0,20
Tot.	11,60	12,24
C.S.C.	11,80	12,30
Saturaz. %	98	100

PROFILO N. 3

È alla base del versante di uno dei rilievi cupoliformi della sommità dell'altopiano, presso il suo margine occidentale, su Calcari di Val Tanarello.

Quota 270 m, esposizione SW, pendenza 10%; rocciosità assente, pietrosità da comune ad abbondante (evidenti interventi di spietramento). Drenaggio buono; erosione idrica moderata (tendenzialmente maggiore con l'aumento della pendenza lungo il versante). Uso del suolo: pascolo (in passato coltivato).

Orizzonte Ap, cm 0-16: umifero (Mull calcareo), bruno scuro (7,5 YR 3/4), scheletro da comune ad abbondante, di varia pezzatura; tessitura franca; struttura grumosa fine e media, evidente. Asciutto; porosità piuttosto elevata; attività biologica comune; radici, erbacee in prevalenza, comuni e di piccole dimensioni. Limite inferiore chiaro e lineare. Forte reazione all'HCl.

Orizzonte A/C, 16-28 cm: bruno rossastro (7,5 YR 5/4), scheletro abbondante, medio e grossolano, tessitura franco-argillosa; struttura debole, di piccole dimensioni, poliedrica subangolare. Asciutto; attività biologica e radici scarse, salvo in coincidenza a tasche di suolo più potenti, dove aumentano molto. Limite inferiore chiaro, ondulato.

Si tratta di un suolo poco evoluto, come dimostra lo scarso spessore e la relativa u-niformità verticale del profilo, formatosi sui materiali residuali derivanti dalla corrosione carsica superficiale dei Calcari di Val Tanarello. In questo caso il suolo può essere definito un *Rendzina bruno di tipo antropico (FAO: Rendzina; USDA: Entic Haploxeroll)*.

Nelle vicinanze del profilo appena descritto si trova un'area in cui il suolo é stato ripetutamente percorso, anche in tempi recenti, da incendi. Essi hanno provocato una forte degradazione dell'associazione vegetale, attualmente molto povera, pioniera, con predominanza di Cisto (*Cistus albidus*), che non impedisce un'erosione superficiale assai intensa. Pertanto in quest'area prevale un suolo di tipo (A) - C, dove l'originario orizzonte A1 é stato sostituito da un orizzonte privo o quasi di struttura e di colore molto scuro per effetto della combustione.

Tab. 2.3 – Dati analitici del profilo 3.

Orizzonte	Ap	AC
Profondità cm	0-16	16-28
Granulometria %		
Sabbia > 1 mm	4,1	3,2
Sabbia < 1 mm	39,0	37,9
Limo grosso	10,2	8,8
Limo fine	19,5	21,0
Argilla	27,2	29,1
Analisi chimiche		
pH (in H20)	7,1	7,1
pH (in KC1)	6,5	6,3
C organico %	4,6	1,4
S.O. %	7,9	2,4
CaCO3 %	24	22
Basi scambiabili (m.eq. x 100 g)		
Ca^{++}	9,15	8,45
Mg^{++}	2,26	2,57
K^+	0,81	0,66
Na^+	0,15	0,18
Tot.	12,37	11,86
C.S.C.	12,55	11,80
Saturaz. %	98	100

PROFILO N. 4

Questo profilo é come il precedente su Calcari di Val Tanarello, ma in posizione morfologicamente differente, cioé all'interno di una vallecola a fondo piatto derivante dallo smembramento di un *cockpit* (Biancotti & Motta, 1989), in una zona in cui l'energico intervento antropico é testimoniato dall'intenso spietramento e dalle sistemazioni agronomiche.

Quota 270 m, esposizione zenitale, rocciosità assente, pietrosità moderata, Drenaggio buono, erosione assente. Uso del suolo: cereali a coltura vernina.

Orizzonte Ap, 0-22 cm: colore bruno rossastro (7,5 YR 4/4), relativamente poco umifero, scheletro minuto e scarso; tessitura franca; struttura da grumosa a poliedrica subangolare, mediamente resistente, minuta, localmente più grossolana. Asciutto, ben areato; porosità elevata; attività biologica moderata; radici erbacee, fini, comuni. Forte reazione all'HCl. Limite inferiore chiaro e ondulato.

Orizzonte B, 22-32 cm: bruno rossastro (5 YR 5/6), scheletro minuto, tessitura franco-argillosa, struttura evidente, abbastanza resistente, poliedrica angolare piccola e media. Asciutto; attività biologica assai modesta; scarse radici, per lo più erbacee, molto fini. Limite inferiore graduale ed ondulato, tendenzialmente più netto quando il substrato calcareo inalterato é più superficiale.

Per quanto poco potente, é un suolo di tipo A - B - C , col B argillico, poggiante con contatto talora abbastanza netto sul substrato calcareo. Si tratta di un Suolo rosso mediterraneo, poco evoluto, appartenente al gruppo dei Suoli rossi fersiallitici, o al termine intergrado tra questi ed i Suoli calcimagnesiaci, per via dell'abbondante riserva di carbonati presente nel suolo *(FAO: Ferric acrisol; USDA: Tipic Rhodoxeralf)*.

In associazione con i Suoli bruni eutrofici e subordinatamente con i Suoli rendziniformi, caratterizza le principali superfici subpianeggianti dell'area. L'abbondanza dei carbonati é da ricondursi al continuo apporto di materiale fine e non decalcificato dai versanti dei rilievi circostanti.

Tab. 2.3 – Dati analitici del profilo 4.

Orizzonte	Ap	B
Profondità cm	0-22	22-32
Granulometria %		
Sabbia > 1 mm	2,4	6,0
Sabbia < 1 mm	38,5	21,4
Limo grosso	18,0	11,2
Limo fine	12,3	21,1
Argilla	28,8	40,3
Analisi chimiche		
pH (in H20)	7,7	7,6
pH (in KC1)	6,7	6,5
C organico %	1,9	0,5
S.O. %	3,3	0,9
CaCO3 %	20,5	23,0
Basi scambiabili (m.eq. x 100 g)		
Ca^{++}	6,03	5,13
Mg^{++}	4,54	4,24
K^+	0,65	0,31
Na^+	0,24	0,21
Tot.	11,46	9,89
C.S.C.	12,10	9,9
Saturaz. %	94	100

PROFILO N. 5

Rappresenta il suolo tipo delle grandi superfici di accumulo di terreni residuali dell'altopiano carsico, e si trova in un taglio in prossimità dell'inghiottitoio centrale del *cockpit* di Pian della Noce.

Quota 247, esposizione zenitale; pendenza nulla; pietrosità e rocciosità superficiali assenti; drenaggio moderato, talora impedito (in circostanze particolari l'inghiottitoio non riesce a smaltire le acque e si forma un lago carsico); erosione idrica assente. Intensamente coltivato.

Orizzonte Ap, 0-15 cm: colore bruno forte (7,5 YR 4/6); scheletro assente; tessitura da franco-argillosa ad argillosa; struttura grumosa piccola e media passante alla poliedrica subangolare. Leggermente umido, piuttosto resistente, ha buona areazione, grazie all'elevata porosità superficiale. Attività biologica e radici comuni. Limite inferiore chiaro e lineare.

Orizzonte A$_3$, 15-32 cm: colore bruno rossastro (7,5 YR *5/5*); scheletro assente; tessitura argillosa, debolmente limosa; struttura evidente, poliedrica subangolare, poco resistente allo stato umido, piccola e media. Umido; pori piccoli e piuttosto scarsi; attività biologica molto limitata; radici erbacee ancora comuni. Forte reazione all'HCl. Limite inferiore graduale.

Orizzonte (B), > 32 cm: colore rosso - giallastro (5 YR 5/6); scheletro assente; struttura evidente, media, poliedrica angolare. Umido; pori molto scarsi; attività biologica assente. Radici molto piccole, erbacee, scarse. Energica reazione afl'HCl.

Secondo Cachia *et alii* (1974) nella località del profilo a 1,2 m di profondità la netta variazione di resistività elettrica indica un netto cambiamento della natura dei sedimenti sciolti (un paleosuolo simile a quello più avanti descritto?), e alla profondità di 7,2 m si incontra il substrato di calcari dolomitici delle Dolomie di San Pietro dei Monti, come confermato da un sondaggio.

Tab. 2.3 – Dati analitici del profilo 5.

Orizzonte	A	A$_3$	(B)
Profondità cm	0-15	15-32	>32
Granulometria %			
Sabbia > 1 mm	0,2	0,5	0,6
Sabbia < 1 mm	11,9	11,1	9,4
Limo grosso	10,1	11,0	12,3
Limo fine	28,5	26,1	30,2
Argilla	49,3	51,3	47,5
Analisi chimiche			
pH (in H20)	6,3	6,8	7,8
pH (in KC1)	5,5	5,4	6,7
pH (in H20)	2,1	0,8	0,5
S.O. %	3,6	1,4	0,9
CaCO3 %	20,0	21,5	28,8
Basi scambiabili (m.eq. x 100 g)			
Ca^{++}	8,06	5,15	5,30
Mg^{++}	5,72	4,67	5,84
K$^+$	0,65	0,27	0,25
Na$^+$	0,24	0,20	0,21
Tot.	13,67	10,29	11,60
C.S.C.	14,80	12,05	11,90
Saturaz. %	92,4	85,4	97,0

I caratteri più evidenti di questo suolo sono costituiti da:
- basso indice di lisciviazione dell'argilla;

- lieve aumento dei cationi scambiabili in profondità;
- capacità di scambio cationico relativamente bassa (probabilmente in relazione al tipo di argilla del sedimento);
- buona saturazione del complesso di scambio;
- presenza di carbonati in tutti gli orizzonti.

Queste caratteristiche fanno classificare il suolo come intergrado tra un Suolo bruno eutrofico *(FAO: Chromic Cambisol; USDA: Rhodic Eutrochrept)* e un Suolo rosso fersiallitico *(FAO: Chromic Luvisol; USDA. Typic Rhodoxeralf)*. L'assenza di un orizzonte argillico ben definito e la relativa abbondanza di carbonato (per quanto si possa ritenere di apporto colluviale) non consentono di definire questo suolo come un Suolo rosso mediterraneo tipico.

PROFILO DI SUOLO HUMO-CALCAREO

Ajassa & Motta (1991) riporta anche la sintetica descrizione (senza analisi chimica completa) di un suolo humo-calcareo a profilo poco differenziato, suolo assai comune in associazione con la maggior parte dei suoli già descritti. Questo profilo é stato scavato su un versante piuttosto acclive. sotto fitta boscaglia, nel settore orientale dell'altopiano.

Orizzonte A_1, 0-14 cm: umifero, molto scuro (colore 7,5 YR 3/2), a tessitura grumosa evidente, scheletro abbondante medio e grossolano. Elevato tenore di carbonati (>70%); pH: 7,2. Passaggio graduale all'orizzonte inferiore.

Orizzonte A_1C, 14-23 cm: colore 7,5 YR 4/3; tessitura franca, struttura molto debole da grumosa a poliedrica subangolare minuta. Carbonati abbondanti; pH: 7.9. Limite chiaro e ondulato (talora irregolare) all'orizzonte sottostante, poco alterato.

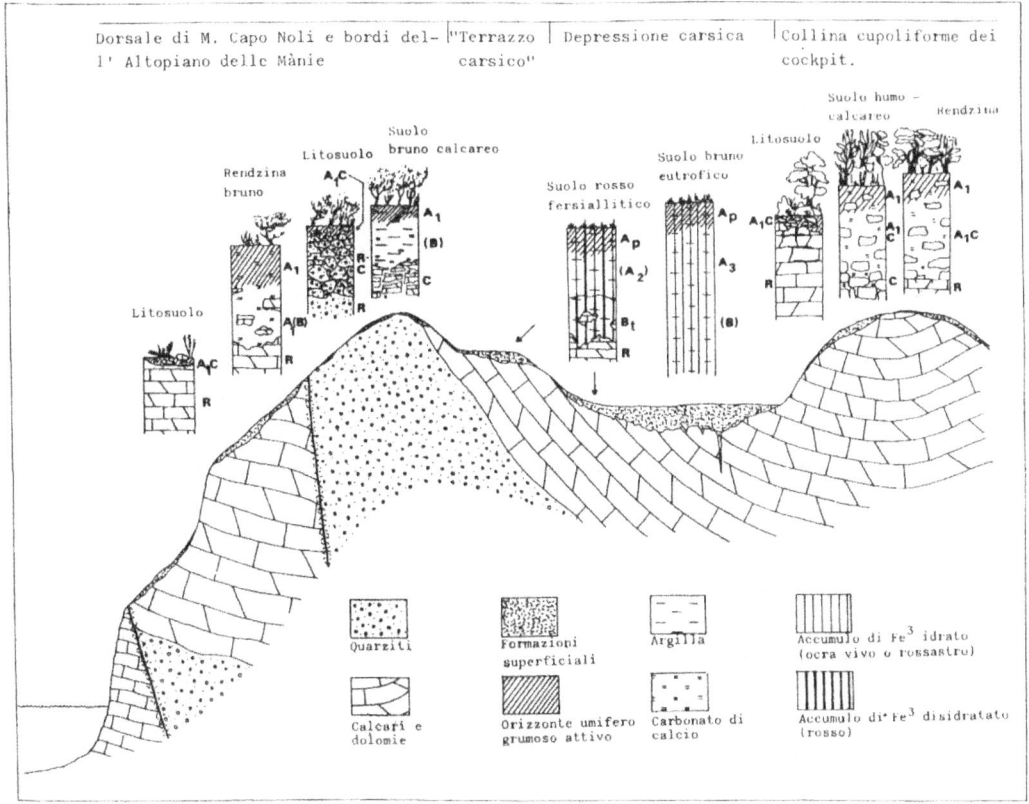

Fig. 2.24 – Posizione geomorfologica schematica dei suoli in attiva pedogenesi descritti.

Paleosuolo di località Terre Rosse

Il profilo n. 6 rappresenta una situazione del tutto particolare, in quanto gli orizzonti inferiori costituiscono un paleosuolo evolutosi in condizioni ambientali sensibilmente diverse dalle attuali, come indicano chiaramente il tipo di pedogenesi che lo caratterizza ed il suo spessore. Gli orizzonti superficiali derivano invece da fenomeni gravitativi, che hanno prima parzialmente troncato il suolo più antico, poi l'hanno seppellito con materiali colluviali, a loro volta in seguito pedogenizzati, ma in un clima non differente da quello attuale.

Il paleosuolo é stato trovato lungo la strada provinciale Voze – Mànie, al margine di uno dei sistemi di valloni carsici derivanti da originari *cockpit* smembrati dall'erosione, a quota 320 m, esposizione zenitale. Nel paleosuolo sono state trovate industrie umane dell'Acheulano arcaico (Vicino, 1982), correlato con il Pleistocene inferiore (Tiné, 1982).

Orizzonte A_0, 2-0 cm: molto discontinuo, fibroso, costituito da un intreccio poco decomposto di frammenti organici, frustoli legnosi e foglie.

Orizzonte A_1, 0-25 cm: bruno (7,5 YR 4/6); scheletro comune, poco arrotondato, piccolo, medio e talora grossolano; tessitura franca; struttura grumosa fine e media, evidente, da debole a moderata. Asciutto, poco resistente, debolmente cementato. Pori comuni, piccoli e medi; attività biologica e radici comuni. Limite superiore abrupto e lineare. Buona reazione all'HCl.

Orizzonte IIB, 25-45 cm: bruno rossastro chiaro (5 YR 5/6); scheletro abbondante, prevalentemente spigoloso, minuto e medio, con frammenti litoidi (di quarziti) anche piuttosto grossolani; tessitura franco-sabbiosa; struttura grumosa, passante alla poliedrica subangolare, fine e resistente. Asciutto, poco duro; pori comuni; attività biologica scarsa; radici comuni nella parte superiore, dove c'è un livello lievemente più scuro per relativa abbondanza di sostanza organica. Buona reazione all'HCl. Limite inferiore chiaro e lineare.

Orizzonte $B1_t$, 45-120 cm: colore di fondo rosso giallastro (5 YR 5/6), rosso sulle facce degli aggregati (2,5 YR 4/8); screziature più chiare, poco evidenti, bruno rossastre chiare (5 YR 6/4); tessitura argillosa; struttura evidente, media, da poliedrica angolare a poliedrica subangolare; scheletro comune, minuto, con frammentì più grossolani nella parte superiore dell'orizzonte dove si intravedono tracce di disturbo probabilmente riconducibili all'apporto del materiale colluviale soprastante. Rivestimenti di argilla, poco numerosi. Asciutto, mediamente resistente; pori scarsi, piccoli e medi; attività biologica assente; radici scarse (per lo più legnose). Debole reazione all'HCi. Passaggio all'orizzonte inferiore graduale e ondulato.

Orizzonte $B2_t$, 120-280 cm: rosso (2,5 YR 4/8) con screziature rosso-giallastre (5 YR 5/8) e giallo-rossastre (7,5 YR 6/6), comuni, poco evidenti; tessitura argillosa; struttura evidente poliedrica angolare media e grossolana; scheletro praticamente assente. Numerose ed evidenti pellicole d'argilla sulle facce degli aggregati. Asciutto, resistente; pori scarsi e molto piccoli. Attività biologica e radici assenti. Limite inferiore lineare e graduale, talvolta discontinuo.

Orizzonte $B3_{tg}$, 280-490 cm: rosso (2,5 YR 5/8) con comuni screziature giallo-rossastre chiare (7,5 YR 7/6) e, meno abbondanti, bruno-rossastre (7,5 YR 4/4); tessitura argillosa; struttura poliedrica angolare evidente media; scheletro assente. A circa 410 - 420 cm compaiono in modo discontinuo piccoli noduli ferromanganesiferi. Asciutto, molto resistente anche da umido. Debole reazione all'HCI. Limite inferiore chiaro e lineare.

Orizzonte B_{cn}, > 490 cm: rosso (2,5 YR 4/6) con screziature poco evidenti più chiare giallo-rossastre (5 YR 6/6); tessitura argillosa; struttura molto evidente media e grossolana poliedrica angolare. Rivestimenti abbondanti nerastri (2,5 YR 2,5/0) sulle facce degli aggregati, costituiti da ossidi di ferro e manganese. Asciutto e molto compatto. Moderata reazione all'HCI.

Tab. 2.3 – Dati analitici del profilo 6.

Orizzonte	A	IIB	IIB1t	IIB2t	IIB3tg	IIBcn
Profondità cm	0 -25	25 - 45	45 - 120	120-280	280-490	> 490
Granulometria %						
Sabbia > 1 mm	2,8	6,0	3,1	2,5	1,9	3,5
Sabbia < 1 mm	39,3	56,6	20,2	17.7	18,6	18,0
Limo grosso	11,8	12,1	8,3	9,3	5,5	7,1
Limo fine	17,8	19,8	18,3	20,2	22,0	22,1
Argilla	28,3	15,5	50,1	50,3	52,0	49,3
Analisi chimiche						
pH (in H20)	5,8	5,6	5,2	4,9	5,2	5,5
pH (in KC1)	4,1	4,0	3,8	3,7	3,6	3,8
C organico %	1,9	0,8	<0,1	<0,1	<0,1	<0,1
S.O. %	3,3	1,4	<0,1	<0,1	<0,1	<0,1
CaCO3 %	19,5	20,0	13,0	10,5	26,5	21,0
Basi scambiabili (m.eq. x 100 g)						
Ca^{++}	1,92	1,06	1,27	1,17	0,60	0,77
Mg^{++}	3,00	2,59	4,26	2,78	2,22	3,64
K^+	0,14	0,11	0,15	0,19	0,24	0,25
Na^+	0,25	0,23	0,35	0,65	0,32	0,42
Tot.	5,31	3,99	6,03	4,79	3,38	5,08
C.S.C.	6,25	5,95	6,55	7,40	6,35	7,15
Saturaz. %	85	67	92	65	53	71

Successioni di suoli

Riassumendo, la successione di suoli che si evolvono sulle pendici delle colline cupoliformi carbonatiche, sul fondo dei valloni a fondo piatto e sui ripidi versanti dei bordi dell'altopiano, a partire dall'alto, è costituita da (fig. 2.25):

- Litosuoli e Suoli humo - calcarei, cioé suoli calcimagnesiaci poco evoluti, sottili e scheletrici, sovente con orizzonte A ridotto a pochi cm di spessore, tipici dei versanti delle colline a pendenza più elevata e in forte erosione. Dove l'acclività è minore a questi suoli si sostituiscono suoli a profilo A - C, tipo i Rendzina e, subordinatamente, di tipo A - (B) - C, come i Rendzina bruni ed i suoli bruni calcarei. In corrispondenza dei "terrazzi carsici" (Biancotti & Motta, 1989) é comune lo sviluppo di Suoli rossi mediterranei.
- Suoli rossi mediterranei, a profilo A - B - C, Suoli bruni eutrofici, a profilo A - (B) - C e Rendzina bruni antropici (questi ultimi poco estesi) che caratterizzano le principali superfici pianeggianti del fondo delle depressioni carsiche.

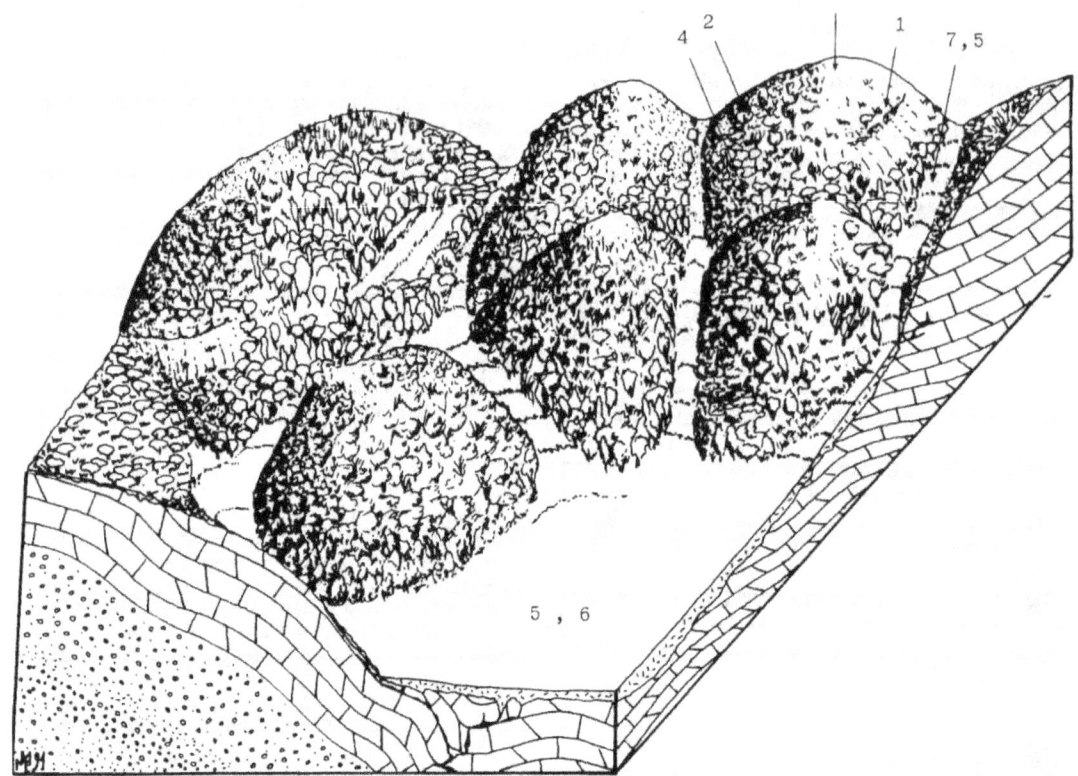

Fig. 2.25 — Rappresentazione schematica di parte di un *cockpit* dell'Altopiano delle Manie e della posizione geomorfologica dei suoli che ne caratterizzano la pedogenesi attuale. 1: Litosuolo. 2: Suolo bruno 3: Rendzina. 4: Suolo humo — calcareo. 5: Suolo rosso fersiallitico. 6: Suolo bruno eutrofico. 7: Rendzina bruno antropico.

Una situazione lievemente diversa si ha sulla dorsale di Monte Capo Noli dove, per effetto degli apporti colluviali e della lisciviazione obliqua, anche sulle quarziti si sviluppano gli stessi suoli delle colline cupoliformi di rocce carbonatiche. Sovente la ricarbonatazione cementa l'orizzonte C (orizzonte C_{Ca}), rendendolo più resistente all'erosione della stessa quarzite sottostante, sicché sporge in rilievo nei solchi d'erosione.

Gli incendi degradano fortemente il suolo, privandolo della protezione offerta dalla copertura vegetale e dei cementi organici che ne favoriscono l'aggregazione delle particelle più fini: così il suolo diventa soggetto a forte erosione anche dove l'acclività è modesta. Sui versanti incendiati prevalgono nettamente Litosuoli, roccia affiorante o l'orizzonte C_{Ca} già descritto e, solo in piccole tasche, Suoli rendziniformi e Humo - calcarei.

Di particolare interesse risulta infine il paleosuolo della parte sommitale dell'altopiano, la cui ferrallitizzazione appare piuttosto spinta, indicando che in un periodo del Pleistocene inferiore (probabilmente lo stesso in cui è principalmente avvenuta la morfogenesi dei *cockpits*) c'era un ambiente pedogenetico da clima tropicale, con temperatura superiore all'attuale, abbondanti precipitazioni e regime pluviometrico distinto nettamente in due stagioni.

La struttura del rilievo

Dal punto di vista geomorfologico la regione é separabile in due settori ben distinti.

Nel settore settentrionale prevalgono metamorfiti, impermeabili e facilmente erodibili. Ne deriva un paesaggio a valli fluviali caratterizzato da dorsali arrotondate, un reticolo drenante molto sviluppato e versanti "tipo Richter" coperti da notevoli coltri d'alterazione.

Nel settore meridionale risaltano le zone di rocce carbonatiche, che formano altopiani carsici delimitati da pareti verticali e rilievi tabulari tipo *mesa* (localmente detti *rocche*). Le superfici sommitali di questi rilievi sono tutte alla stessa quota, mostrando di derivare da un unico grande altopiano carsico dissecato in unità minori. Queste unità sono oggi separate e delimitate da profonde valli allogeniche.

Le valli fluviali

ZONA A MONTE DELL'AREA CARSICA

Nella parte alta delle valli allogeniche affiorano in prevalenza rocce metamorfiche talmente scistose e fratturate da comportarsi come un materiale omogeneo molto erodibile, per cui il loro assetto tettonico generalmente influenza ben poco la morfologia del rilievo. Unica eccezione, le metamorfiti con piani di scistosità regolari e immersi verso W situate tra Rocca dei Corvi e Bric Berba, che formano rilievi monoclinali.

La dinamica dei versanti di rocce metamorfiche é dominata dai processi gravitativi e di ruscellamento superficiale; le forme più appariscenti sono quelle di erosione da ruscellamento concentrato.

In pianta i rilievi hanno contorni lobati, per la presenza di numerosi costoni e spartiacque secondari. Ciò rende molto sinuoso il tracciato dei corsi d'acqua che li costeggiano alla base. Ne deriva la tendenza di questi corsi d'acqua a rettificare il proprio corso, erodendo le sponde e destabilizzando i versanti soprastanti. Si originano così sovente delle forme convergenti con le faccette triangolari di origine tettonica, che interrompono i costoni e gli spartiacque secondari.

RILIEVI GIURASSICI ED INVERSIONE DEL RILIEVO.

I rilievi presso Bric Caré e da Bric di Crovi a Capo Noli sono formati da bancate di Dolomie di San Pietro dei Monti poggianti su Quarziti di Ponte di Nava, più facilmente erodibili.Nell'area fra Monte Capo Noli, Bric di Crovi e Isasco da questa struttura derivano rilievi foggiati a dorsali allungate, che ricalcano una serie di anticlinali e sinclinali subparallele con assi orientati grossolanamente N-S, creando localmente un paesaggio di tipo giurassico "normale". A Bric Caré e nella zona tra Monte Capo Noli e Noli l'erosione ha demolito le anticlinali, con la rapida incisione delle quarziti e la formazione di valli anticlinali e di sinclinali sospese; ne deriva un paesaggio giurassico con "inversione del rilievo".

Dinamica dei versanti

Versanti in rocce insolubili

La degradazione delle rocce non carsificabili locali è rapida, grazie alla facile alterabilità, forte scistosità ed elevata fratturazione delle rocce metamorfiche, ed alla facile disgregazione granulare delle quarziti, sovente poco cementate e molto fratturate. I gradini rocciosi sono rari e poco continui; generalmente i versanti presentano un profilo convesso-concavo molto regolare a "versante di Richter". Spesse coltri d'alterazione ricoprono i versanti meno soggetti al ruscellamento, facilmente soggette a piccoli smottamenti.

Versanti in rocce solubili

Ai bordi degli altopiani e dei versanti dei rilievi giurassici, forte acclività, antropizzazione del territorio e regime pluviometrico impediscono l'accumulo di rimarchevoli spessori di materiali detritici: i versanti sono in larga parte di roccia subaffiorante, profondamente carsificata. Il profilo della maggior parte dei versanti alterna tratti di versante regolarizzato (con pendenze costanti del 20-40 % per le Dolomie di San Pietro dei Monti e del 30-50 % per gli altri litotipi carbonatici) a scarpate rocciose subverticali di varia altezza, spesso disposte a gradinata.

Questi gradini rocciosi derivano più comunemente da tre fattori.

- Erosione selettiva: nelle condizioni morfoclimatiche locali, le quarziti e le rocce metamorfiche sono sempre molto più sensibili all'erosione da ruscellamento delle rocce carbonatiche.
- Cause tettoniche: probabilmente le maggiori pareti di Capo Noli, e forse anche del versante meridionale dell'Altopiano delle Mànie, sono pareti di faglia.
- Sovraescavazione alla base: molte pareti di Pietra di Finale coincidono con bancate di biosparuditi particolarmente pure, alla cui base si nota uno strato più sabbioso o più ricco di ciottoli non calcarei. Ciò favorisce la sovraescavazione, da un lato perché alla base dello strato di calcare più puro si concentra l'attacco carsico ipogeo (con formazione di rientranze e vere e proprie grotte), dall'altro perché i litotipi più ricchi di sabbia e ciottoli insolubili sono molto sensibili all'aloclastismo, con formazione di alveolature da *honeycombing* e tafoni più o meno intercomunicanti. Altre volte le sovraescavazioni derivano da corrosione marginale, e corrispondono a successivi bruschi abbassamenti del livello di base carsico. In questo caso tutte le pareti rocciose della zona hanno la base a quote caratteristiche, che però non corrispondono a particolari livelli stratigrafici. Sovente a queste situazioni sono associate emidoline (Rocca Carpanea, Rocce dell'Orera) e talvolta l'imbocco di ponor abbandonati (Arma do Poussanga, Grotta di Rio dell'Arma, ecc.).

L'evoluzione delle scarpate rocciose è dovuta principalmente a lenti processi carsici di progressivo allargamento delle fratture, che fungono da cause predisponenti di frane (principalmente crolli ma talvolta, come alla Caprazoppa, anche scivolamenti), le cui cause scatenanti possono essere varie: lo sviluppo della vegetazione (azione delle radici nelle fessure e aumento del peso degli alberi in parete, cause principali dei crolli minori), le piogge intense, l'uomo (specie lungo la Via Aurelia, laddove ha aumentato localmente la pendenza del versante o appesantito il versante con manufatti).

Le pareti rocciose arretrano progressivamente per crolli successivi ma conservano la propria verticalità; ciò comporta uno spostamento progressivo verso monte della parete e in genere la riduzione della sua altezza.

Alla base delle pareti si accumulano falde detritiche estese soltanto dove le cementa la sparmicrizzazione, fenomeno facilitato da microorganismi comune nel clima mediterraneo (dissoluzione dei cristalli di calcite contenuti nei frammenti rocciosi e riprecipitazione in microscopici cristalli nei pori del terreno). Altrove i processi fluviocarsici erodono rapidamente gli accumuli detritici superficiali.

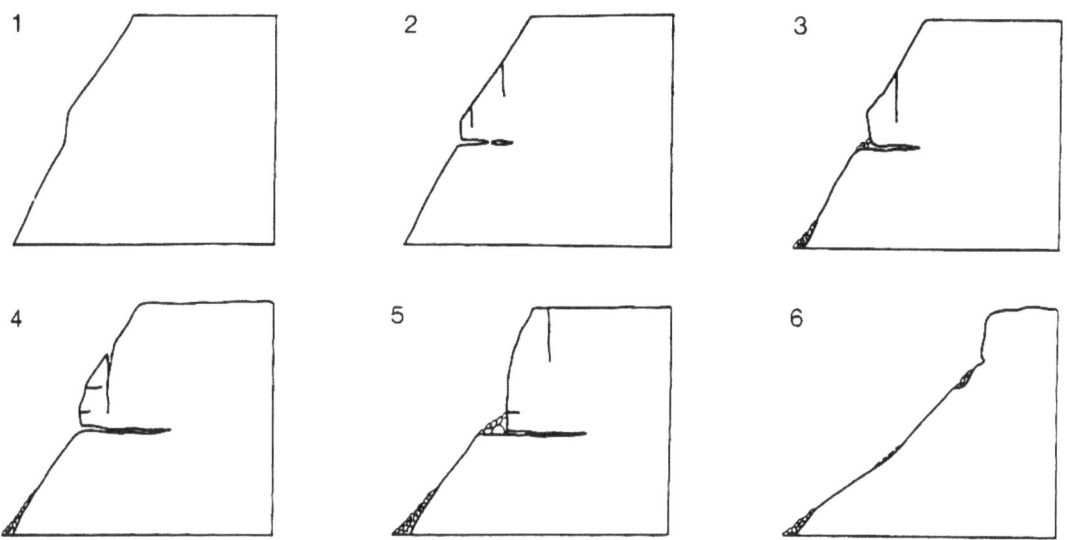

Fig. 2.26 - I disegni rappresentano diverse situazioni reali, disposte in modo da rappresentare l'evoluzione dei gradini rocciosi sottoposti all'azione congiunta di carsismo e frane di crollo (da Motta, 1987).

1) Situazione iniziale: ripido versante interrotto da una parete rocciosa.

2) Alla base della parete si concentra la corrosione carsica, con la formazione di estese cavità d'interstrato. Cominciano ad aprirsi fratture tensionali, allargate dal carsismo.

3) Si verificano i primi crolli; i detriti si accumulano al piede del versante e anche alla base della parete, ostacolando temporaneamente il processo carsico.

4) Carsismo superficiale e ruscellamento rimodellano il versante, rendendolo nuovamente soggetto a frane di crollo.

5) Gli accumuli di frana hanno seppellito la base della parete rocciosa; se sono permeabili (accumuli di grossi blocchi) rallentano l'evoluzione del versante; se, come avviene più frequentemente, sono poco permeabili per la presenza di terra rossa colluviata, il processo carsico concentra la sua azione presso la nuova base della parete, e l'evoluzione del versante prosegue quasi immutata.

6) Sotto la parete rocciosa si è formato un versante "regolarizzato", ricoperto discontinuamente da suolo e detrito, che si estende progressivamente, mentre la parete rocciosa "migra" verso l'alto riducendosi progressivamente di altezza, tendendo a sparire completamente.

Fig. 2.27 – La Paretina Buffa (Altopiano delle Conche), tipico esempio di parete di Pietra di Finale con sovraescavazione basale.

Sui versanti in brecce dolomitiche o calcari dolomitici brecciati, l'erodibilità della roccia favorisce la rapida obliterazione dei gradini rocciosi. La pendenza media del versante diventa eguale a quella dei versanti regolarizzati, ma l'erosione selettiva risparmia i nuclei di roccia meno fratturata che sporgono dal versante formando spuntoni rocciosi alti da pochi metri fino a 30-40 m *(versant à pointements rocheux* di Derruau, 1965).

Fig. 2.28 – Lo sviluppo della Grotta Doppia di Rio dell'Arma (Altopiano delle Mànie) è evidente causa predisponente di crolli della parete rocciosa in cui si apre.

Forme delle superfici sommitali degli altopiani

COCKPIT E COLLINE CUPOLIFORMI

Le parti sommitali degli altopiani sono caratterizzate da una distesa di colline separate da sistemi di valloni carsici a fondo piatto colmi di terra rossa. Presso Mànìe e San Bernardino i valloni convergono verso una piana centrale, sul cui fondo si apre un inghiottitoio. La depressione carsica risultante é ascrivibile ai *cockpit*. Anche presso la chiesa di Verezzi (Altopiano della Caprazoppa) si osserva un *cockpit* ancora ben conservato, compreso l'inghiottitoio centrale, qui costituito da una depressione doliniforme a contorno stellare che convoglia le acque verso un complesso sistema carsico ipogeo.

Lo studio morfometrico dei valloni ha dimostrato (Motta, 1987) che anche i sistemi di valloni che sfociano al bordo degli altopiani un tempo facevano parte di *cockpit,* ora smembrati dall'erosione. Pure la piana d'Isasco costituiva un tempo la piana centrale di un *cockpit* (Motta, 1987), piuttosto ampia perché maggiormente evoluta rispetto alle altre forme (Fairbridge, 1968).

DOLINE E UVALA

Presso Mànie si trova una grande conca chiusa a contorno irregolare influenzata dall'assetto strutturale, il cui fondo presenta un inghiottitoio al margine Sud-Ovest, definibile come uvala *sensu* Castiglioni (1979) o come megadolina secondo la moderna classificazione. Forme di questo tipo sono tipiche di paesaggi carsici tropicali e subtropicali come quelli della Cina meridionale. Perciò riteniamo, come già ipotizzato in Biancotti *et alii* (1990), che l'uvala sia coeva dei *cockpit* e derivi dalla particolare situazione geologica dell'area: una sinclinale di rocce calcareo-dolomitiche fiancheggiata da un affioramento di scisti metamorfici, struttura che ha favorito la genesi di una depressione a conca piuttosto che un *cockpit*.

Sugli altopiani di dimensioni maggiori sono presenti anche doline di dissoluzione normale con fondo piatto, localizzate nelle aree di interfluvio fra le testate dei valloni dei *cockpit*. Poiché questi ultimi tendono ad allungarsi verso monte, col tempo obliterano progressivamente le doline, inglobandole. Ciò indica da un lato che questo tipo di doline è di età confrontabile con quella dei *cockpit* o anche più antica, dall'altro che, sul lungo periodo, i processi morfogenetici preponderanti della superficie sommitale degli altopiani carsici sono quelli fluviocarsici, piuttosto che i processi puramente carsici di formazione delle doline.

Sul fondo di molti valloni a fondo piatto sono presenti doline ad imbuto di piccole dimensioni (5-15 m di diametro). È probabile che senza interventi antropici queste doline sarebbero ben più numerose, perché molte sono state riempite artificialmente per favorire la coltivazione. Nel polje di Pian Marino appaiono in rapido sviluppo, e se ne sono aperte di nuove sia in occasione dell'evento piovoso eccezionale del settembre 1993, sia in occasione dell'evento del 2000; tentativi di ricerca di grotte ad esse sottostanti, mediante disostruzione del fondo, non hanno condotto a risultati.

TERRAZZI CARSICI.

Al centro dell'Altopiano delle Mànie, sospesi di alcune decine di metri sul fondo dei sistemi di valloni a fondo piatto, sono localizzati alcuni terrazzi che costituiscono probabilmente parti di antiche depressioni carsiche (polje?), precedenti lo sviluppo dei *cockpit*, ormai quasi completamente rimodellate.

MICROFORME DI DISSOLUZIONE CARSICA DELLA SOMMITA' DEGLI ALTOPIANI

Gli affioramenti rocciosi sono principalmente gradini morfologici corrispondenti a rocce più resistenti nei versanti delle colline cupoliformi, e i *ciappi* (= lastroni in ligure) superfici di stratificazione affioranti alla sommità dei rilievi in Pietra di Finale, analoghe alle *laste* venete (Sauro, 1973). In entrambi i casi, le microforme carsiche sono talmente abbondanti da inibire completamente il ruscellamento superficiale. Le più frequenti, fra quelle a scala centimetrica o decimetrica, sono:

- scannellature, frequenti solo sui calcari quasi puri;
- conchette, sulle rocce meno fratturate;
- solchi a doccia, spesso sfocianti in *kamenitze,* particolarmente comuni sui *ciappi* (fig. 2.29);
- *kamenitze,* forme fitocarsiche abbondanti sulle rocce meno fratturate, particolarmente sulle superfici di stratificazione;
- alveoli di corrosione, forme fitocarsiche abbondanti ovunque, particolarmente sui pinnacoli delle città di roccia;
- solchi di radice, forme del carso coperto comuni sui calcari dolomitici e sui Calcari di Val Tanarello;
- fori, forme del carso coperto comuni sulla Pietra di Finale e sui Calcari di Val Tanarello;
- cavità d'interstrato, talvolta formanti vere e proprie grotte; comuni ovunque, particolarmente sviluppate nei calcari dolomitici e nella Pietra dì Finale;
- *karren* arrotondati, forme del carso coperto osservabili in abbondanza su tutte le superfici rocciose di recente denudamento;
- graffi, le più comuni microforme delle Dolomie di San Pietro nei Monti, osservabili anche sui Calcari di Val Tanarello.

I graffi evolvendosi isolano frammenti di roccia generando *grize* di I ordine, oppure un microrilievo a puntine aguzze (Motta, 2016). Le puntine del microrilievo possono essere tutte alte uguali, oppure delineare dei nuclei di roccia più dolomitica in rilievo.

L'analisi di frequenza delle microforme sulle varie facies carbonatiche indica che il tenore in dolomite della roccia non influenza negativamente il carsismo superficiale, mentre le microforme diventano scarse e poco sviluppate nelle facies ricche di argilla o silice (Motta, 1987). L'alternarsi di microforme é dovuto soprattutto alle caratteristiche di fratturazione e porosità della roccia, col variare delle quali possono prevalere morfosculture fitocarsiche (rocce porose come le brecce dolomitiche o la Pietra di Finale), ad andamento lineare (rocce molto fratturate come alcune facies di Dolomie di San Pietro dei Monti), altre globulari (facies più compatte e massicce), ecc.

A scala metrica le forme più comuni sono karren a punte e città di roccia. Gli spuntoni di queste forme sono fortemente corrosi dal fitocarsismo, tanto che sulla Pietra di Finale si osservano talora veri e propri pinnacoli fitocarsici, di aspetto spugnoso.

Raramente nella Pietra di Finale si osservano infine crepacci carsici.

Fig. 2.29 – Il Ciappo delle Conche sull'omonimo altopiano. In primo piano una kamenitza, in cui sfocia un solco a doccia.

Forme del bordo degli altopiani e dei rilievi circostanti

MICROFORME DI DISSOLUZIONE CARSICA

Le microforme carsiche osservabili sulle superfici rocciose poco inclinate e sugli spuntoni dei *versant à pointements rocheux* sono analoghe a quelle delle superfici sommitali degli altopiani. Hanno invece caratteristiche peculiari e importanza ben maggiore sulla dinamica del versante le microforme proprie delle pareti rocciose. La base di molte pareti di Pietra di Finale coincide con facies di calcari molto arenacei, talvolta vere e proprie calcareniti, facilmente attaccabili dall'*honeycombing*, con formazione di alveoli di corrosione centimetrici (fig. 2.30), per processi sia aloclastici, sia fitocarsici (azione di radici). Le facies più resistenti immediatamente sovrastanti formano uno strapiombo, profondamente attaccato da cavità emisferiche di dimensioni da centimetriche a metriche (tafoni nel cui sviluppo agisce oltre all'aloclastismo l'azione di microorganismi endolitici); in molti punti queste forme sono talmente svìluppate da costituire incavi di parete delle dimensioni di vere e proprie caverne. Lo sviluppo di queste microforme d'erosione, rendendo le pareti instabili alla base, é un importante fattore predisponente a frane di crollo.

Altre microforme importanti nell'evoluzione del versante sono i solchi di parete, spesso svasati, che derivano generalmente dall'allargamento di leptoclasi. La loro azione si estende frequentemente in profondità, con l'effetto di isolare quinte rocciose (fenomeno particolarmente evidente nella Pietra di Finale, in cui le fessure sono quasi solo fratture tensionali verticali), predisponendole al crollo.

I calcari dolomitici grigi delle Dolomie di San Pietro dei Monti hanno abbondanti microfratture, variamente intersecantisi, che sulle superfici esposte agli agenti atmosferici favoriscono la formazione di un fitto reticolo di graffi carsici. Ciò tende a disintegrare progressivamente in superficie la roccia, facendo evolvere gli affioramenti rocciosi in grize carsiche. Comunissime anche le varie forme fitocarsiche, fra cui prevalgono buchi di dimensioni centimetriche (principalmente alveoli di corrosione formati da alghe endolitiche). I Calcari di Val Tanarello sono anche molto sensibili all'aloclastismo, da cui il caratteristico aspetto saccaroide superficiale, e la ricchezza di alveoli formati dall'azione combinata di aloclastismo e fitocarsismo.

Fig. 2.30 – *Honeycombing* in Pietra di Finale, Valle Urta. Interessa tipicamente le superfici rocciose protette dalla pioggia per la presenza di strapiombi rocciosi sovrastanti.

Sulla Pietra di Finale sono comuni solchi di parete e scannellature sulle pareti molto inclinate (60-80 gradi). Teoricamente le scannellature dovrebbero svilupparsi piuttosto su superfici poco inclinate (Perna & Sauro, 1978), ma qui tali microforme, di accrescimento lento, possono svilupparsi solo sulle superfici che si asciugano immediatamente, troppo aride per lo sviluppo di forme fitocarsiche.

MICROFORME DELL'ALTERAZIONE SIALLITICA

Normalmente l'alterazione siallitica non genera microforme particolari, salvo in alcune pareti rocciose verticali o strapiombanti, dove l'*honeycombing* forma cavità tondeggianti classificabili secondo le dimensioni come *nid d'abeilles* o tafoni, spesso allineate lungo fratture. La loro genesi é attribuita da Derruau (1965) alla maggiore rapidità di attacco dell'idrolisi dove l'umidità ristagna maggiormente, come sulle pareti rocciose riparate dal sole o esposte agli umidi venti marini. È probabile che un ruolo importante sia svolto anche (Biancotti *et alii*, 1991) da colonie di alghe endolitiche, batteri denitrificanti e altri microorganismi sulla superficie interna delle cavità, che producono acidi organici in grado di attaccare efficacemente i silicati.

FORME DEL RUSCELLAMENTO AREALE

In molte zone l'azione disordinata dei filetti d'acqua di ruscellamento è abbastanza forte da decapitare il profilo dei suoli e formarvi solchi d'erosione corti, poco profondi ed in continua migrazione laterale. Dove da questo ruscellamento embrionale si passa a un più marcato ruscellamento diffuso, la coltre di alterazione o la roccia affiorano estesamente. Nelle zone dove il ruscellamento é particolarmente intenso si forma infine un fitto reticolo di rigole d'erosione, che pur non concentrandosi sviluppano una forte attività erosiva.

FORME DEL RUSCELLAMENTO CONCENTRATO

La concentrazione del ruscellamento in solchi di aspetto simile ad una profonda nicchia incisa nel versante, che si raccorda in basso ad una forra fluviale ingombra di detriti, è tipica dei versanti in quarziti ricoperte da materiali detritici cementati e dei versanti pietrosi in porfiroidi delle alte valli Pora e Sciusa. A volte tali forme si ramificano estendendosi a tutto il versante, originando una morfologia calanchiforme. Probabilmente favorisce il processo la presenza di coltri superficiali discontinue piuttosto resistenti all'erosione (cementate da carbonati), comuni sui versanti in quarziti nei quali sovente la roccia è più erodibile della coltre superficiale che la ricopre. Contrastano invece il processo sia le coltri detritiche a grossi blocchi, sia l'azione di intercettazione della pioggia operata dai boschi di pini o dalla macchia mediterranea. Dove però questi fattori di protezione scompaiono, come in seguito ad incendi boschivi, un forte ruscellamento concentrato trasforma rapidamente i piccoli solchi di erosione del ruscellamento diffuso in forme di grandi dimensioni.

Dal confronto tra la cartografia dell'Istituto Geografico Militare e la Carta Tecnica Regionale si rileva che l'area con totale asportazione del suolo lungo il Rio S. Lucia si é accresciuta fra il 1879 e il 1977 di circa il 20%, ramificandosi. Ciò indica che, con velocità di morfogenesi costante, un'area di *ravinement* di medie dimensioni può formarsi in 5-6 secoli.

Sembrerebbe che a lungo termine il rimboschimento arresti il *ravinement* (Motta, 1987). La Val Ponci, molto trafficata quando era percorsa la Via Julia Augusta, nel secolo scorso é stata quasi deserta, per cui la copertura vegetale vi è ricresciuta liberamente. Questa è probabilmente la causa determinante della fine dell'erosione accelerata in alcune aree alla testata della valle, che all'epoca della costruzione della Via Julia Augusta (124 d.C.) erano sicuramente in forte erosione, come testimoniano le grandiose opere di difesa dei ponti che attraversano i solchi d'erosione, attualmente del tutto inutili e anzi parzialmente interrate.

Talvolta forme di *ravinement* si osservano anche sulle dolomie brecciate, simili in scala ridotta alle forme osservabili sulle stesse rocce nelle Alpi (Casati, 1972) ed in Calabria. Essi si impostano di preferenza lungo i solchi dei campi carreggiati o lungo i sentieri percorsi frequentemente da biciclette, per una dinamica del versante affine a quella che genera i *versant à pointements rocheux*.

Sui versanti in rocce metamorfiche i solchi d'erosione in genere sono foggiati a rigole sinuose o a minuscole forre dai fianchi verticali. Nei casi più tipici non sono collegati al reticolo idrografico, ma sfociano in piccole piane o disperdono le acque su ripidi pendii uniformi. Altre volte si sviluppano lungo strade forestali abbandonate o sentieri. Con ogni probabilità queste forme a lungo termine diventano aste fluviali vere e proprie.

FORME FLUVIOCARSICHE

Sebbene sui versanti carbonatici il deflusso idrico superficiale sia strettamente limitato al momento delle precipitazioni, dove c'è forte acclività l'acqua di ruscellamento riesce ad erodere forre fluviocarsiche, caratterizzate da sequenze di grandi solchi a doccia, cascatelle e grandi marmitte d'evorsione torrentizia con fitocarsismo (fig. 2.31). I brevi tratti suborizzontali sono colonizzati da una fitta vegetazione arbustiva, grazie alla scarsa frequenza degli eventi di piena.

Le forre impostate lungo fasce cataclastiche hanno sponde verticali molto alte (fino a 20-30 m), ricche di graffi ed alveoli di corrosione.

Alcune forre fluviocarsiche sono diventate valli secche (canyon carsici), per l'apertura sul loro fondo di piccoli inghiottitoi che ne assorbono le acque.

Fig. 2.31 – Marmitte di evorsione sul Rio Ponci.

FORME DOVUTE A MOVIMENTI FRANOSI

Sono ovunque molto comuni (quasi tutte le pareti rocciose sono di modellamento gravitativo), ma spesso di difficile riconoscimento. I versanti carbonatici hanno non raramente frane di crollo, ma di esse le sole testimonianze in genere sono le frequenti *grize di II ordine* (accumuli di blocchi di frana carsificati) sottostanti, perché le nicchie di distacco sono rapidamente rimodellate dal carsismo. La più importante eccezione è il versante occidentale di M. Cucco, interessato da un grande e lentissimo movimento gravitativo che, staccando dall'altopiano un'enorme quinta rocciosa (Fenia del Cucco), ribassata solo di qualche metro, ha formato un grandioso *trench* (Canyon del Cucco) e una guglia (Campanile del Cucco).

Sulle rocce metamorfiche i movimenti franosi appartengono ai tipi più svariati, dalle frane di scivolamento, ai crolli, alle frane con movimento rotazionale, alle frane di tipo misto. Questa grande varietà di tipologie deriva dalla variabilità di giacitura e caratteristiche geotecniche delle rocce metamorfiche. Sono anche comunissimi reptazione o soliflusso delle coltri di alterazione.

IL TERMOCLASTISMO

È attivo sui versanti semi-rocciosi costieri, dove sulla roccia nuda le escursioni termiche giornaliere superano i 40°C. Esso frattura le facies più sottilmente stratificate delle Dolomie di San Pietro dei Monti, producendo detriti che si accumulano ai piedi delle pareti.

CONOIDI ALLUVIONALI

Sono piccole e limitate al tratto distale della Val Sciusa, a causa del particolare regime idrologico della zona, in cui si alternano violente piene durante le quali si ha trasporto dei materiali grossolani anche lungo l'asta principale, e periodi in cui le aste fluviali secondarie sono asciutte o hanno competenza sufficiente solo al trasporto di materiali fini.

PALEOFORME

Le paleoforme riconoscibili sono soprattutto di origine fluviale: terrazzi, antiche scarpate di erosione fluviale (spesso foggiate a "faccette triangolari"), valli fluviali sovradimensionate, vecchi meandri abbandonati. Per una loro descrizione dettagliata si rimanda ai capitoli successivi.

Le forme antropiche

VERSANTI TERRAZZATI.

Il terrazzamento dei versanti in fasce é il processo antropico dominante in tutto il settore meridionale dell'area ed é antichissimo, risalendo in parte almeno al Neolitico. I muri di sostegno sono quasi sempre realizzati in pietre a secco.

L'effetto del terrazzamento sulla dinamica dei versanti consiste da una parte nell'annullamento pressoché totale dell'erosione da ruscellamento, dall'altra in un appesantimento del versante che, quando le rocce del substrato hanno caratteristiche geotecniche scadenti, può innescare movimenti gravitativi.

ALTRE SUPERFICI INTENSAMENTE MODELLATE DALL'UOMO

Sulle colline prossime alla costa sono frequenti insediamenti sparsi che coprono interi versanti con distese di terrazze, strade, abitazioni e giardini. Il loro effetto sul versante é simile a quello del terrazzamento.

I fondovalle dei torrenti principali e le retrospiagge sono intensamente modellati dall'uomo, che ha obliterato o modificato le forme originarie compresi gli stessi alvei fluviali. Per proteggere i fondovalle, facilmente alluvionabili, in Valle Sciusa (Brancucci & Motta, 1989) e Valle Pora sono state realizzate notevoli opere di protezione dei versanti soprastanti.

Forme litorali

LE SPIAGGE

La costa tra Finale Ligure e Spotorno in condizioni naturali sarebbe per buona parte rocciosa, con locali *pocket beach* create principalmente dagli apporti del reticolo idrografico. L'aspetto delle spiagge attuali, contenute entro aggetti a mare naturali o artificiali, è frutto dell'equilibrio fra le azioni del moto ondoso e dell'uomo.

Il moto ondoso é il principale responsabile delle variazioni di ampiezza e morfologia delle spiagge a breve periodo. Con mare calmo (forza 0-1) la zona di battigia é molto ristretta e vi affiorano ghiaie e sabbie mal classate; il cordone ghiaioso presso la berma ordinaria, foggiato a cuspidi, é molto prossimo alla zona di frangenza delle onde. Aumentando il moto ondoso a forza 1-2, la battigia si amplia ed i sedimenti risultano meglio classati in seguito all'asportazione della frazione fine, che in parte va in sospensione ed in parte migra verso la parte sommersa della spiaggia. Il processo si evolve ulteriormente col crescere del moto ondoso: durante le mareggiate la battigia é composta da sedimenti a granulometria variabile, ma sempre ben classati, fra i quali affiorano i blocchi di dimensioni maggiori che le onde non riescono ad asportare, mentre i blocchi e ciottcli di dimensioni minori migrano nella zona di frangenza delle onde, ed il materiale fine va in sospensione sotto forma di nuvole torbide. Durante le mareggiate eccezionali la battigia occupa interamente le spiagge, arrestandosi contro le opere di difesa costiera. Il moto ondoso controlla anche la dinamica a medio periodo delle spiagge, generando *long shore current* che variano in direzione ed intensità a seconda dei venti.

I venti dominanti sono Scirocco e Libeccio. Costruendo i piani d'onda relativi, Biancotti *et alii* (1990) rilevano che entrambi i venti generano forti *long shore current* dirette verso Nord nel tratto di costa a Nord di Capo Noli; lungo la restante costa, durante le traversie da Libeccio si genera una forte corrente diretta Est-Nord-Est, durante le traversie da Scirocco si genera una debole corrente diretta in senso opposto. La variabilità negli anni dell'intensità e della direzione prevalente dei venti ha provocato alterne fasi di erosione e ripascimento delle spiagge (Fierro *et alii*, 1975). Attualmente il diminuito apporto di sedimenti conseguente alla costruzione delle opere di sistemazione dei versanti e delle opere di protezione costiera ha instaurato una fase di erosione generalizzata. In seguito a ciò, affiora frequentemente la *beach rock* che costituisce il substrato dei depositi sciolti. L'erosione é contrastata mediante pennelli e massicci ripascimenti artificiali: ad esempio nel 1969 sono stati immessi circa 30.000 m³ di materiale, contro un apporto naturale di sedimenti stimabile in circa 3.000 m³/anno.

Cortemiglia (1991) ha differenziato nelle spiagge sommerse liguri le "berme basali" di oltre 16 m di profondità, le "berme mediane" situate tra le isobate di 8 e 16 m e le "berme sommitali" ubicate tra battigia e isobata di 8 m, ricavando le frequenze percentuali riportate in tab. 2.4. Se nello stesso profilo c'è più di una berma (12,28 % dei profili), esse sono berma sommitale e mediana oppure berma mediana e basale, mai berma sommitale e basale. Ciò perchè le caratteristiche mareometriche liguri prevedono una "*surf zone*" con la prima linea dei frangenti sempre a profondità inferiori ai 20 m, per cui solo la berma mediana può alternativamente, a seconda dei vari settori di traversia, rientrare o meno al suo interno, risultando così associata o a quella sommitale o a quella basale. La tab. 2.4 riporta che nel 21,49% delle spiagge sommerse della Liguria occidentale mancano berme sommerse. Quando sono presenti, predominano quelle con profondità inferiore di 6-12 m. L'85,5 % delle berme sommerse liguri ha profondità inferiore a 12 m; nella Liguria occidentale solo in due casi le rotture di pendenza sono a profondità superiore, e uno è proprio la spiaggia sommersa antistante Capo Noli. Nel resto della costa finalese predominano (56,14 %) i profili di forma convessa (Cortemiglia, 1991).

Tab. 2.4 - Tabella sinottica delle frequenze percentuali relative a presenza e tipologia delle berme delle spiagge sommerse della Liguria occidentale (da Cortemiglia, 1991).

SENZA	SOMMITALE	SOMMITALE E MEDIANA	MEDIANA	MEDIANA E BASALE	BASALE	TOTALE
21,49	17,11	5,70	16,23	5,70	3,07	69,30

Tab. 2.5 - Tabella sinottica della pendenza media delle spiagge sommerse della Liguria occidentale (da Cortemiglia, 1991).

Tipo di costa	Pendenza %	Inclinazione (gradi sessagesimali)
ROCCIOSA	5,054	2°54'
DEPOSITA	2,572	1°28'

Tab. 2.6 - Distribuzione in frequenza percentuale della geometria dei profili delle spiagge sommerse della Liguria occidentale (da Cortemiglia, 1991).

Forma del profilo	% sul numero complessivo di spiagge liguri
CONVESSO	56,14
CONCAVO	10,53
LINEARE	2,63
TOTALE	69.30

La spiaggia di Finale Ligure sottende ad una corda con azimutale di 63° e con saetta di azimutale 155° diretta sulla foce del torrente Aquila, da cui dipende la maggior parte degli apporti al litorale. La deriva litoranea netta risulta diretta W → E: infatti i pennelli trasversali alla riva, realizzati ad W della foce del Rio Fiumara e sul lato W dell'imbocco in galleria dell'Aurelia a Finalpia, mostrano chiaramente l'aggancio del materiale sul lato W. Tali pennelli dividono così la spiaggia in tre tratti: da W verso E, le spiagge di Finale Marina, Finalpia, San Donato. Gli apporti del fiume Pora, pervenendo sul lato occidentale della spiaggia, contribuiscono al ripascimento di tutti i tre tratti di spiaggia, mentre quelli dello Sciusa, oltre a essere in quantità minore, sfociando a Finalpia risultano funzionali quasi solo per le spiagge di Finalpia e S. Donato. I promontori di San Donato (a E) e della Caprazoppa (ad W), fra cui si estende la spiaggia di Finale Ligure, non sbarrano completamente il transito ai sedimenti, per cui, mentre da ponente la deriva litoranea porta poco materiale, da levante per il materiale è facile uscire per deriva litoranea sfilando sulla spiaggia sommersa antistante Capo San Donato, talché il suo profilo convesso, rispetto a tutti gli altri antistanti le precitate spiagge, presenta la più elevata pendenza (2°22'), l'assenza di berme e la posizione meno profonda della rottura di pendenza principale (8,5 m).

La spiaggia emersa di Finale è prevalentemente di "sabbia fine" (0,125÷0,250 mm) con cordoni ciottolosi di tempesta, e ha zone a "granuli" (2÷4 mm) e "sabbia grossa" (0,500÷1 mm) alla foce del Pora. Il fondo mobile della spiaggia sommersa presenta una distribuzione tessiturale a strisce quasi parallele alla riva, ad eccezione di due modeste aree di "sabbia grossa" (0,5÷1 mm), una antistante la foce del Pora, l'altra al piede della Caprazoppa. Altrove si passa da "sabbia media" (0,250÷0,500 mm) fra battigia e isobata di 5 m, a "sabbia fine" (0,125+0,250 mm) tra 5 e 15 m di profondità (tra la Caprazoppa e la foce del Pora), a "sabbia molto fine" (0,063÷0,125 mm) più al largo, sino almeno a 30 m di profondità. Tra 7 e 10 m di profondità per tutto il tratto compreso tra le foci del Pora e dello Sciusa cresce una prateria di *Posidonia*.

La pendenza della spiaggia sommersa aumenta da W verso E, in quanto, da un valore di 1°45' per la spiaggia di Finale Marina, passa a valori di 2° 10' per quella da Finalpia e di 2°21' per quella di San Donato. Il profilo sino all'isobata di 30 m è "convesso" con berma sommitale e con rottura di pendenza principale alla profondità di 8,9 m davanti a Finale Marina, 10 m davanti a Finalpia e 9,6 m davanti a S. Donato.

La spiaggia di Varigotti, delimitata a W dal promontorio del Villaggio Olandese ed a E da Punta Crena, ha andamento pressoché rettilineo E-W e risulta alimentata da cinque foci fluviali minori di cui le uniche che sembrano dare apporti solidi sono quelle del Rio Lasca e del Rio Armareo, sfocianti rispettivamente sul suo lato occidentale e centrale. La deriva litoranea netta è diretta W → E, per cui il materiale esce dal paraggio superando Punta Crena. La spiaggia emersa è prevalentemente di "sabbia fine" (0,125÷0,250 mm) e "ciottoli" (>20 mm), con chiazze di "granuli"(2÷4 mm) lungo la berma di tempesta e presso la foce del Rio Armareo. Secondo Cortemiglia (1991) la spiaggia sommersa sino a 30 m presenta un fondo mobile ovunque di "sabbia fine", eccetto ai limiti W e E, dove da -9,5 m (Villaggio Olandese) e in aree lentiformi antistanti Punta Crena tra -5 e -15 m lascia il posto alla "sabbia grossa" (0,5÷1 mm). Altre modeste aree lentiformi di "ghiaia" (4÷20 mm), tra la battigia e l'isobata di 3 m, e di "granuli" (2÷4 mm), tra le isobate di 3m e 5m, sono evidenziabili alla foce del Rio Armareo, dove sono altresì presenti "matte" di Posidonia a 4 – 5 e 18 – 26 m di profondità. La pendenza della spiaggia sommersa aumenta da l°30' a W, a 1°50' all'altezza della foce del Rio Armareo, sino a 2°44' all'altezza di Punta Crena. Il profilo è convesso, con una berma mediana solo all'estremità occidentale, dove la rottura di pendenza principale è a - 8,5 m, mentre altrove è a - 10 m.

La spiaggia di Noli riceve gli apporti dal Torrente Noli e da corsi d'acqua minori che sfociano poco più a S, fra cui il Rio Prete Bernardini, mentre risulta pressochè trascurabile ai fini del ripascimento il materiale in transito per deriva da Capo Noli. La Punta del Vescovado, che delimita a mezzogiorno la Spiaggia di Noli, ancorché munita di difesa trasversale, non ferma la deriva litoranea verso E, per cui parte del sedimento è perso a favore della spiaggia di Spotorno.

La spiaggia sommersa diminuisce di pendenza da 8°40' all'altezza di Capo Noli, a 5°43' all'inizio occidentale della spiaggia emersa e a 4°6' per il rimanente sviluppo; il profilo è di tipo convesso senza berma, con rottura di pendenza a - 9 m a Capo Noli, a - 19 m in tutto il resto della spiaggia. Cortemiglia (1991) ha rilevato il 26.5.1983 che la spiaggia sonmersa non solo era interessata da deriva litoranea netta W → E del materiale di granulometria tra "sabbia media" e "granuli", ma anche che una *rip current* davanti alla foce del Noli evacuava al largo soprattutto sabbia molto fine e fine (0,063÷0,250 mm). Così la "sabbia fine" (0,125+0,250 mm) costituiva tutti i fondali tra le isobate 10 e 60 m, spingendosi almeno sino a – 70 m di fronte alla foce del Noli. Tra la battigia e - 10 m si avevano passaggi laterali tra "ghiaia" (4+20 mm), "sabbia molto grossa" (1÷2 mm) e "granuli" (2÷4 mm). Una successiva campagna del 5.3.1986 ha rilevato ovunque "sabbia fine" (0,125+0,250 mm) sino a - 35 m, e una riduzione dell'area di prateria a Posidonia (Cortemiglia, 1991), probabili conseguenze dei massicci ripascimenti artificiali di quegli anni (Motta, 1987).

Tra le batimetriche di 5 e 15 m attualmente sono diffuse praterie di *Posidonia*, con ampie interruzioni specie di fronte a Noli e Capo Noli. Probabilmente senza i danni antropici (danni meccanici inferti dalle reti da pesca, seppellimento dopo i ripascimenti artificiali) queste praterie costituirebbero una fascia continua lungo tutta la spiaggia sommersa a minore pendenza, salvo alla foce del Noli. Contrariamente ad altre praterie mediterranee, risultano in evidente ripresa, specie verso Spotorno.

LE FALESIE

Lungo la costa affiorano pressoché esclusivamente rocce carbonatiche. La dinamica delle falesie di queste rocce somiglia a quella già descritta per le pareti rocciose dell'entroterra: alla base (livello del mare) si formano lunghi solchi di battente e profonde nicchie che predispongono al crollo delle masse rocciose soprastanti. La morfogenesi dei solchi di battente avviene ad opera dei seguenti processi:

- azioni meccaniche delle onde, agenti specialmente nelle fessure e comprendenti urti diretti, compressioni-decompressioni, cavitazioni, risonanze, ecc.;

- azione corrosiva degli spruzzi, ricchi di CO_2, che creano caratteristiche microforme di corrosione;

- azione perforatrice di molluschi litofagi, in particolare *Petricola lithophaga*, il dattero di mare *Lithophaga lithophaga,* la patella perforatrice *Patella lusitanica*. Talvolta i solchi di battente si ingrandiscono fino a diventare piccole grotte o pozzi di erosione costiera.

Proteggono invece la roccia diversi organismi, fra cui le alghe calcaree *Lithophyllum* e le cozze *Mytilus galloprovincialis*. Queste ultime si sono quasi estinte sulle coste finalesi a causa della raccolta eccessiva, lasciando scoperta in particolare la zona più bassa del solco di battente.

Al di sopra del solco di battente la superficie della roccia é attaccata principalmente dall'aloclastismo fino all'altezza corrispondente grossolanamente con il limite raggiunto dagli spruzzi (8-20 m). L'effetto principale é una disgregazione granulare, che conferisce alla superficie della roccia un tipico aspetto saccaroide. Sopra 2-8 m di quota si incontrano le prime microforme carsiche. Sono vasche, coppelle, alveoli, graffi, solchi a doccia i cui bordi sono smussati dall'aloclastismo e dall'azione delle onde. A volte si osservano lapiés marini, gruppi di spuntoni separati da solchi a doccia e vasche. In alto si passa gradualmente alle microforme tipiche dell'entroterra, che oltre i 20-30 m sul livello del mare sostituiscono completamente le altre.

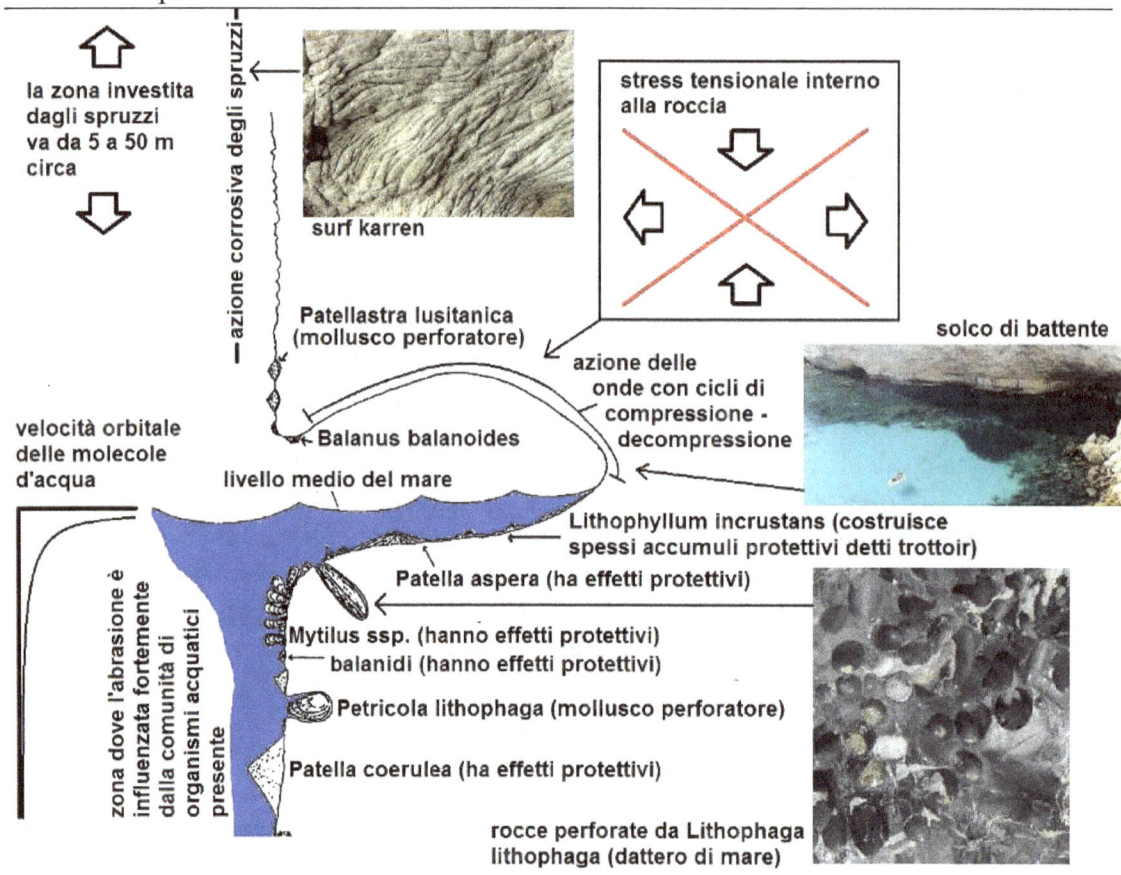

la zona investita dagli spruzzi va da 5 a 50 m circa

azione corrosiva degli spruzzi

surf karren

stress tensionale interno alla roccia

solco di battente

Patellastra lusitanica (mollusco perforatore)

azione delle onde con cicli di compressione - decompressione

velocità orbitale delle molecole d'acqua

Balanus balanoides

livello medio del mare

Lithophyllum incrustans (costruisce spessi accumuli protettivi detti trottoir)

Patella aspera (ha effetti protettivi)

zona dove l'abrasione è influenzata fortemente dalla comunità di organismi acquatici presente

Mytilus ssp. (hanno effetti protettivi)

balanidi (hanno effetti protettivi)

Petricola lithophaga (mollusco perforatore)

Patella coerulea (ha effetti protettivi)

rocce perforate da Lithophaga lithophaga (dattero di mare)

Fig. 2.32 – Dinamica di un solco di battente. Organismi e solco di battente non in scala fra loro.

LE PALEOFORME MARINE

Sul bordo costiero dell'Altopiano delle Mànie si osservano piccole spianate lenticolari, raccordate bruscamente al versante soprastante, talora con l'interposizione di un gradino roccioso. Queste spianate, tutte alla quota di 100-130 m, sono terrazzi marini sospesi, correlabili con le paleoforme fluviali delle valli Sciusa e Pora, di cui sono con ogni probabilità coeve (Biancotti & Motta, 1988; Motta, 1991).

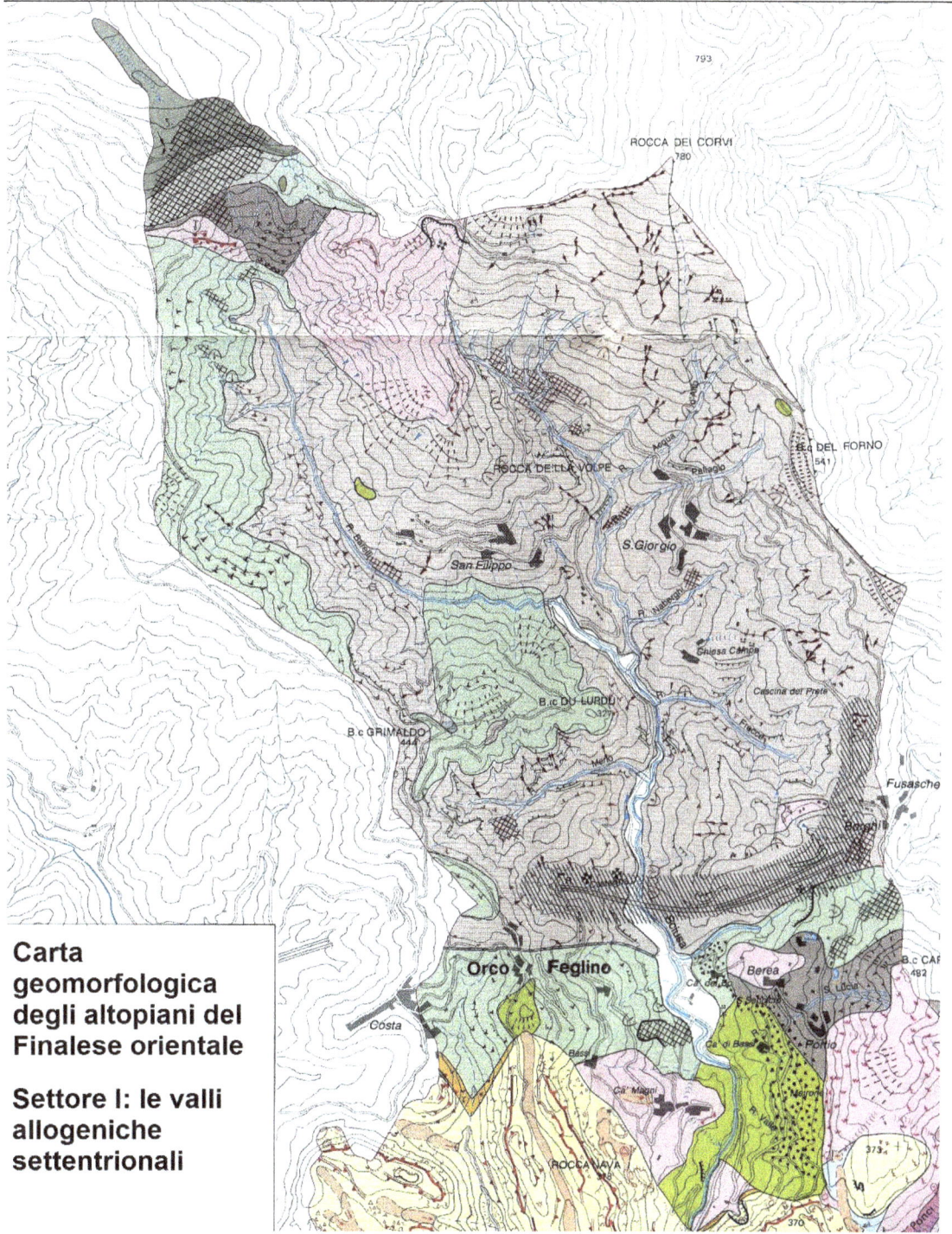

Carta geomorfologica degli altopiani del Finalese orientale

Settore I: le valli allogeniche settentrionali

Settore II: l'altopiano di S. Bernardino

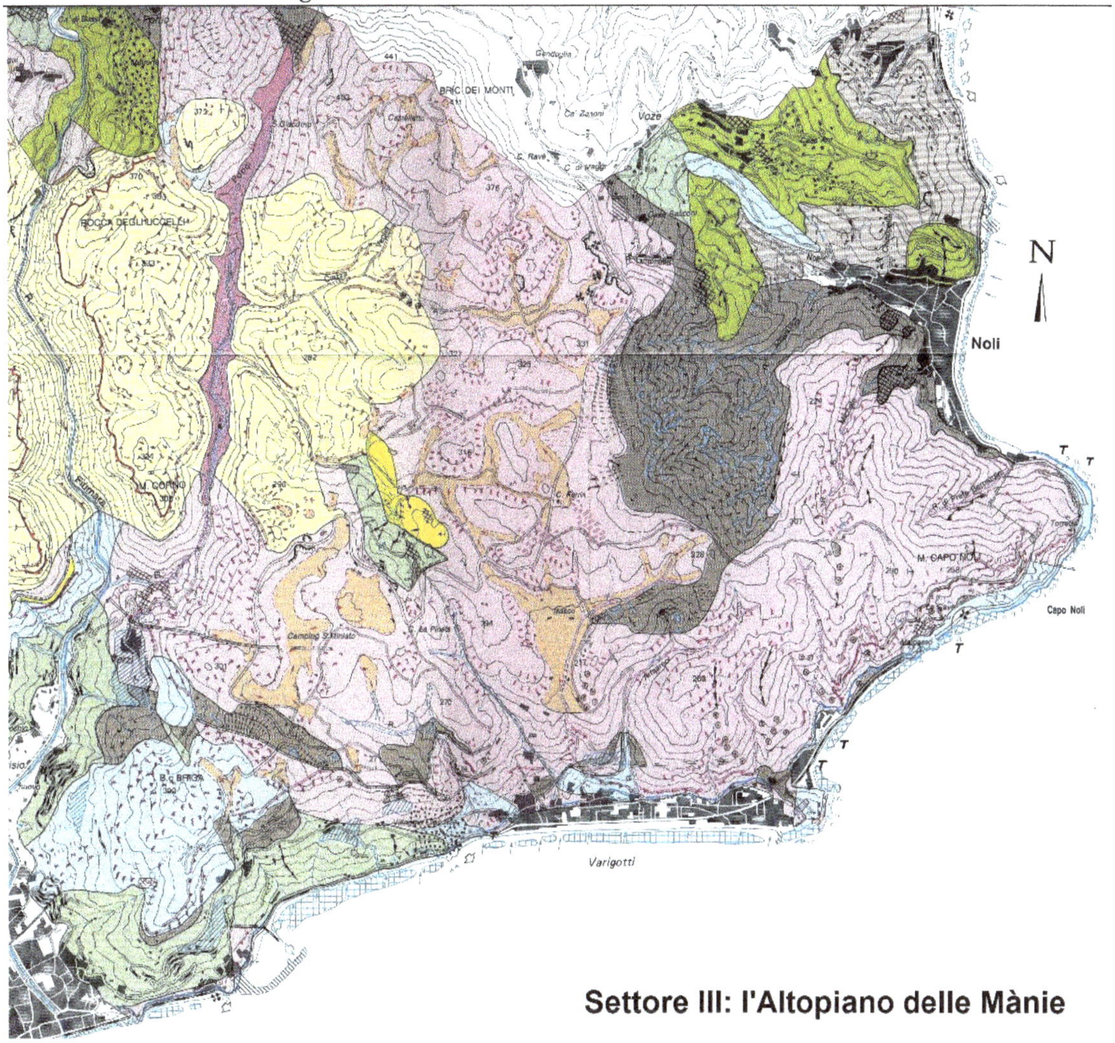

Settore III: l'Altopiano delle Mànie

LEGGENDA - LEGEND

0) -SIMBOLI LITOLOGICI.
   LITHOLOGIC SYMBOLS.

A -Formazione di Murialdo.
   Murialdo's Formation.

B -Formazione di Murialdo con lenti della Formazione di Eze
   non distinguibili cartograficamente.
   Murialdo's Formation with lenses of Eze's Formation not
   mappable.

C -Scisti di Gorra prevalenti, con associati Porfiroidi del Melogno
   e rocce della Formazione di Eze.
   Prevalen Gorra's Shales, associated with Melogno's Porphyroids and Eze's Formation rocks.

D -Porfiroidi del Melogno prevalenti, con associati Scisti di
   Gorra e rocce della Formazione di Eze.
   Prevalen Melogno's Porphyroids, associated with Gorra's
   Shales and Eze's Formation rocks.

E -Formazione di Eze prevalente, con associati Scisti
   di Gorra e Porfiroidi del Melogno.
   Prevalen Eze's Formation, associated with Gorra's Shales and
   Melogno's Porphyroids.

F -Quarziti di Ponte di Nava ed eteropica Formazione di Monte
   Pianosa (Verrucano-Brianzonese).
   Ponte di Nava's Quarzites and Monte Pianosa's eteropic
   Formation.

G -Dolomie di San Pietro dei Monti.
   San Pietro dei Monti Dolomia.

H -Calcari di Val Tanarello.
   Tanarello's valley Limestones.

I -Formazione di Caprauna.
   Caprauna's Formation.

L -Complesso di base del Calcare di Finale Ligure (=Pietra di
   Finale):
   Base complex of Finale Ligure's Limestone (=Finale's stone):
   a) Sabbie e Conglomerati.
   Sands and Conglomerates.
   b) Marne.
   Marls.

M -Pietra di Finale (=Calcare di Finale Ligure)
   Finale's stone (=Finale Ligure Limestone).

N -Depositi alluvionali del Rio Ponci.
   Alluvial deposits of Ponci's brook.

O -Terre rosse mediterranee, nei depositi di maggiore potenza.
   Mediterranean red soils, in greater thickness deposits.

P -Calcare di Verzi.
   Verzi's Limestone.

Q -Terre rosse rimaneggiate, nei depositi di maggiore potenza.
   Rehandled red soils, in greater thickness deposits.

COLLOCAZIONE GEOGRAFICA DELL'AREA.
GEOGRAPHIC ALLOCATION OF AREA.

R -Brecce di pendio cementate, nei depositi di maggiore potenza.
   Cemented talus breccia, in greater thickness deposits.

S -Depositi alluvionali dei torrenti Sciusa e Noli.
   Alluvial deposits of Sciusa and Noli creeks.

T -Depositi di spiaggia.
   Beach deposits.

U -Opere portuali, pennelli.
   Harbor engineering, wing dams.

V -Depositi marini pleistocenici.
   Pleistocenic sea deposits.

1) -DATI STRUTTURALI.
   STRUCTURAL DATA.

1 -Limite litologico.
   Lithologic boundary.

1a -Limite geologico incerto o graduale.
   Dubious or gradual lithologic boundary.

2 -Direzione ed inclinazione di strati o piani di scistosità.
   Strike and plunge of strata or schistosity planes.

2a -Inclinazione 10°-50°
   Plunge 10°-50°

2b -Inclinazione 50°-80°
   Plunge 50°-80°

2c -Inclinazione 0°-10°
   Plunge 0°-10°

2d -Inclinazione 80°-90°
   Plunge 80°-90°

2e -Strati rovesciati.
   Overturned strata.

2f -Strati ondulati o contorti.
   Rippled or warped strata.

3 -Faglia (linea a tratti=labbro rialzato).
   Fault (outline=raised lip).

3a -Faglia probabile (linea a tratti=labbro rialzato).
   Probable fault (outline=raised lip).

4 -Sovrascorrimento.
   Thrust.

5 -Contatto tettonico imprecisabile.
   Indeterminable tectonic contact.

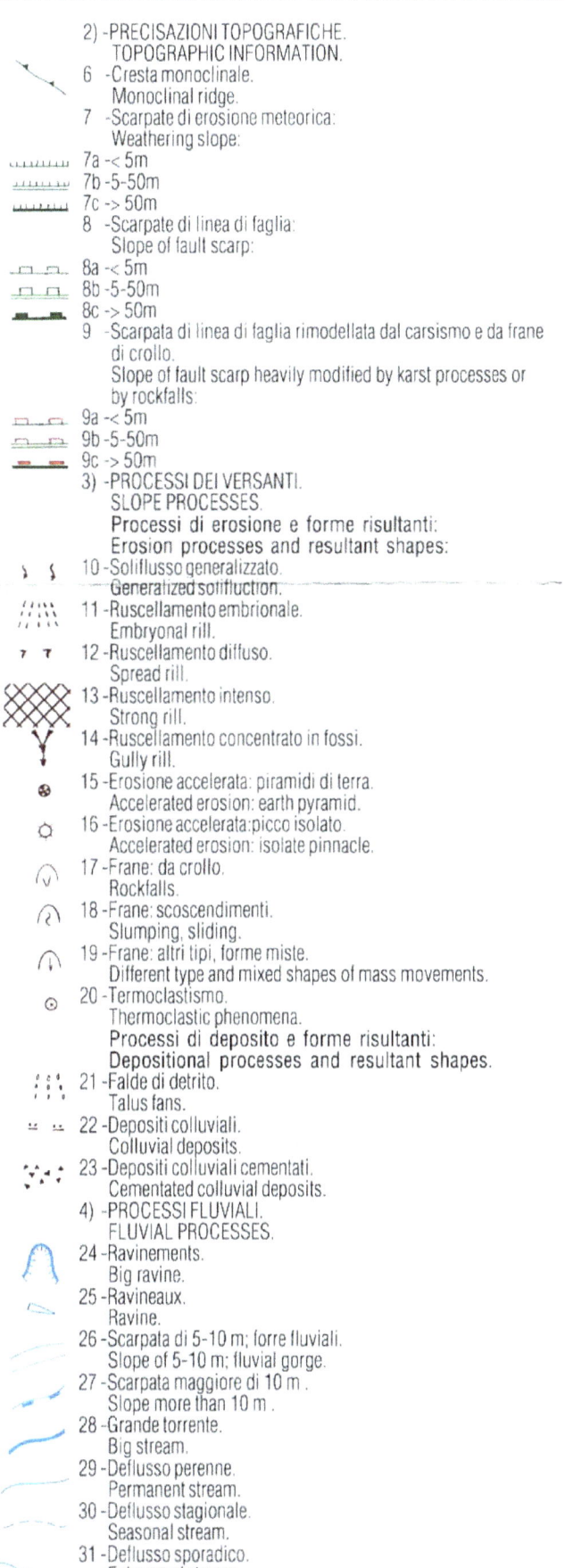

2) -PRECISAZIONI TOPOGRAFICHE.
   TOPOGRAPHIC INFORMATION.
6 -Cresta monoclinale.
   Monoclinal ridge.
7 -Scarpate di erosione meteorica:
   Weathering slope:
7a -< 5m
7b -5-50m
7c -> 50m
8 -Scarpate di linea di faglia:
   Slope of fault scarp:
8a -< 5m
8b -5-50m
8c -> 50m
9 -Scarpata di linea di faglia rimodellata dal carsismo e da frane
   di crollo.
   Slope of fault scarp heavily modified by karst processes or
   by rockfalls:
9a -< 5m
9b -5-50m
9c -> 50m
3) -PROCESSI DEI VERSANTI.
   SLOPE PROCESSES.
   Processi di erosione e forme risultanti:
   Erosion processes and resultant shapes:
10 -Soliflusso generalizzato.
   Generalized solifluction.
11 -Ruscellamento embrionale.
   Embryonal rill.
12 -Ruscellamento diffuso.
   Spread rill.
13 -Ruscellamento intenso.
   Strong rill.
14 -Ruscellamento concentrato in fossi.
   Gully rill.
15 -Erosione accelerata: piramidi di terra.
   Accelerated erosion: earth pyramid.
16 -Erosione accelerata: picco isolato.
   Accelerated erosion: isolate pinnacle.
17 -Frane: da crollo.
   Rockfalls.
18 -Frane: scoscendimenti.
   Slumping, sliding.
19 -Frane: altri tipi, forme miste.
   Different type and mixed shapes of mass movements.
20 -Termoclastismo.
   Thermoclastic phenomena.
   Processi di deposito e forme risultanti:
   Depositional processes and resultant shapes.
21 -Falde di detrito.
   Talus fans.
22 -Depositi colluviali.
   Colluvial deposits.
23 -Depositi colluviali cementati.
   Cementated colluvial deposits.
4) -PROCESSI FLUVIALI.
   FLUVIAL PROCESSES.
24 -Ravinements.
   Big ravine.
25 -Ravineaux.
   Ravine.
26 -Scarpata di 5-10 m; forre fluviali.
   Slope of 5-10 m; fluvial gorge.
27 -Scarpata maggiore di 10 m .
   Slope more than 10 m .
28 -Grande torrente.
   Big stream.
29 -Deflusso perenne.
   Permanent stream.
30 -Deflusso stagionale.
   Seasonal stream.
31 -Deflusso sporadico.
   Ephemeral stream.

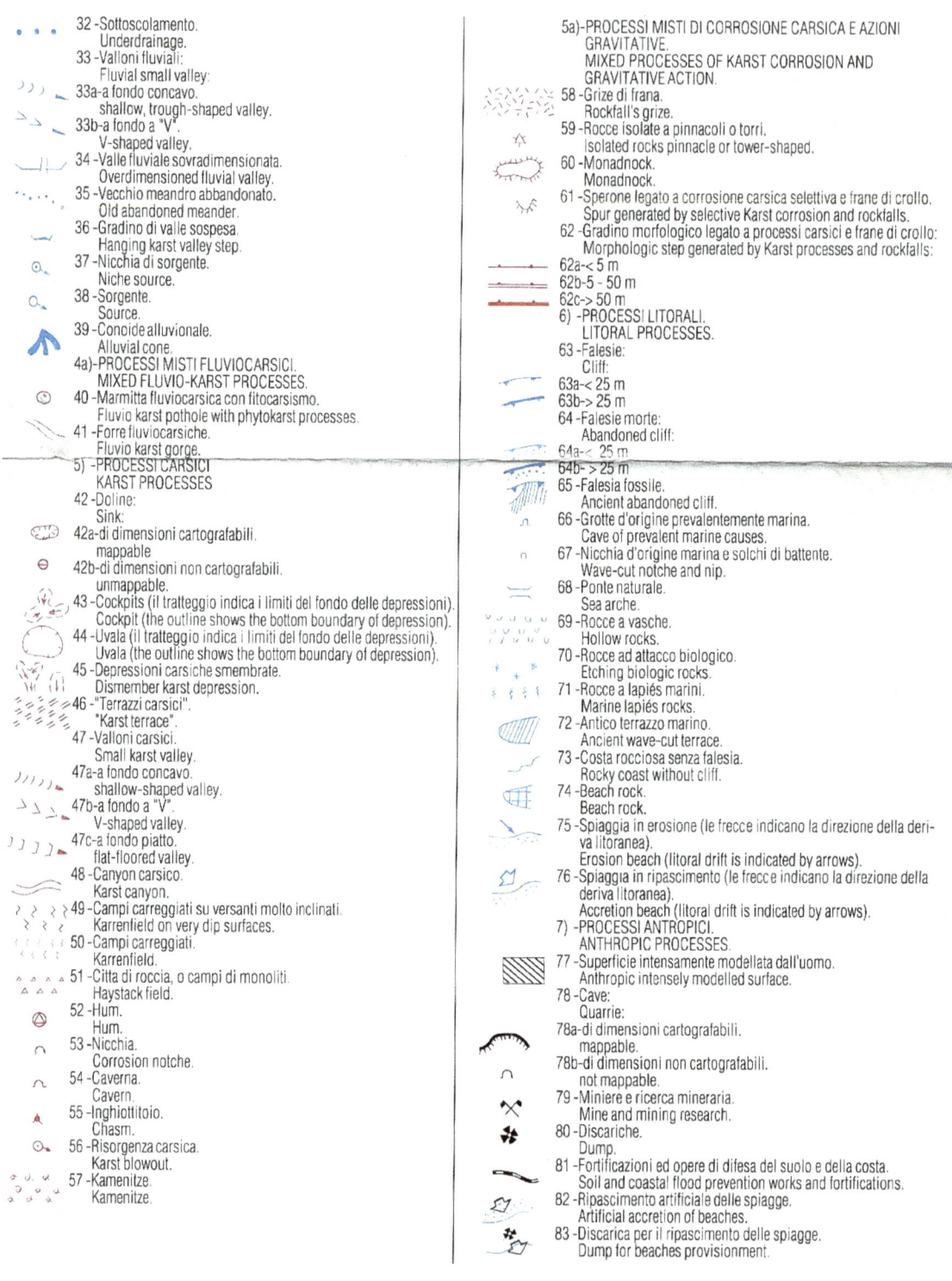

32 -Sottoscolamento.
Underdrainage.
33 -Valloni fluviali:
Fluvial small valley:
33a -a fondo concavo.
shallow, trough-shaped valley.
33b -a fondo a "V".
V-shaped valley.
34 -Valle fluviale sovradimensionata.
Overdimensioned fluvial valley.
35 -Vecchio meandro abbandonato.
Old abandoned meander.
36 -Gradino di valle sospesa.
Hanging karst valley step.
37 -Nicchia di sorgente.
Niche source.
38 -Sorgente.
Source.
39 -Conoide alluvionale.
Alluvial cone.
4a)-PROCESSI MISTI FLUVIOCARSICI.
MIXED FLUVIO-KARST PROCESSES.
40 -Marmitta fluviocarsica con fitocarsismo.
Fluvio karst pothole with phytokarst processes.
41 -Forre fluviocarsiche.
Fluvio karst gorge.
5) -PROCESSI CARSICI
KARST PROCESSES
42 -Doline:
Sink:
42a -di dimensioni cartografabili.
mappable
42b -di dimensioni non cartografabili.
unmappable.
43 -Cockpits (il tratteggio indica i limiti del fondo delle depressioni).
Cockpit (the outline shows the bottom boundary of depression).
44 -Uvala (il tratteggio indica i limiti del fondo delle depressioni).
Uvala (the outline shows the bottom boundary of depression).
45 -Depressioni carsiche smembrate.
Dismember karst depression.
46 -"Terrazzi carsici".
"Karst terrace".
47 -Valloni carsici.
Small karst valley.
47a -a fondo concavo.
shallow-shaped valley.
47b -a fondo a "V".
V-shaped valley.
47c -a fondo piatto.
flat-floored valley.
48 -Canyon carsico.
Karst canyon.
49 -Campi carreggiati su versanti molto inclinati.
Karrenfield on very dip surfaces.
50 -Campi carreggiati.
Karrenfield.
51 -Citta di roccia, o campi di monoliti.
Haystack field.
52 -Hum.
Hum.
53 -Nicchia.
Corrosion notche.
54 -Caverna.
Cavern.
55 -Inghiottitoio.
Chasm.
56 -Risorgenza carsica.
Karst blowout.
57 -Kamenitze.
Kamenitze.

5a)-PROCESSI MISTI DI CORROSIONE CARSICA E AZIONI GRAVITATIVE.
MIXED PROCESSES OF KARST CORROSION AND GRAVITATIVE ACTION.
58 -Grize di frana.
Rockfall's grize.
59 -Rocce isolate a pinnacoli o torri.
Isolated rocks pinnacle or tower-shaped.
60 -Monadnock.
Monadnock.
61 -Sperone legato a corrosione carsica selettiva e frane di crollo.
Spur generated by selective Karst corrosion and rockfalls.
62 -Gradino morfologico legato a processi carsici e frane di crollo:
Morphologic step generated by Karst processes and rockfalls:
62a -< 5 m
62b -5 - 50 m
62c -> 50 m
6) -PROCESSI LITORALI.
LITORAL PROCESSES.
63 -Falesie:
Cliff:
63a -< 25 m
63b -> 25 m
64 -Falesie morte:
Abandoned cliff:
64a -< 25 m
64b -> 25 m
65 -Falesia fossile.
Ancient abandoned cliff.
66 -Grotte d'origine prevalentemente marina.
Cave of prevalent marine causes.
67 -Nicchia d'origine marina e solchi di battente.
Wave-cut notche and nip.
68 -Ponte naturale.
Sea arche.
69 -Rocce a vasche.
Hollow rocks.
70 -Rocce ad attacco biologico.
Etching biologic rocks.
71 -Rocce a lapiés marini.
Marine lapiés rocks.
72 -Antico terrazzo marino.
Ancient wave-cut terrace.
73 -Costa rocciosa senza falesia.
Rocky coast without cliff.
74 -Beach rock.
Beach rock.
75 -Spiaggia in erosione (le frecce indicano la direzione della deriva litoranea).
Erosion beach (litoral drift is indicated by arrows).
76 -Spiaggia in ripascimento (le frecce indicano la direzione della deriva litoranea).
Accretion beach (litoral drift is indicated by arrows).
7) -PROCESSI ANTROPICI.
ANTHROPIC PROCESSES.
77 -Superficie intensamente modellata dall'uomo.
Anthropic intensely modelled surface.
78 -Cave:
Quarrie:
78a -di dimensioni cartografabili.
mappable.
78b -di dimensioni non cartografabili.
not mappable.
79 -Miniere e ricerca mineraria.
Mine and mining research.
80 -Discariche.
Dump.
81 -Fortificazioni ed opere di difesa del suolo e della costa.
Soil and coastal flood prevention works and fortifications.
82 -Ripascimento artificiale delle spiagge.
Artificial accretion of beaches.
83 -Discarica per il ripascimento delle spiagge.
Dump for beaches provisionment.

3. La circolazione carsica ipogea

Caratteri generali della circolazione idrica carsica

Il Finalese è particolarmente ricco di grotte carsiche, sebbene nessuna abbia eccezionale rilievo per lunghezza e profondità. Lo scarso spessore delle formazioni carsificabili, i numerosi corsi d'acqua allogenici, la forte stagionalità delle piogge, l'assenza di coltri nevose durevoli e la scarsa fratturazione della Pietra di Finale condizionano fortemente lo sviluppo delle grotte, rendendole completamente differenti da quelle delle vicine Alpi Liguri, che pure sono sovente nelle stesse formazioni geologiche del Finalese (Calcari di Val Tanarello, Dolomie di S. Pietro dei Monti, Formazione di Caprauna).

Molte grotte si sviluppano lungo limiti stratigrafici, anche fra rocce solubili, poiché la Pietra di Finale è molto più permeabile delle altre rocce solubili. Le grotte sviluppate interamente nella Pietra di Finale sono per lo più suborizzontali e con evidenti tracce di un'evoluzione da condizioni freatiche a vadose (grotte con sezione a *buco di serratura*). Nelle rocce preterziarie invece sono più numerose le cavità ad andamento verticale, e sono relativamente scarse e di piccole dimensioni, sia per la minore permeabilità, sia perché la fitta fratturazione favorisce un deflusso idrico ipogeo più disperso.

Il carsismo ipogeo finalese non può svilupparsi granché in verticale, sia per la scarsa altezza sul livello del mare, sia per la presenza di acquicludi. Tuttavia esso mostra sovente un forte abbassamento delle zone idrogeologiche e una particolare abbondanza di cavità inattive, spesso ridotte a corti tronconi (fig. 3.1). Ciò è in larga parte dovuto alla scarsità di vie preferenziali di deflusso sotterraneo, nella Pietra di Finale per la scarsissima fratturazione, nelle rocce preterziarie viceversa per la fratturazione tettonica così elevata da essere pressoché omogenea. Inoltre le condizioni climatiche favoriscono il concrezionamento, che ostruisce rapidamente le grotte inattive. Ne consegue che raramente, quando un mutamento del livello di base modifica la circolazione idrica sotterranea, le grotte inattive vengono "riciclate" nel nuovo reticolo ipogeo. Ciò consente d'altra parte di ricostruire agevolmente andamento e caratteristiche di molti reticoli ipogei ormai inattivi.

Fig. 3.1 – La Grotta del Mammut (Vallone del Rio dell'Arma, Altopiano delle Mànie) è il tipico esempio di corto troncone inattivo di un antico tubo freatico.

Il reticolo ipogeo attivo

Grazie a moltissimi studi, dai primi di Issel (1885 e 1892), ai lavori con traccianti di Cachia *et alii* (1974), alle scoperte speleologiche che ne sono conseguite e alle esplorazioni più recenti, è possibile avere un quadro del reticolo ipogeo attuale che, seppure incompleto, è chiaro nelle sue linee essenziali.

Inizialmente i sistemi ipogei finalesi avevano generalmente la struttura seguente, dalla zona di assorbimento alla risorgenza:

- successione di pozzi coalescenti lungo una o due fratture;
- galleria discendente allagata solo eccezionalmente, poggiante su rocce insolubili (scisti, quarziti) o meno solubili (calcari dolomitici triassici, strati di Pietra di Finale ricchi di clasti insolubili);
- galleria epifreatica, sommersa nei periodi umidi, poggiante egualmente su rocce semipermeabili o impermeabili;
- galleria freatica costantemente allagata, solo nei sistemi carsici più importanti o in quelli che terminano in mare. A causa del clima con estate marcatamente asciutta, negli altri le gallerie sono epifreatiche sino alla risorgenza.

Il sistema di drenaggio dei settori centrale e orientale dell'Altopiano delle Manie

Uno dei due sistemi più conosciuti (l'altro è il sistema Pian Marino – Risorgenza del Buio, vedi www.catastogrotte.net) ha come zone di assorbimento principalmente i settori centrale e orientale dell'Altopiano delle Manie, la Val Ponci e forse la mesa Rocca di Corno – Rocca degli Uccelli. Parte dell'acqua è di origine allogenica, provenendo da aree di rocce impermeabili dell'Altopiano delle Manie (Bric di Crovi, alto Vallone dell'Arma) e dalla parte alta della Valle Ponci.

La stima dell'evapotraspirazione reale e potenziale (metodo di Thornthwaite) mostra apporti meteorici molto irregolari a questo sistema, con forti variazioni da un anno all'altro, specie in inverno (fig. 3.2).

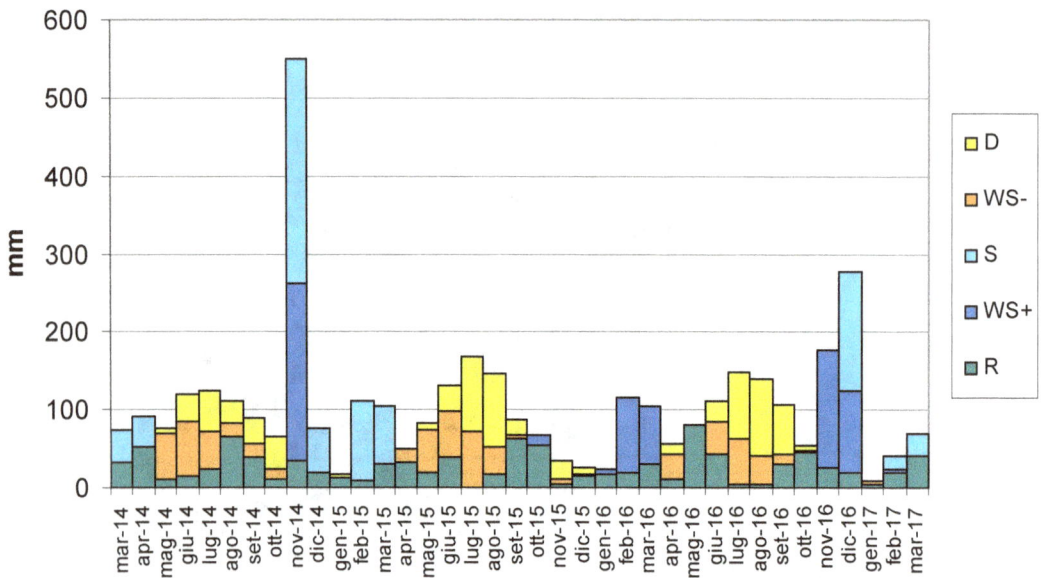

Fig. 3.2 – Stima del bilancio idrico col metodo Thornthwaite (storage = 300). D: deficit; WS- uso della riserva idrica; S: surplus; WS+: ricarica della riserva idrica; R: acqua residua di precipitazione.

In larga parte di questo sistema ipogeo le grotte si sviluppano lungo la base strati-grafica della Pietra di Finale, con le rocce preterziarie che si comportano da acquicludo anche quando sono carbonatiche (Dolomie di S. Pietro dei Monti). Caratteristico l'oltrepassamento della Val Ponci, per raggiungere la risorgenza dell'Acquaviva (71 m s.l.m.) posta in Valle Sciusa (fig. 3.3).

Le principali cavità accessibili si aprono sul fondo di valloni fluviocarsici, di cui in-tercettano le acque. In genere sono gallerie inclinate che seguono il limite stratigrafico della Pietra di Finale, eventualmente con corti pozzi. Sono rari fenomeni di *cave brea-kdown*, mentre è comune il concrezionamento, anche nei rami attivi.

Una recente e importante modifica delle condizioni idrogeologiche è stata causata dai trafori ferroviari: in particolare, quello più recente, che attraversa l'Altopiano delle Mànie, ha evidentemente modificato le portate di molte sorgenti e raccoglie una grande quantità d'acqua (Boni *et alii*, 1971); è probabile che ciò abbia causato forti modifiche nella zona freatica e che abbia inattivato in tutto o in parte dei sistemi carsici ipogei.

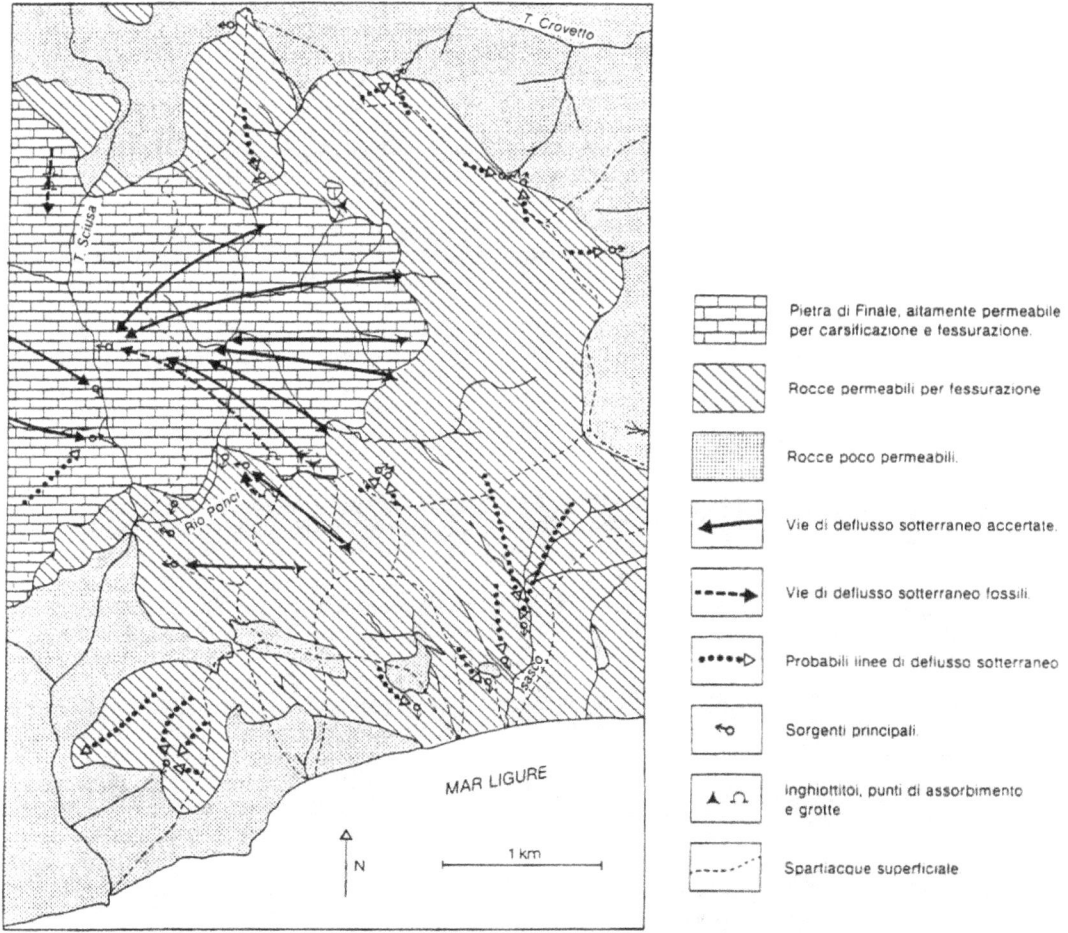

Fig. 3.3 – Rappresentazione schematica dell'idrogeologia carsica dell'Altopiano delle Manie.

LA GROTTA ANDRASSA

Tipico esempio delle grotte di questo sistema ipogeo, l'Andrassa (44°12'22.8"N, 8°22'42.5"E WGS84, 211 m s.l.m.) assorbe l'acqua della forra di Rian Andrassa, attiva solo dopo forti piogge. A monte, la forra si apre in terreni pianeggianti, che costituisco-no i resti dei valloni a fondo piatto di un antico *cockpit*. Essi, essendo coperti da suoli rossi fersiallitici, ricchi d'argilla e poco permeabili, hanno una dinamica di tipo fluviocarsico (ruscellamento superficiale diffuso durante le maggiori piogge). I versanti collinari hanno invece dinamica francamente carsica (ruscellamento scarso e limitato alle precipitazioni eccezionali): a monte dell'Andrassa, dove affiorano le Dolomie di S. Pietro dei Monti, sono un carso coperto da macchia mediterranea con inclinazione media dei versanti 27.5°, ricco di grize; a valle della grotta (dove affiora la Pietra di Finale) sono un carso coperto da bosco mediterraneo (*Quercus ilex, Ostrya carpinifolia, Fraxinus ornus...* con sottobosco aperto a *Ruscus aculeatus, Smilax aspera...*), con minore inclinazione media dei versanti (21.8°: Motta, 1987), ma in cui gli strati più resistenti della Pietra di Finale emergono con basse paretine, lavorate a *humus-water grooves, cliff foot recesses,* karren arrotondati e microforme fitocarsiche.

L'Andrassa è un tipico ponor: inizia con un pozzo di 12 m, proseguendo lungo il limite geologico fra le formazioni delle "*Dolomie di San Pietro dei Monti*" (letto, qui rappresentata da calcari dolomitici di media permeabilità) e della "*Pietra di Finale*" (tetto, rappresentata da calcare arenaceo non fratturato, altamente permeabile per porosità), con un'alternanza di ampie sale dal fondo poco inclinato e ripide strettoie.

La parte esplorata della grotta (per mezzo di temporanea asportazione dei sedimenti) è lunga 400 m e scende 60 m (Calandri, 1997). Maifredi & Pastorino (1969) hanno dimostrato con traccianti che l'acqua arriva alla risorgenza dell'Acquaviva; in base alle variazioni di deflusso, torbidità, durezza dell'acqua e concentrazione del tracciante, Cachia *et alii* (1974) ritengono che la parte inaccessibile della grotta continui a seguire il limite tra calcari dolomitici e Pietra di Finale (più probabilmente, verso la risorgenza segue il tetto del "membro basale della Formazione del Calcare di Finale Ligure", relativamente poco permeabile), con un percorso poco inclinato di almeno 1650 m di lunghezza e 80 m di dislivello. Si suppone che ci possano essere sale in corrispondenza agli arrivi degli altri corsi d'acqua sotterranei egualmente diretti verso la risorgenza Acquaviva, alcuni dei quali vengono sicuramente dalle grotte Mala, Ingrid e Nuova Grotta del Finalese (Calandri, 2003).

Fig. 3.4 – L'ingresso dell'Andrassa, uno stretto inghiottitoio aperto sul fondo di una forra fluviocarsica.

Fig. 3.5 – Il pozzo iniziale dell'Andrassa mostra una morfologia evidentemente influenzata dalla frattu-razione della roccia.

Usando i valori più cautelativi delle equazioni empiriche per il calcolo del contribu-to specifico (q) del bacino idrografico a monte dell'Andrassa (di 0,875 km²) valide per un tempo di ritorno di 10 anni, q risulta 17 m³/ s km², corrispondenti a un deflusso idri-co sul fondo della forra fluviocarsica all'altezza dell'ingresso dell'Andrassa di circa 15 m³/s. La grotta può quindi avere variazioni estreme di portata.

Nelle piene ordinarie, l'acqua del Rian Andrassa si infiltra nella grotta poco a mon-te dell'ingresso accessibile. Poiché le strettoie sono ingombre di sedimenti sabbiosi, l'Andrassa drena lentamente, per cui le camere più profonde si allagano completamente.

Nelle piene eccezionali acqua, ciottoli, sabbia e ramaglie entrano direttamente dal pozzo d'ingresso. Le strettoie si ostruiscono completamente, lasciando la grotta allagata per diverse settimane (compresa, eccezionalmente, la Grande Sala, che è in zona epifre-atica, vedi fig. 3.6).

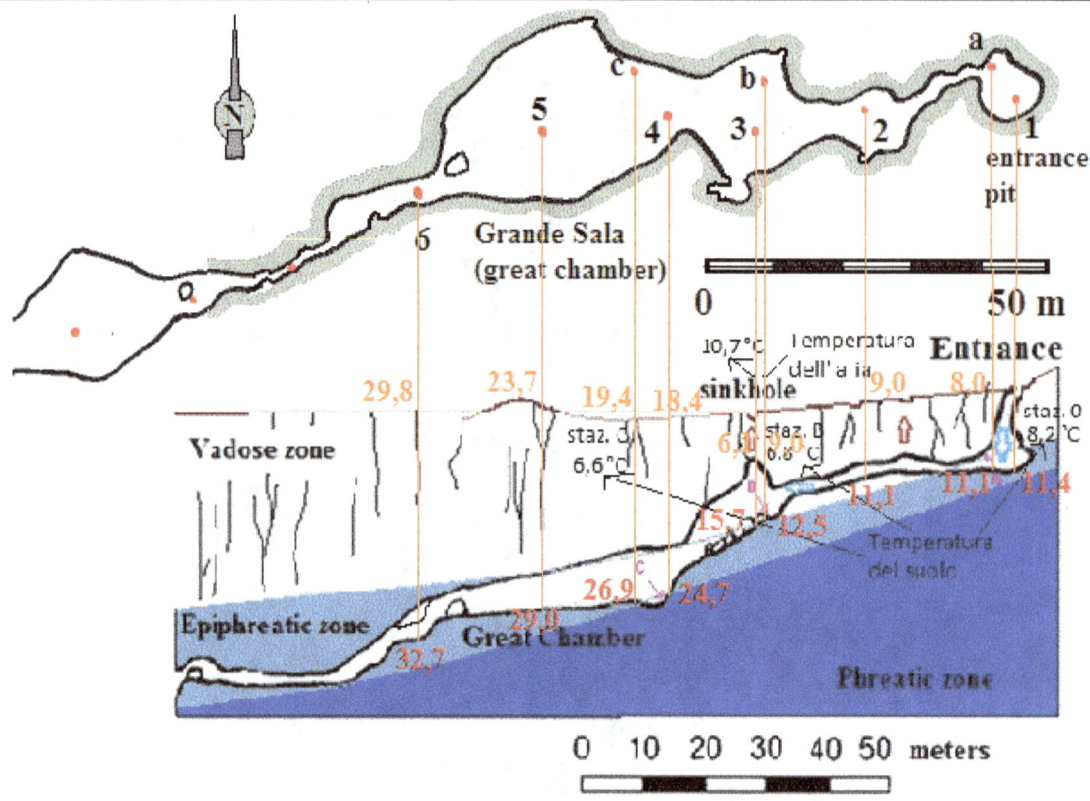

Fig. 3.6 – Pianta e sezione dell'Andrassa, con distanza fra superficie esterna (misurata con GPS) e pavimento e soffitto della grotta (dalla sezione di Bixio *et alii*, 1987, riveduta e corretta in Motta & Motta, 2016).

Anche dopo piogge normali nella grotta c'è forte stillicidio, causa della formazione di stalattiti, dighe di travertino e colate concrezionate in masse notevoli per una grotta attiva (come del resto si nota in tutte le grotte attive di questo sistema, quali la Mala, Ingrid, ecc.).

Lo studio sull'aria della grotta, condotto dal 2016 (Motta & Motta, 2016, 2019) mostra una temperatura tutt'altro che costante, con forti variazioni stagionali anche in profondità.

In primavera, la diffusione dell'aria nella grotta rende i primi trenta metri più caldi di 3-5 °C rispetto all'inverno, e il riscaldamento si sente, con valori via via inferiori. sino alla Grande Sala (fig. 3.7). Più in profondità, la temperatura dell'aria è influenzata solo da quella dell'acqua di stillicidio (15 °C).

In estate, la temperatura dello stillicidio resta immutata in profondità, mentre cresce vicino all'ingresso. Sia per questo motivo, sia per la diffusione (come dimostrato in Motta & Motta, 2019, senza fenomeni di convezione!) dall'ingresso di aria sempre più calda, la temperatura dell'aria nella parte iniziale della grotta sale notevolmente.

In autunno il progressivo riscaldamento continua nella parte più profonda, dove l'aria supera i 19 °C (come è normale negli ambienti sotterranei e nei suoli, in cui generalmente il massimo termico è in autunno), mentre presso l'ingresso l'aria inizia già a raffreddarsi.

In inverno, tutta la grotta si raffredda lentamente.

La temperatura del sedimento del pavimento varia fra 11,9 °C e 14,9 °C; quella dell'acqua fra 12,8 °C e 15,5 °C. Le loro escursioni annue non superano i 3 °C: sono molto più basse di quella dell'aria, che è 8.9 °C.

La distribuzione delle temperature, in particolare i soffitti sempre più freddi del pavimento, esclude una circolazione convettiva generale, mentre gli squilibri termici tra aria, pavimento e acqua, presenti sempre, lungo tutta la grotta e piuttosto forti (anche 1-2 °C), causano con ogni probabilità movimenti convettivi locali che facilitano il ricambio d'aria per diffusione (vedi Badino, 2010). La "*winter ventilation*" che alcuni autori (Kowalczk & Froelich, 2010) ritengono sia presente a tutte le profondità nelle grotte morfologicamente simili all'Andrassa (cioè a ingresso singolo e in discesa rispetto alla circolazione dell'aria), c'è soltanto nel pozzo iniziale. Oltre tale pozzo la dinamica termica invece è così riassumibile: la diffusione dell'aria esterna d'inverno raffredda il pavimento, e a quest'azione presso l'ingresso collabora la circolazione idrica. A inizio primavera si inverte la situazione. D'estate le parti medie e profonde della grotta sono riscaldate dalla diffusione dell'aria calda ma raffreddate dalla circolazione idrica. In autunno la situazione ritorna come quella primaverile.

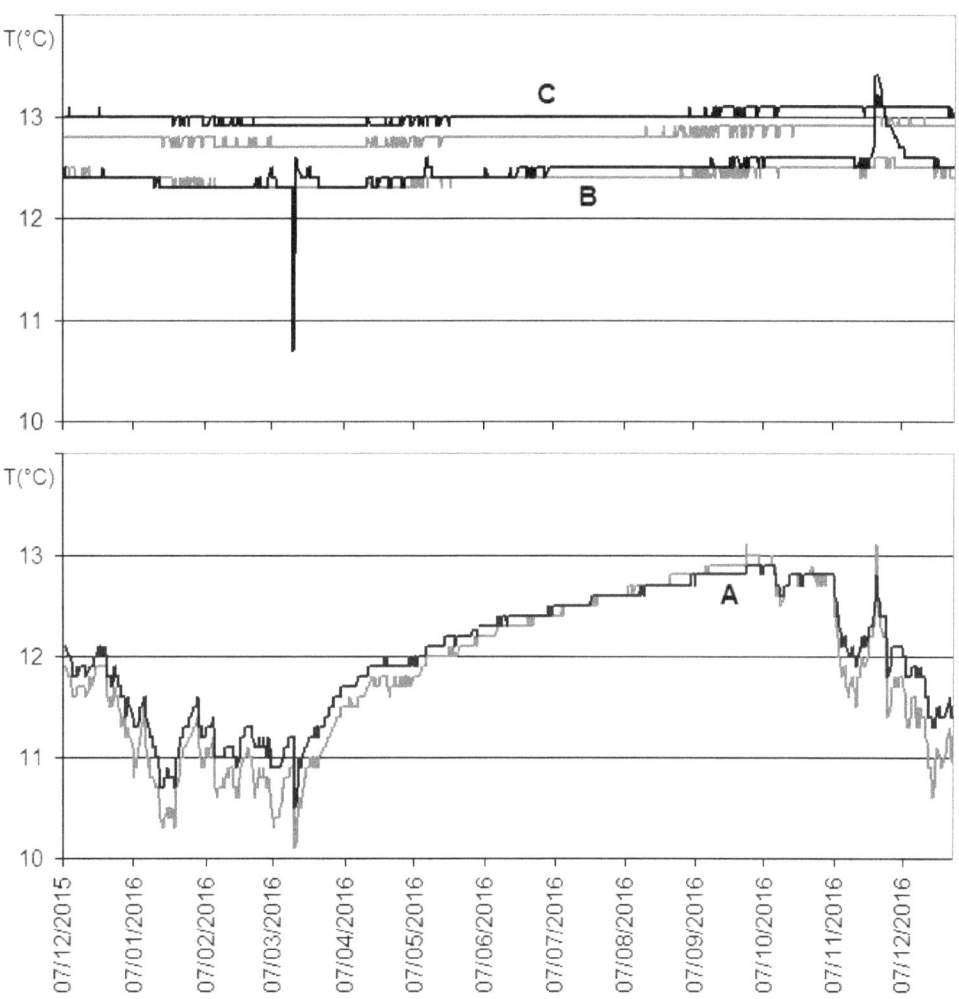

Fig. 3.7 – **Variazioni termiche nel 2016 al fondo del pozzo iniziale (A), nello scivolo conducente alla Grande Sala (B) e nella Grande Sala (C) (da Motta & Motta, 2019). Il picco negativo evidente (specie in B) corrisponde a un evento pluviometrico eccezionale (24-25 novembre) che ha raffreddato momentaneamente la grotta.**

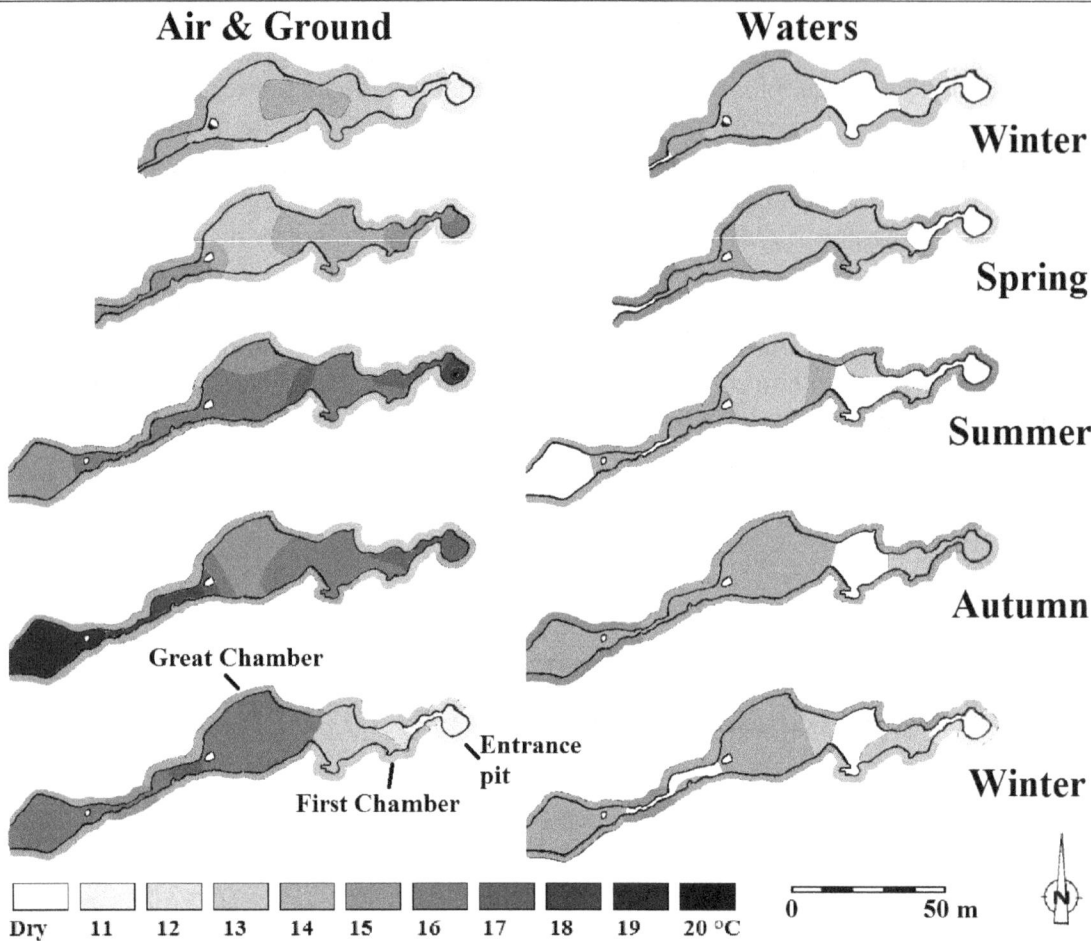

Fig. 3.8 – Piante dell'Andrassa (ridis. da Bixio et alii, 1987) con riportate a sinistra le temperature misurate nelle quattro stagioni del 2016, di aria (grigi all'interno della mappa) e sedimenti del pavimento (grigi del bordo del contorno). A destra sono riportate le temperature dell'acqua di stillicidio (colori del bordo) e stagnante in pozzanghere (colori interni alla mappa; le aree in bianco sono asciutte). Da Motta & Motta (2019).

Anche l'umidità ha forti variazioni, sia stagionali sia da punto a punto della grotta (fig. 3.11); in generale è alta nella Grande Sala, e più in profondità talvolta arriva alla saturazione; verso l'ingresso invece è sempre più bassa. La sua distribuzione indica l'esistenza di due sorgenti principali d'umidità: lo stillicidio, massimo nella Grande Sala e piuttosto costante nell'anno; l'umidità del sedimento del pavimento, molto variabile secondo l'altezza della falda idrica.

In generale, come in quasi tutte le grotte finalesi, l'umidità relativa al 100% è un evento non comune.

La temperatura del pavimento dell'Andrassa è 2-3 °C più fredda della media annua della stazione delle Manie, sebbene ci siano solo 50 m di differenza di altitudine. Ciò può essere dovuto al forte ombreggiamento dell'area in cui si apre l'Andrassa, causato sia dagli alberi sia dalla strettezza della forra; ma può essere anche dovuto solo al fatto che 2 °C è la normale ΔT fra acqua di pioggia e aria locale (Badino, 2010). In ogni caso, la temperatura del pavimento dell'Andrassa è molto più legata a quella dell'acqua che non a quella dell'aria (per le cause di ciò, vedasi Badino, 2010; Motta & Motta, 2019).

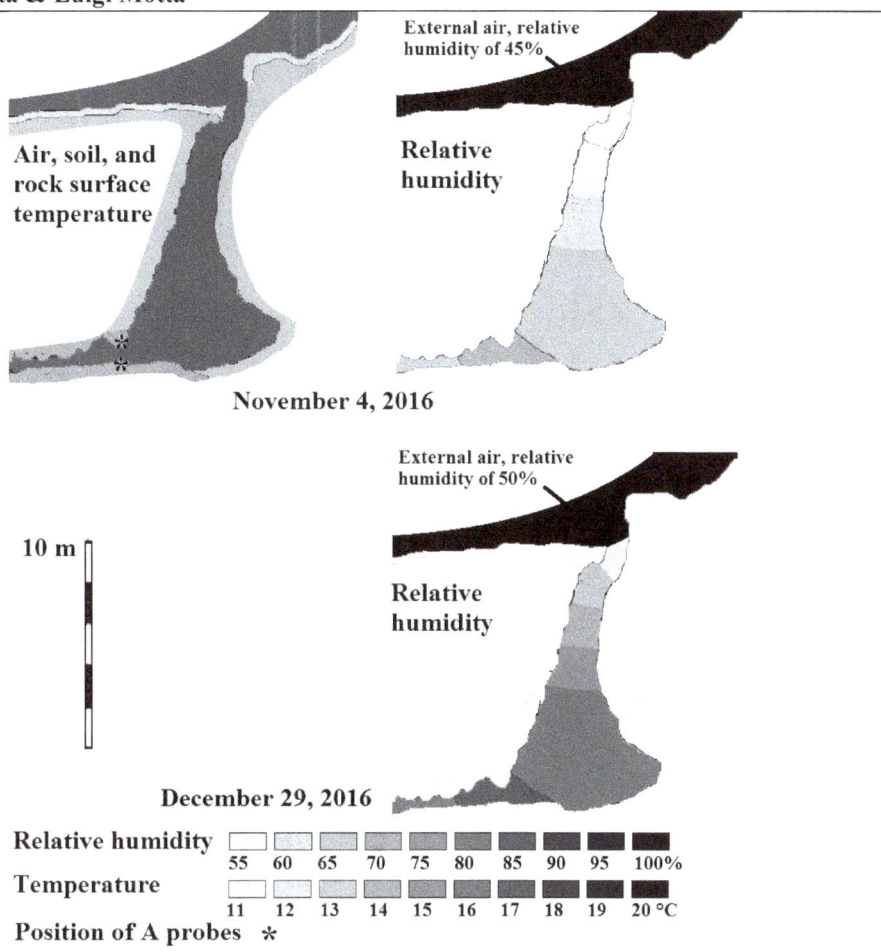

November 4, 2016

December 29, 2016

Fig. 3.9 – Distribuzione delle temperature e dell'unidità relativa nella sezione del pozzo iniziale e del terreno adiacente l'ingresso.

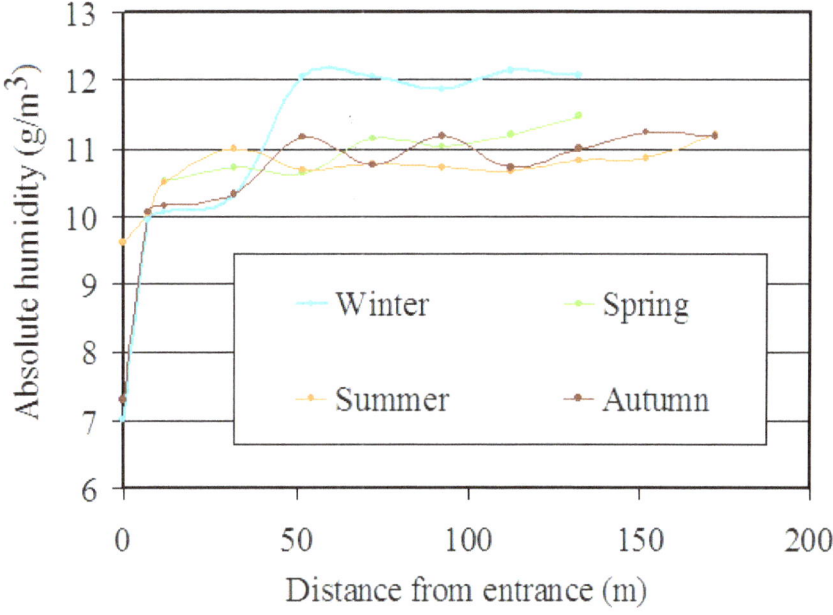

Fig. 3.10 – Umidità assoluta. A partire da 50 m dall'ingresso è abbastanza costante, e varia poco dalla primavera all'autunno, mentre d'inverno è un po' più alta.

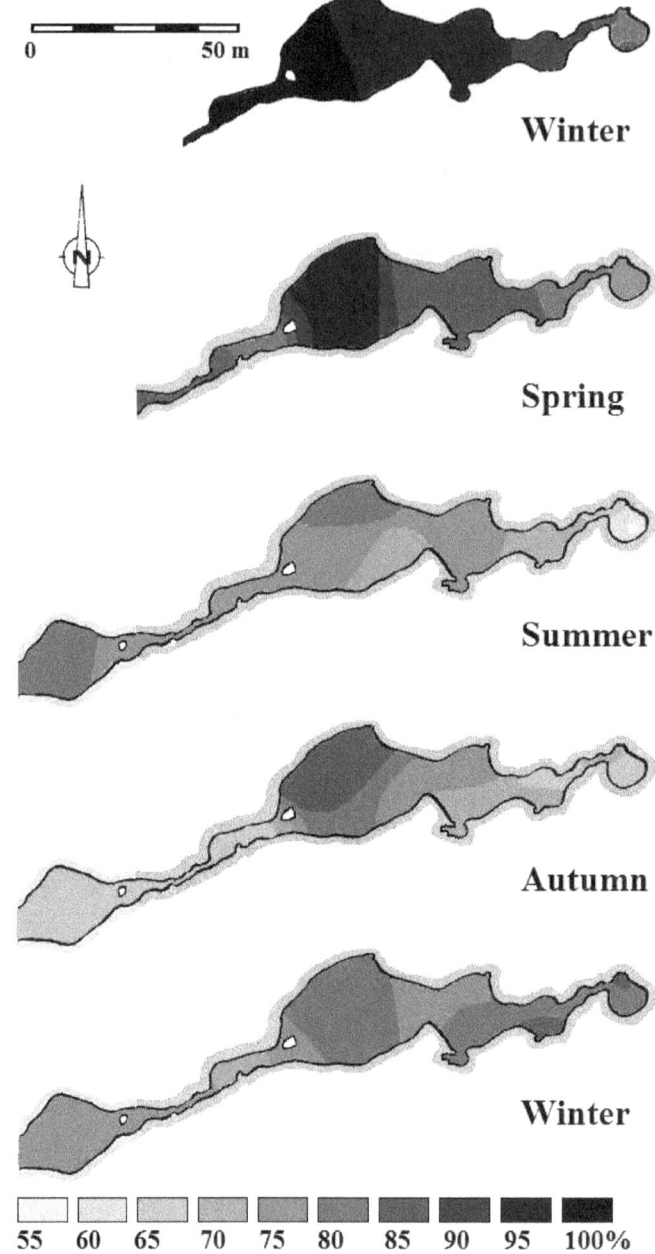

Fig. 3.11 – Distribuzione stagionale (2016) dell'umidità relativa.

La temperatura media dell'acqua è 14,1 °C, lo stesso valore dell'acqua alla risorgenza dell'Acquaviva, risultata oscillante fra 14 e 15 °C nel 1990-2002 (Calandri, 2003). Ciò suggerisce che gli scambi termici avvengano quasi interamente nei primi 200 m (la parte studiata) della grotta, che del resto sono gli unici in cui l'aria può diffondersi.

Il sistema ipogeo di Capo Noli

La costa fra Capo Noli e Punta Crena ha caratteristiche peculiari per il Finalese, poiché è qui che le formazioni di rocce solubili raggiungono il massimo spessore, e soprattutto si spingono sin sotto il livello marino attuale. Ne consegue che le risorgenze del reticolo ipogeo attivo di quest'area sono perlopiù sottomarine (unica eccezione, quella di Baia dei Saraceni). Grazie alla forte fratturazione e alla presenza di importanti faglie subverticali, invece dei soliti sistemi ipogei finalesi prevalentemente orizzontali, i sistemi ipogei sono prevalentemente verticali. Il più conosciuto e studiato, dai primi lavori di Massa (1971) ai più recenti (Motta, 2021) è quello di Capo Noli, esistente almeno dal Pleistocene medio.

Il sistema ipogeo di Capo Noli nel 1972 aveva due ingressi emersi e uno sommerso. Il più alto, sulla scarpata della Via Aurelia, si affacciava su "un pozzo di 6 m al cui fondo è un cunicolo che porta ad una saletta corrispondente all'apertura in parete. Segue un cunicolo che termina in una saletta oltre cui non si può procedere" (AA.VV., 1959). Lavori sull'Aurelia in data imprecisata hanno chiuso questo ingresso.

Tab. 3.1 – Principali caratteristiche attuali del sistema ipogeo.

Denominazione catastale (http://www.catastogrotte.net)	202 Li "Grotta a pozzo di Capo Noli"
Ingressi attuali	NW: ad antro, alto circa 3 m, al termine della spiaggia di Capo Noli a livello tidale pozzo: diametro medio 1 m, sulla falesia, 44° 11' 48.478" N 8° 25' 30.202" E 12 m s.l.m. SE: pertugio semisommerso, largo circa 1 m
Esposizione (azimut)	302° (ingresso NW); 100° (ingresso SE)
Lunghezza della parte residua di grotta naturale	77 m
Sviluppo complessivo compreso il tunnel	254 m
Lunghezza della parte di grotta soggetta a radiazione diretta	8 m dalla base del pozzo, ma l'area è solo di 1 m² circa 1 m dall'ingresso NW
Angolo incidenza radiazione diretta	46° - 0°
Lunghezza della zona crepuscolare (radiazione diffusa > 10% della radiazione esterna)	20 – 30 m (secondo stagione e copertura nuvolosa) nel tunnel
Lunghezza della zona buia	45 m (galleria epifreatica); tutto il tunnel ha radiazione > 1%
Giorni/anno di irraggiamento solare diretto dell'imbocco	143 giorni/anno

L'altro ingresso, tutt'ora esistente sulla falesia sotto l'Aurelia, era così descritto da Massucco (1972): "Un pozzo da 11 m immetteva in una galleria di 2-4 m di larghezza (il "cunicolo" di AA.VV.), parzialmente allagata e ricca di caratteristiche concrezioni, fra cui maestose colonne. Poteva essere percorso in canotto per una cinquantina di metri sino a una spiaggetta dalla quale si poteva accedere alla saletta terminale". "Risalendo il cumulo detritico si poteva proseguire in cunicoli in cui si avvertivano periodicamente correnti d'aria" (Raciti, 1974). La "spiaggetta", non costituita da depositi marini, aveva "resti di *Ursus spelaeus*" (Raciti, 1974) e una "calotta cranica dell'uomo di Cro-Magnon". Invece il riempimento di cavità fossili presso l'attuale imbocco NW, ha dato fossili marini del Pleistocene superiore (Motta & Motta, 1989). L'acqua della galleria era "salmastra in superficie per connessione tra acque dolci e salate attraverso un sifone che metteva in comunicazione con la cavità posta più a S direttamente sul mare." (Raciti, 1974), e la profondità massima sui 6,50 m.

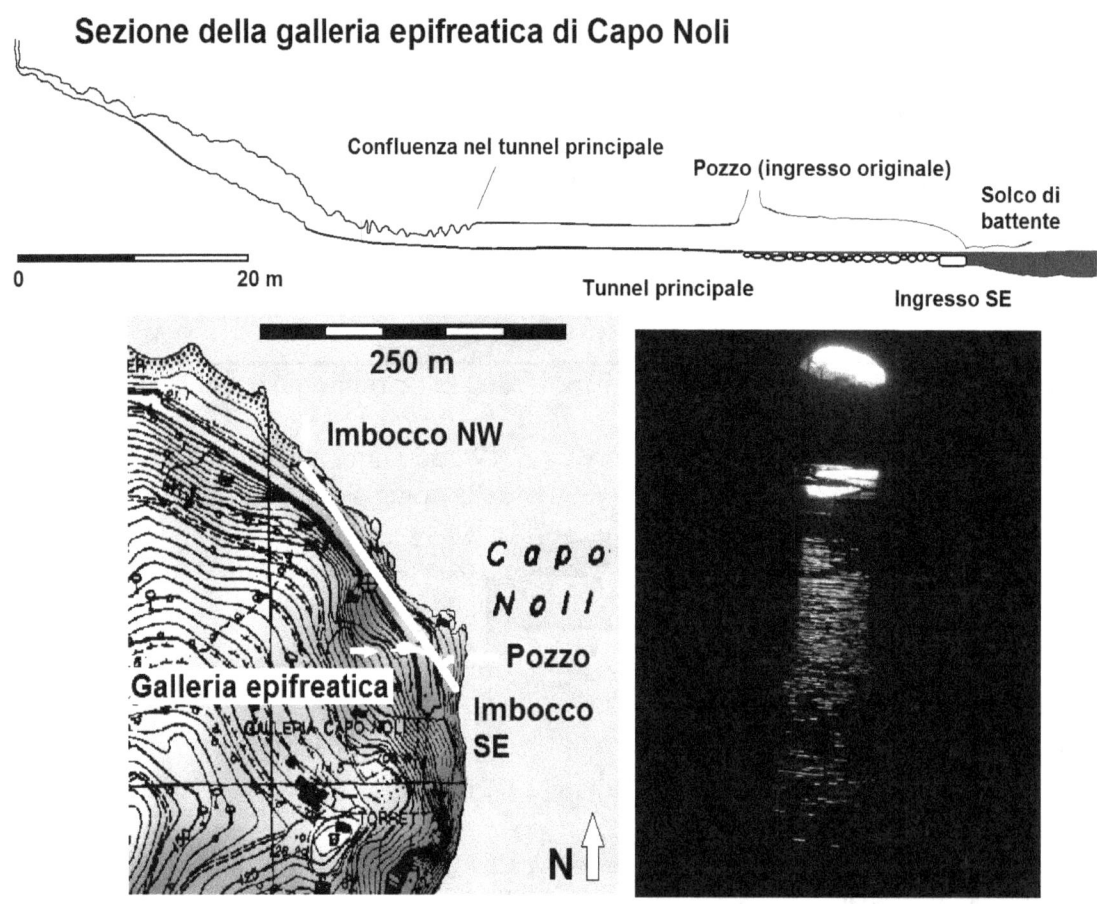

Fig. 3.12 – A sinistra: posizione della grotta rispetto alla superficie topografica esterna. A destra: Il 3.3.20, dopo una forte pioggia, nel tunnel affiora la falda idrica.

Nell'estate 1972 il Comune di Noli ha fatto scavare circa 100 m di galleria dall'attuale ingresso NW alla saletta terminale della grotta, distruggendo la morfologia originaria della "galleria parzialmente allagata" per farci passare un tubo fognario. La parte sommersa è stata quasi interamente colmata coi detriti di scavo; all'estremità SE è stato aperto un passaggio che porta al mare, circa all'altezza del vecchio sifone, chiuso dai detriti. Oggi la grotta si presenta come un tunnel perfettamente dritto che corre parallelo alla costa a non più di 12-13 m dalla superficie topografica (di cui i primi 100 m sono artificiali, il resto è la galleria originaria allargata e regolarizzata), lungo circa 210 m, alto fra 2 e 3 m, largo fra 3 a 4 m. Una trentina di m circa prima del termine SE vi si immette il "pozzo da 11 m" descritto da Massucco. Al termine SE il tunnel sbuca in un solco di battente attivo. A 170 m dall'ingresso NW del tunnel una galleria epifreatica leggermente ascendente si dirama verso WNW terminando dopo circa 15 m in una sala di crollo, occupata da un grande accumulo a conoide di blocchi cementati da crostoni stalagmitici, una quindicina di metri sotto la superficie topografica. All'apice della conoide parte un cunicolo ascendente in parte occupato da blocchi franati, che porta in una decina di metri a un pozzo – fessura verticale (forse percorribile da qualche strettoista). Quest'ultima parte corrisponde ai "cunicoli in cui si avvertivano periodicamente correnti d'aria" di Raciti; ancora oggi, con mare grosso, in essa l'aria oscilla violentemente in maniera sincronizzata al moto ondoso. Ha quindi le caratteristiche di quello che in geomorfologia costiera è detto *trou souffleur*, e il suo sbocco esterno dovrebbe essere facilmente riconoscibile (ma sopra la via Aurelia, in zona di accesso vietato).

In due stadi del Pleistocene superiore il sistema ipogeo si trovava in gran parte sotto il livello del mare (Biancotti & Motta, 1989). Durante l'ultima glaciazione la grotta emerse, diventò accessibile ai grandi mammiferi e all'uomo (Motta & Motta, 1989), e in essa si formarono stalagmiti e un arco naturale sotto il livello marino attuale (Zucchiatti, 1972); il reticolo ipogeo attivo si raccordò a un livello di base una decina di metri sotto la grotta, oggi corrispondente a due risorgenze sottomarine a una decina di metri di profondità, una leggermente più spostata verso Noli (NW), visibile in immersione per il caratteristico effetto ottico tremolante dell'acqua dolce che fuoriesce dal fondale, una più spostata verso Varigotti, che dà una splendida colorazione azzurra al mare. La grotta di Capo Noli nel 1972 era in condizioni epifreatiche, ma subito dopo i lavori fognari Raciti (1974) affermava che "accoglie solo acqua di riflusso marino".

Fig. 3.13 – La galleria epifreatica ha la tipica sezione semicircolare con soffitto a pendenti.

L'acqua è presente come:
- stillicidi temporanei nella galleria epifreatica e nel tunnel fra l'ingresso a pozzo e 80 m dall'ingresso NW;
- acqua marina, con mare calmo sino a 10-35 m dall'ingresso SE a seconda della marea, con mare mosso sino a ~ 70 m; nel 1971 era salmastra sino a 2 m di profondità;

- acqua salata e aerosol dei frangenti che entrano dal pozzo durante le mareggiate;
- falda salmastra sotto il tunnel (cuneo salino), che affiora dopo le forti piogge, allagando una sessantina di metri di tunnel;
- umidità dell'aria.

Fig. 3.14 – A sinistra: il vecchio pozzo d'ingresso visto da sotto. A destra: l'ingresso SE in bassa marea.

Fig. 3.15 – A sinistra: l'imbocco NW. A destra: sommità della conoide di crollo e imbocco cunicolo finale (ph. Martina Motta).

Nel periodo di surplus idrico il terreno è saturo d'acqua e ci si deve attendere stillicidio in grotta molto più esteso e abbondante. Niente più che stillicidi o l'affioramento della falda nel tunnel, perché la piovosità di Capo Noli è 602 mm/anno (Motta, 1987), e l'evapotraspirazione (fig. 3.16) di 485 (2016-17) - 543 mm (2017-18) ne lascia solo 117 - 59 mm/anno per l'infiltrazione. In deficit idrico ci si deve attendere che eventi piovosi normali non attivino stillicidi.

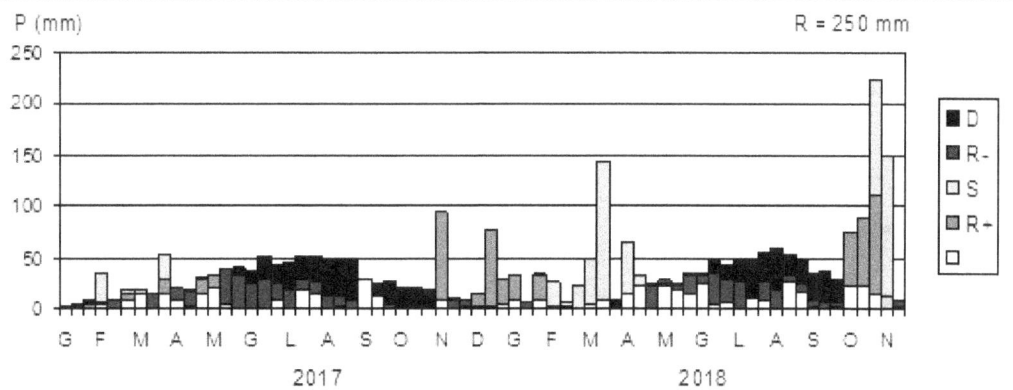

Fig. 3.16 – Evapotraspirazione. R è stato assegnato in base a suolo e vegetazione di Capo Noli. D: deficit idrico; R-: uso della riserva idrica; R+: ricarica della riserva idrica; S: surplus idrico. Evapotraspirazione reale: somma aree grigie e R-; evapotraspirazione potenziale: somma aree bianche, R- e D; precipitazioni: somma aree bianche, R+ e S.

L'altitudine massima teorica della zona d'infiltrazione sopra la grotta è 276 m s.l.m.; in base a Biancotti *et alii*, 1991, quasi certamente è meno di un centinaio di metri, cui corrisponde una differenza di soli 0,87°C fra i gradienti altimetrici di acqua e aria (2,34 °C/km e 6,5 °C/km; Badino, 2010); inoltre la circolazione idrica è modesta, per cui in questa grotta il raffreddamento per diversità di gradiente altimetrico dell'acqua è trascurabile.

I tre ingressi del tunnel sono praticamente alla stessa quota, ma esposti diversamente ai fattori che variano la pressione barometrica: vento, onde, irraggiamento solare. Il tunnel è come un tubo dritto e orizzontale, in cui l'aria può fluire liberamente senza grosse variazioni di sezione, allagato a un'estremità. La ventilazione del tunnel non è come potrebbe sembrare, dipendente dal vento esterno, perché (in accordo con Olgyay, 1990) con tramontana/brezza di terra le uscite SE e pozzo hanno piccolo diametro troppo rispetto all'ingresso; con scirocco/brezza di mare è la perpendicolarità del pozzo rispetto al tunnel che ostacola una corrente verso l'ingresso NW. La vera causa sono le onde: già con mare poco mosso esse chiudono completamente l'ingresso SE e, comprimendo ed espandendo l'aria come in una pompa da bicicletta, fanno oscillare l'aria in tutta la grotta (Motta, 2021).

All'ingresso SE il tunnel è pavimentato da blocchi semisommersi sino alla verticale del pozzo, dopo la quale c'è una duna sabbiosa alta ~ 1 m e lunga ~ 20 - 30 m. Più avanti ci sono sabbie limose con *ripple* simmetrici o diretti verso NW. Il pavimento all'inizio della galleria epifreatica è di ghiaia e sabbia coperti di legno e plastica fluitati (fig. 3.17); oltre il punto massimo di arresto delle onde, è di blocchi calcarei, crostoni stalagmitici e materiali di decalcificazione. Alla base del pozzo-fessura terminale ci sono detriti vegetali caduti dall'esterno o portati da roditori.

Il ciclo stagionale è stato studiato con misure ogni 3 – 10 m in tutta la grotta, il 29.12.2017, 3.3.2020, 3.4.2018, 19.7.2018, 8.10.2018. Le misure 2017-18 sono pubblicate in Motta & Motta (2019).

La variabilità stagionale delle temperature risulta dipendere sia dalla distanza dall'ingresso, sia dal materiale. In aria e sedimento è quasi costante in tutto il tunnel salvo le estremità; alle superfici diminuisce dall'imbocco NW sino al bivio con la galleria epifreatica, poi risale verso l'acqua marina dell'ingresso SE, nella quale è poco più che in superfici e sedimento e meno che in aria, come è ovvio data la capacità termica di roccia, acqua e aria.

Appena si passa dal tunnel alla galleria epifreatica le variazioni stagionali diminui-scono rapidamente, specie in superfici e sedimento. Al fondo in aria sono maggiori che nel sedimento, come è ovvio, ma nettamente più basse che nell'acqua marina dell'ingresso SE (quindi la temperatura dell'aria non segue pedissequamente quella dell'acqua).

Fig. 3.17 – A sinistra: il moderno sedimento segno di massima altezza delle onde nella galleria epifreati-ca: la plastica! (ph. Martina Motta, 3.3.19). A destra: i ripple del pavimento del tunnel.

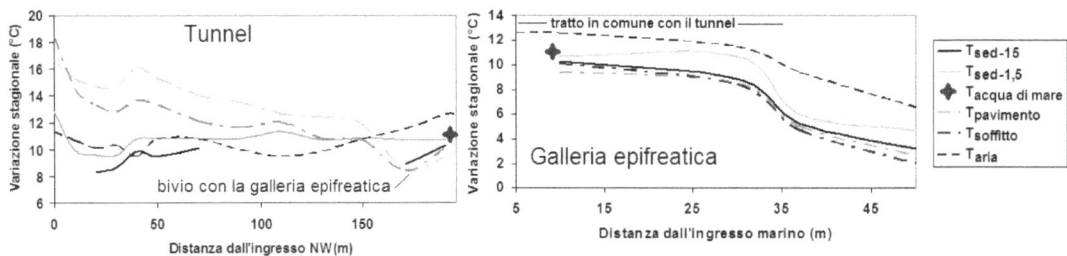

Fig. 3.18 – Variazioni stagionali di temperatura.

La dinamica stagionale del tunnel è probabilmente la seguente.

D'inverno il permanente squilibrio termico fra pavimento allagato da calda acqua marina e resto del tunnel crea ascendenza nell'aria che fa condensare umidità sulle su-perfici (effetto "parete fredda"), scaldandole. L'aria così asciugata in parte ridiscende, in parte si diffonde nel tunnel, oscillando continuamente a causa delle onde. Da centro tunnel sino all'ingresso NW l'aria, raffredda fortemente le superfici per evaporazione ma non si umidifica sensibilmente. All'imbocco NW entra aria esterna sia per i moti o-scillatori, sia per i venti settentrionali: di giorno relativamente calda, di notte fredda e povera di umidità assoluta per cui, scaldandosi, diventa estremamente asciutta. L'aria esterna invernale è più fredda dell'acqua marina tutto il giorno: perciò questi processi non cessano neanche nelle ore più calde.

In primavera il tunnel è come un tubo in cui oscilla aria: le estremità hanno pavi-mento riscaldato (a una dall'irraggiamento, all'altra dall'acqua di mare) e soffitto raffreddato (dall'evaporazione superficiale); a centro tunnel sia pavimento sia soffitto raffreddano l'aria oscillante lungo di essi. Il bilancio complessivo è un leggero raffred-damento dell'aria, nonostante il riscaldamento alle estremità; in altri termini la convezione forzata creata dal moto ondoso converte l'energia termica dell'aria in ener-gia di vaporizzazione.

In estate oscilla aria leggermente più calda delle pareti. Dal pozzo entra aria fresca e asciutta che si scalda e umidifica a contatto con l'acqua sottostante. Nei primi cinquanta metri di tunnel dal pozzo, l'aria scorre lungo il soffitto condensandovi umidità, e ritorna al pavimento più fredda di circa 3°C. A centro tunnel l'aria oscillando facilita l'evaporazione raffreddando le superfici, mentre presso l'ingresso NW l'oscillazione fa entrare aria calda esterna.

In autunno continua una debole circolazione convettiva in gran parte del tunnel: l'aria, scaldata e umidificata dall'acqua marina, scorre contro il soffitto fino a una trentina di metri dal pozzo scaldandolo e condensando umidità, poi in parte ritorna verso l'ingresso SE più fredda, in parte prosegue contro il soffitto verso l'ingresso NW ma, ormai piuttosto asciutta, oscillando continuamente raffredda per evaporazione le superfici.

Si hanno quindi le seguenti variazioni stagionali: lontano dall'ingresso SE il raffreddamento da evaporazione superficiale d'inverno è molto forte, in primavera diminuisce fortemente, in estate torna forte, in autunno diminuisce. All'ingresso SE queste variazioni sono mascherate dalla variabilità legata alle condizioni meteomarine, che variano lo scambio termico fra mare e grotta. Aria e sedimento del pavimento in inverno, primavera e estate si adeguano rapidamente alla stagione esterna, mentre in autunno conservano valori "estivi".

La dinamica stagionale della galleria epifreatica è probabilmente la seguente.

D'inverno (e primavera) l'aria si mescola poco con quella del tunnel per l'andamento ascendente della galleria: una "trappola d'aria calda" ben funzionante, un tempo sfruttata dall'*Ursus spelaeus* per il letargo invernale.

In primavera l'evaporazione superficiale raffredda un po' il sedimento e aumenta l'umidità assoluta dell'aria.

In estate aria calda del tunnel condensa sui soffitti della galleria epifreatica ("effetto parete fredda") creando stillicidio. L'aria raffreddata e deumidificata diventa più pesante di quella del tunnel e scende lungo il pavimento, asciugandolo completamente dove non cade stillicidio. In autunno quest'ultimo fenomeno si arresta (facilitando il mantenimento del calore sino all'inverno successivo).

Le stagioni intermedie sono asimmetriche: autunno umido e caldo come l'estate, primavera asciutta e fresca come l'inverno. Così la temperatura dell'aria (e quella del pavimento, che la segue con variazioni più ridotte) segue quella esterna senza gran ritardo (massimo e minimo coincidono con estate e inverno), ma ha due sole stagioni.

- Stagione calda e umida estiva – autunnale, in cui la galleria è più fredda del mare (T 17-22 °C, RH 73-97%): l'aria, instabile, si mescola con quella calda e umida del tratto di tunnel allagato. L'alta temperatura deriva sia dall'acqua marina, sia dalla minore evaporazione superficiale (per l'alta RH). L'acqua di stillicidio raffredda, d'estate solo perché evapora, in autunno anche per la bassa temperatura con cui arriva.

- Stagione fresca e asciutta invernale – primaverile, in cui la galleria è più calda del mare (T 11-15 °C, RH 30-83%): circolazione d'aria ridotta dalla stabilità dell'atmosfera; stillicidio scarso o assente.

Il tunnel è nel *range* termico 11 – 24 °C, normale nelle grotte dell'area (Motta & Motta, 2019), ma con marcata escursione termica anche lontano dagli ingressi. L'umidità varia molto con le stagioni e con la posizione, e quella assoluta è omogenea solo in autunno e primavera. Autunno e primavera sono egualmente in condizione intermedia fra estate e inverno, ma la primavera è molto più fredda e umida dell'autunno.

Si hanno i seguenti cambiamenti passando da una stagione all'altra:

Inverno – primavera: leggero riscaldamento, forte umidificazione

Primavera – estate: forte riscaldamento, leggera umidificazione

Estate – autunno: leggero raffreddamento, forte essiccamento

Autunno – inverno: forte raffreddamento, forte essiccamento

La galleria epifreatica è classificabile (Motta & Motta, 2019) "ambiente sotterraneo umido", avendo sempre RH > 75%; il tunnel "ambiente sotterraneo a comportamento stagionale" (ossia con escursione annua di RH > 25 e umidità variabile fra 20 e 100%) con due "stagioni" annuali di umidità: asciutta invernale – primaverile e umida estiva – autunnale. La causa di ciò non è la disponibilità d'acqua liquida (le stagioni più piovose sono primavera e autunno, il surplus idrico nei suoli è da novembre ad aprile, le mareggiate sono prevalentemente invernali), ma l'umidità assoluta dell'aria esterna e la differenza termica fra aria esterna e roccia ipogea, in funzione della quale l'aria entrante aumenta o diminuisce l'umidità relativa. Aumenta la stagionalità il facile ingresso d'aria asciutta d'inverno e umida d'estate.

La temperatura dell'acqua marina è un indicatore climatico largamente impiegato nelle zone costiere, compreso Capo Noli. Le sue variazioni stagionali sono maggiori di quasi 2°C in grotta, principalmente per un maggiore minimo invernale. La temperatura a dicembre 1971 e dicembre 2017 è quasi identica (14,6 e 14,7°C). Ciò perché, nonostante la grotta sia stata modificata dall'uomo, tutt'ora acque carsiche fredde (12,8 °C a febbraio 2020) vi si mescolano d'inverno all'acqua marina, rendendola più fredda dell'acqua marina all'esterno.

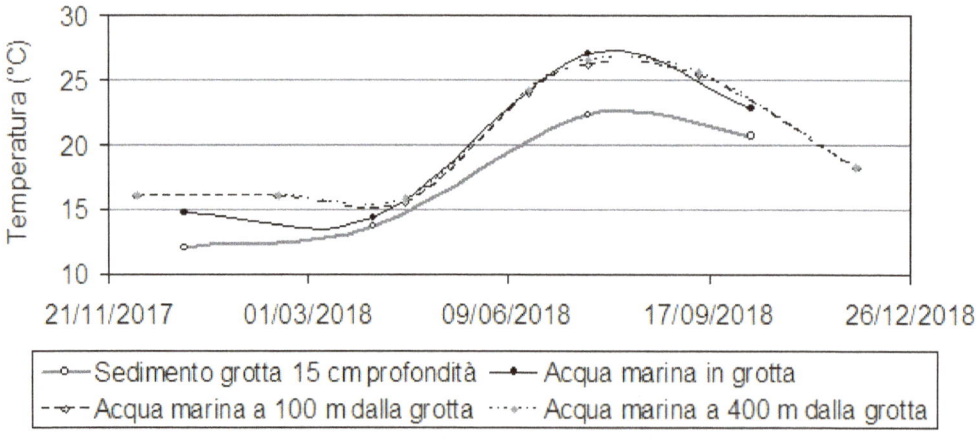

Confronto tra variazioni stagionali di temperatura

Fig. 3.19 – Confronto fra temperature di sedimento e acqua marina (sia in grotta, sia in mare aperto) nei giorni di misura del 2017-18.

La distribuzione sovente simmetrica di temperatura e umidità dimostra che, nonostante gli ingressi a diversa esposizione e il diametro ampio e costante della sezione, nel tunnel non c'è una corrente stagionale da un ingresso all'altro, ma solo l'oscillazione dell'aria causata dalle onde. La convezione forzata che crea facilita evaporazione superficiale, scambio termico fra aria e roccia e anche la diffusione dell'aria. Così aria e sedimento hanno la temperatura piuttosto omogenea tipica di grotte ben ventilate, più prossima all'aria esterna che all'acqua marina, salvo presso l'ingresso SE e, nel sedimento, vicino all'acqua di falda.

Lontano dall'ingresso allagato il tunnel risponde principalmente alle variazioni di temperatura dell'aria esterna, senza grossi ritardi. Fra ingresso SE e base del pozzo invece la dinamica varia con il moto ondoso e (secondariamente) l'escursione di marea. Con mare calmo e alta marea il pavimento è allagato da acqua marina, più calda dell'aria della grotta tutto l'anno. Ciò genera un movimento convettivo che, se il contrasto termico fra mare e aria è forte (autunno), si estende decine di metri oltre la base del pozzo. L'aria scalda i soffitti, e vi condensa umidità, generando stillicidio. Raffreddata e deumidificata, in parte ritorna verso l'ingresso SE lungo il pavimento (facendovi evaporare l'acqua di stillicidio caduta e così raffreddandolo), in parte scorre oscillando verso l'ingresso NW, raffreddando anche qui le superfici per evaporazione. È possibile che parte dell'aria calda nelle ore notturne esca dal pozzo, e forse ha contribuito in maniera anche determinante alla sua formazione: Dublyansky & Spötl (2015) segnalano in situazioni analoghe intensa corrosione da condensazione, che modella cavità a pozzo morfologicamente simili a pozzi epigenetici.

Condizioni sfavorevoli riducono o eliminano il movimento convettivo: la bassa marea riduce la superficie allagata; il vento da N, il contrasto con l'aria entrante dall'ingresso NW; l'ingresso a cascata di acqua e aerosol dal pozzo e la forte turbolenza creata dai frangenti all'ingresso SE con mare mosso elimina il contrasto termico, portando tutti i materiali fra ingresso SE e base del pozzo alla temperatura dell'acqua di mare.

I fattori che differenziano le condizioni termiche della grotta sono quindi i cambiamenti di stato (condensazione e evaporazione) innescati dalla convezione forzata dell'aria. Il sistema funziona complessivamente come una sorta di macchina che riscalda e asciuga in inverno, raffresca e umidifica in estate, e questo è il motivo principale della minore ampiezza di oscillazioni termiche rispetto all'aria esterna, piuttosto che un isolamento termico. L'energia per il funzionamento di questa macchina è fornita dal mare, sia come energia cinetica del moto ondoso, sia come energia termica dell'acqua marina, che è costantemente più calda di tutte le parti del tunnel.

Fig. 3.20 – A sinistra: misura di temperatura nel pavimento del tunnel. A destra: l'imbocco NW in giorno di onda lunga.

Nella galleria epifreatica solo il sedimento profondo è in isotermia, al contrario di gallerie a singolo ingresso analoghe ma lontane dal mare (Motta & Motta, 2016; 2017, 2019; Motta, 2019), suggerendo che l'aria oscillando si diffonda più facilmente. La dinamica dipende dalla differenza termica fra l'aria nel tunnel allagato e quella al fondo della galleria. La massa d'aria interna risulta molto stabile in inverno e primavera, instabile in estate e autunno. In primavera l'evaporazione raffredda tutte le superfici, in estate – autunno solo il pavimento (lungo cui scorre la corrente discendente), mentre sul soffitto condensa l'umidità della corrente ascendente. In inverno le pareti si asciugano completamente. In generale, quindi, la galleria è raffreddata (lentamente per la stabilità dell'atmosfera) dalla diffusione d'aria fredda esterna in inverno - primavera e dall'evaporazione superficiale in primavera; riscaldata da movimenti convettivi in estate e autunno.

Le grotte dei sistemi inattivi

Tronconi di sistemi sommitali

Il Pozzo delle Cento Corde (WGS84 44°9'47.023" N, 8°19'5.602" E) è fra gli esempi meglio conservati delle grotte sviluppate appena al di sotto della superficie sommitale degli altopiani carsici, in questo caso il più occidentale, quello di Rocce dell'Orera. Lunga 36 m e profonda 24 m, la grotta si apre al piede di un'antica falesia a 230 m s.l.m. Le pareti sono di *Pietra di Verezzi*, calcare della stessa formazione della Pietra di Finale (di cui è ancora più permeabile). L'ingresso ellittico, di circa 1 x 1.5 m (fig. 3.21), si apre su un pozzo gradinato di 10 metri che sfocia in una camera di 10 x 10 x 4 m; segue un secondo pozzo di 4 m e uno scivolo a 30-40°, alto 4 – 6 m e col pavimento di fango e ciottoli.

La morfologia ha evidenti somiglianze con quella dell'Andrassa: con ogni probabilità anche questa grotta in origine era il ponor di un *cockpit*, probabilmente già del tutto scomparso quando il mare arrivò a modellare la falesia in cui oggi si apre la grotta.

L'ambiente interno della grotta d'inverno è più umido dell'aria presso l'imbocco, che si apre in un versante arido e assolato, ma comunque ben lontano dalla saturazione (fig. 3.21). Nonostante l'andamento discendente, la grotta non è una "trappola d'aria fredda", ma in essa si diffonde l'aria esterna che mantiene la propria temperatura per diverse ore (Motta & Motta, 2019).

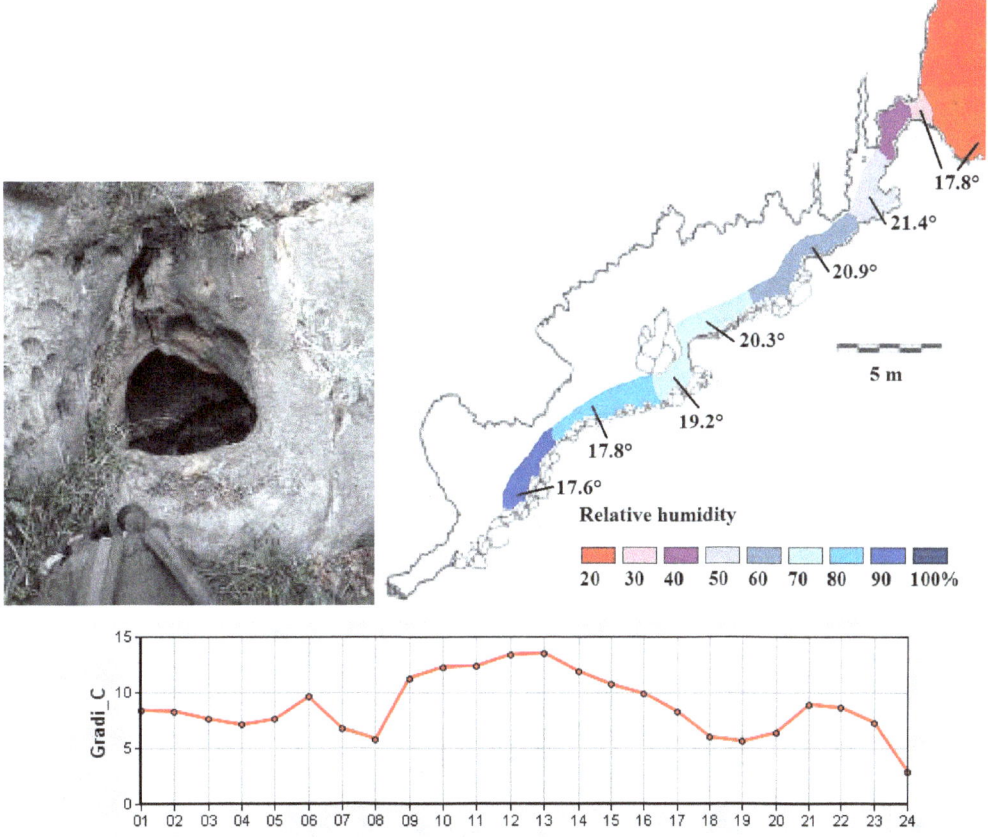

Fig. 3.21 – A sinistra in alto: l'ingresso (da www.catastogrotte.net). A destra: temperature dell'aria a 0,8 m dal pavimento misurate da M. Motta il 3 gennaio 2017, riportate su una sezione di Daniele Vinai, Rosalinda Farinazzo, Simone Baglietto, Mauro Rossi, Simona Mordeglia (Gestionale speleologico ligure, 2017). Al momento delle misure, sta entrando aria relativamente fredda, che si accumula evidentemente sul fondo (umidificandosi), mentre la parte alta della grotta conserva l'aria calda entrata nelle ore precedenti. In basso: temperatura media dell'aria a Calice Ligure il 3 gennaio 2017 (elaboraz. dati Arpal, 2017).

Le grotte inattive dei sistemi con livello di base attorno a 245-260 m s.l.m.

L'Arma do Principà (detta anche A. inferiore do Principa'a e A. do Martin) si apre sul versante Valle Urta della Rocca Carpanea, un piccolo altopiano carsico fra le valli Urta e Aquila (coordinate WGS 84: 44° 11' 56.015" N, 8° 18' 53.663" E, 255 m s.l.m.) Come l'Andrassa, la grotta segue il limite geologico fra "*Dolomie di San Pietro dei Monti*" e "*Pietra di Finale*". La grotta ha le caratteristiche di quelle nate in zona freatica con forma a tubo, successivamente diventate con sezione a buco di serratura in zona vadosa e infine, una volta divenute inattive, ostruite in gran parte dal concrezionamento di speleotemi. La grotta, percorribile per 30 m, inizia con una sala, raccordata da uno stretto tunnel a una seconda e ultima sala.

Pur essendo a prevalente sviluppo orizzontale, la grotta presenta un alto portale d'ingresso: è possibile che tale morfologia derivi da un rimodellamento in ambiente costiero durante il Pleistocene inferiore, quando il mare giunse alla stessa quota o quasi della grotta (almeno 245 m; vedi capitolo sull'evoluzione morfotettonica). È possibile pertanto che la parte di grotta oggi accessibile fosse la risorgenza più o meno semisommersa del sistema.

Mancando la circolazione idrica, la grotta è molto asciutta, specie all'ingresso (fig. 3.23) L'alternanza di sale e strettoie, favorendo l'intrappolamento di masse d'aria calda presso la volta delle sale (Motta & Motta, 2019) la rende calda anche d'inverno (fig. 3.24), pur essendo ben areata, grazie allo squilibrio della densità dell'atmosfera interna (fig. 3.25).

Fig. 3.22 – L'ingresso visto da fuori e da dentro.

Questa situazione è comune alla maggioranza delle grotte inattive in Pietra di Finale, e sicuramente ha contribuito a renderle nel passato un ottimo rifugio sia per gli animali sia per l'uomo.

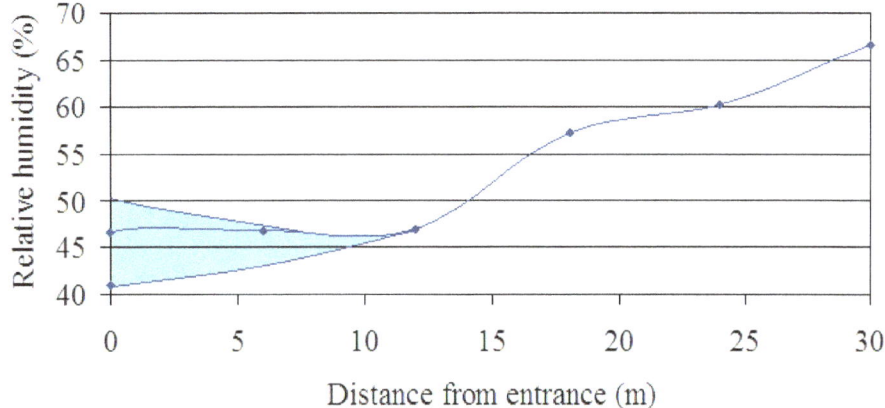

Fig. 3.23 – Umidità relativa l'8 dicembre 2017 all'ora del tramonto. L'area azzurra rappresenta il campo di variazione fra le 16:30 e le 17:30.

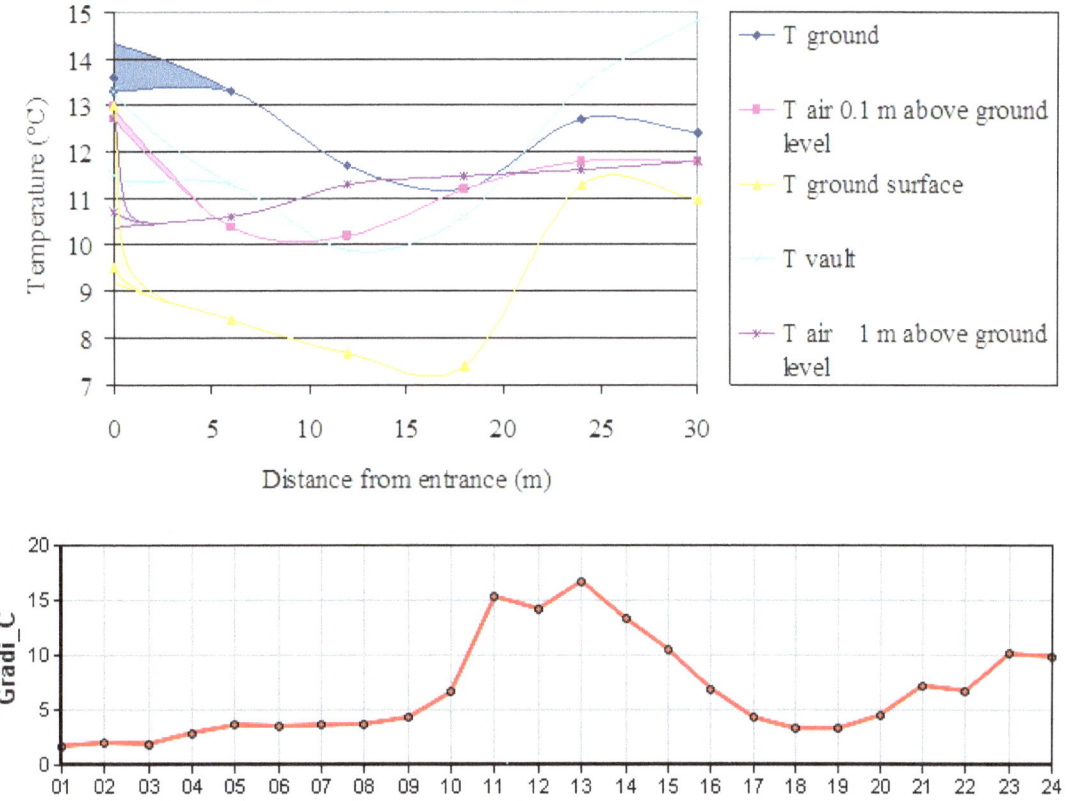

Fig. 3.24 - Confronto fra le temperature nella grotta (sopra, con le eventuali variazioni fra le 16:30 e le 17:30 rappresentate con aree colorate) e alla stazione ARPAL di Calice Ligure – Ca Rosse l'8 Dicembre 2017.

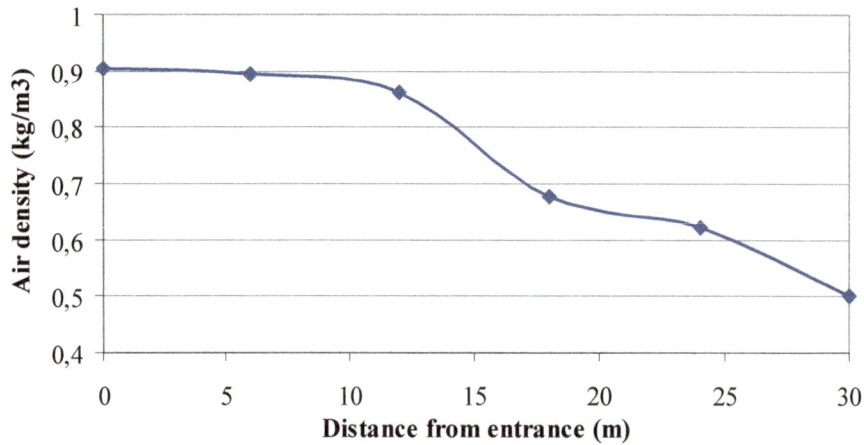

Fig. 3.25 – Densità dell'aria l'8 Dicembre 2017, 1 m sopra il livello del pavimento.

4. I microclimi ipogei

Caratteristiche generali del microclima ipogeo nel Finalese

La sedimentazione di terre rosse e detriti nei pozzi, il concrezionamento, il crollo di soffitti (*cave breakdown*), l'intasamento di sezioni di galleria a opera di sedimenti fluitati, modificano generalmente la morfologia originaria delle grotte finalesi in una successione di ampie camere e strettoie. Di norma, il reticolo ipogeo inattivo rimane ostruito e/o troncato. Così, con poche eccezioni, l'aria (così come l'uomo) non entra dalla via che seguiva l'acqua, ma da fenestrature laterali, aperte dalla progressiva riduzione degli altopiani carsici, il cui bordo è eroso sino a intercettare le grotte (Biancotti & Motta, 1989). In riferimento a questi nuovi ingressi, grotte nate allo stesso modo possono oggi apparire ad andamento orizzontale, ascendente o discendente.

La maggior parte delle grandi grotte con circolazione d'aria (e tutte quelle di cui si descriverà il microclima) sono spezzoni di antiche gallerie che seguono interstrati della Pietra di Finale, privi di corsi d'acqua perenni, e in origine erano ponor aperti in depressioni carsiche (polje e *cockpit*), di cui drenavano le acque. Al giorno d'oggi, poiché le depressioni carsiche sono state sfondate e trasformate in valloni dall'erosione del bordo degli altopiani carsici, queste grotte si aprono a metà versante, in posizione tale che nemmeno con precipitazioni eccezionali l'acqua può entrarvi dall'ingresso. Poiché nel Finalese piovono 1200 - 1300 mm/anno (Agrillo & Bonati, 2013), i suoli raramente hanno surplus idrico (Motta & Motta, 2019a), sicché molte grotte e parti di grotta non hanno stillicidio neanche dopo le piogge, e anche nelle grotte più umide, ad eccezione della Pollera-Buio e della Mala, per gran parte dell'anno l'acqua presente è solo in veli parietali o in pozze quasi stagnanti alimentate da stillicidio. In queste grotte durante i normali eventi piovosi aumentano stillicidio e pozzanghere, ma solo eventi eccezionali creano un vero deflusso idrico e allagano gli ambienti inferiori (Motta & Motta, 2016a e b).

Principali caratteristiche delle grotte studiate

Le tabelle da 4.1 a 4.9 riportano le caratteristiche delle grotte più rappresentative di cui è stata studiata l'atmosfera interna, che differiscono fra loro principalmente per ventilazione e stillicidio. Ulteriori dettagli su ombreggiatura degli ingressi, albedo delle superfici, effetti di schermatura, raffrescamento, esposizione al vento, ecc., sono in Motta & Motta (2019a); su sviluppo totale delle grotte comprese le diramazioni, bibliografia, rilievi originali… sono reperibili nel Catasto Speleologico Ligure (http://www.catastogrotte.net).

Il datum è WGS 84. Le lunghezze sono riferite alla galleria oggetto di misurazioni.

Tab. 4.1 – **Caratteristiche salienti dell'Arma Strapatente.**

Nome	Arma Strapatente
Posizione	44° 12' 41.354" N; 8° 21' 0.574" E; 340 e 329 m s.l.m.
Ingressi	2 su versanti opposti
Forma ingresso	antro di forma svasata
Morfologia interna	galleria lineare a camere e strettoie
Circolazione idrica	presente solo stillicidio e solo presso l'ingresso S

Esposizione	azimut 178° - 0°; inclinazione 25 – 45°
Altezza sul fondovalle	35 m
Altezza della parete d'ingresso	15 – 30 m
Effetti frangivento	rilievi (la continuazione della stessa parete in cui si apre la grotta) antistanti a distanza inferiore di 2,5 volte il dislivello con l'imbocco dall'ingresso N; barriera di sempreverdi alta come l'imbocco S
Lunghezza della parte di grotta soggetta a radiazione diretta	10,5 – 13,5 m
Angolo incidenza radiazione diretta	68°- 22°
Lunghezza della zona crepuscolare suddivisa in percentuali di radiazione rispetto alla radiazione all'ingresso	ingr. S: 4,3-8,0 m 10-1%, 11,9-12,9 m 1-0,1%, 16,4 m <0,1% ingr N: 12,3 m 10-1%, 18,0 m 1-0,1%, 27,0 m <0,1%
Lunghezza della zona buia	20,6 m < 0,1%; 32,1-33,1 m < 1%
Giorni/anno di irraggiamento solare diretto dell'imbocco	365 imbocco S, 0 imbocco N
Sedimento del pavimento	materiale di decalcificazione siltoso - sabbioso con blocchi graviclastici e flowstone
Ventilazione interna	frequente

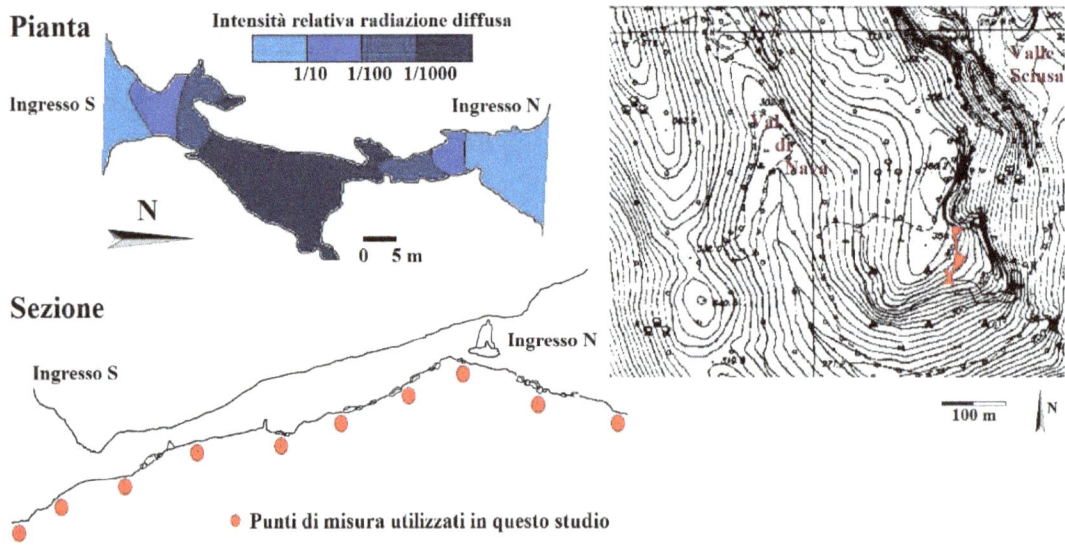

Fig. 4.1 – Mappa e sezione dell'Arma Strapatente con distribuzione della frazione di radiazione rispetto alla radiazione esterna, punti di misura delle temperature e posizione della grotta rispetto alla superficie topografica esterna. Rilievi di base da http://www.catastogrotte.net/pdf.php?mod=Navigator&num=210

Tab. 4.2 – Caratteristiche salienti della grotta del Mammut.

Nome	Mammut
Posizione	44°12'7,7''N 8°22'12,9 E 200 m s.l.m.
Ingressi	1
Forma ingresso	antro prolungato verso l'alto in una sottile fessura

Morfologia interna	lineare a sezione costante
Circolazione idrica	unicamente stillicidio temporaneo
Esposizione	azimut 225°; inclinazione 25 – 45°
Altezza sul fondovalle:	circa 20 m
Altezza della parete d'ingresso	circa 5-6 m
Effetti frangivento	rilievi antistanti a distanza inferiore di 2,5 volte il dislivello con l'imbocco; barriera di sempreverdi alta come l'imbocco
Lunghezza della parte di grotta soggetta a radiazione diretta	1- 9 m
Angolo incidenza radiazione diretta	63° - 10°
Lunghezza della zona crepuscolare	4 - 10 m
Lunghezza della zona buia	0 – 6 m
Giorni/anno di irraggiamento solare diretto dell'imbocco	365
Sedimento del pavimento	materiale di decalcificazione argilloso - limoso – sabbioso con ciottoli graviclastici
Ventilazione interna	Assente

Tab. 4.3 – Caratteristiche salienti della grotta Doppia di Rio dell'Arma.

Nome	Doppia di Rio dell'Arma
Posizione	44° 11' 53.732" N 8° 22' 22.818" E, 245 m s.l.m. (Gestionale Speleologico Ligure, 2017), 213 m (CTR)
Ingressi	2 su medesimo versante
Forma ingresso	antro di forma fortemente svasata
Morfologia interna	sinuosa a sezione variabile
Circolazione idrica	stillicidio occasionale
Esposizione	azimut 223°; inclinazione 25° - 45°
Altezza sul fondovalle	10 m
Altezza della parete d'ingresso	15 – 20 m
Effetti frangivento	rilievi a distanza inferiore di 2,5 volte il dislivello con l'imbocco
Lunghezza della parte di grotta soggetta a radiazione diretta	9 – 14 m
Angolo incidenza radiazione diretta	64° - 12°
Lunghezza della zona crepuscolare suddivisa in percentuali di radiazione rispetto alla radiazione all'ingresso	7,2-10,5 m 10-1%, 10,5-13,2 m 1-0,1%, 13,2 - 16 m <0,1% (valori a maggio)
Lunghezza della zona buia	2 m
Giorni/anno di irraggiamento solare diretto dell'imbocco	365
Sedimento del pavimento	materiale di decalcificazione limoso – argilloso con ciottoli graviclastici
Ventilazione interna	Assente

Grotta del Mammut

Sezione

0   5   10 m

- Punti di misura utilizzati in questo studio
- Grotta del Mammut
- Grotta Doppia di Rio dell'Arma

1/10   1/100   1/1000   Intensità relativa radiazione diffusa

Grotta Doppia di Rio dell'Arma

Pianta

N

5 m

Sezioni

galleria di sinistra

galleria di destra

5 m

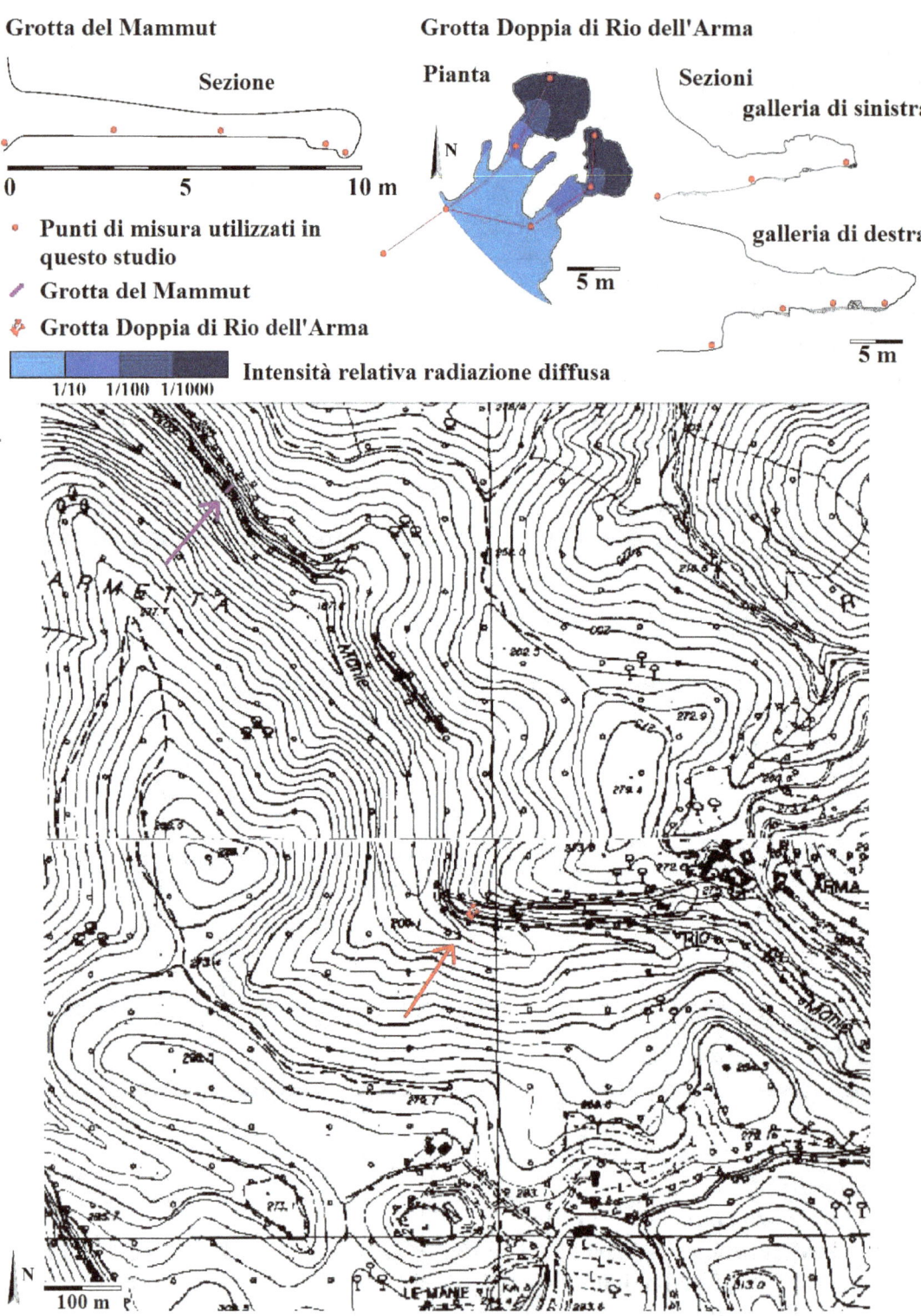

Fig. 4.2 – Grotte del Mammut e Doppia di Rio dell'Arma.

Tab. 4.4 – Caratteristiche salienti dell'Arma da Poussanga.

Nome	Arma da Poussanga
Posizione	44°12'03" N, 4°8'15" W, 260 m s.l.m.
Ingressi	1
Forma ingresso	inghiottitoio di dolina
Morfologia interna	Ingresso su largo e basso salone di crollo, seguito da gallerie sinuose alternate a camere
Circolazione idrica	rigagnolo stagionale all'inizio della camera terminale, che è anche l'unico punto con stillicidio
Esposizione	azimut 270°; inclinazione 0° - 25°
Altezza sul fondovalle	20 m
Altezza della parete d'ingresso	7 – 10 m
Effetti frangivento	effetto schermante della depressione della dolina sita all'imbocco; effetto raffrescante di una barriera di decidue alta oltre il 100% dell'ingresso
Lunghezza della parte di grotta soggetta a radiazione diretta	0 m
Lunghezza della zona crepuscolare	15 m
Lunghezza della zona buia	64 m
Giorni/anno di irraggiamento solare diretto dell'imbocco	183 (parete soprastante l'imbocco)
Sedimento del pavimento	depositi graviclastici nel salone d'ingresso, argille limose nella parte profonda
Ventilazione interna	assente

Tab. 4.5 – Caratteristiche salienti dell'Arma do Rian.

Nome	Arma do Rian
Posizione	44° 11' 58.308" N, 8° 18'51.695" E 275 m s.l.m.
Ingressi	uno solo conosciuto, probabilmente connessa al sottostante sistema Pollera – Buio
Forma ingresso	antro svasato
Morfologia interna	galleria principale costituita da un'alternanza di strettoie concrezionate e saloni di crollo
Circolazione idrica	stillicidio occasionale
Esposizione	azimut 247°; inclinazione 25° - 45°
Altezza sul fondovalle	30 m
Altezza della parete d'ingresso	8 m
Effetti frangivento	effetto schermante di una barriera di sempreverdi e decidue alta come l'imbocco

Lunghezza della parte di grotta soggetta a radiazione diretta	0 – 16 m
Angolo incidenza radiazione diretta	54° - 0°
Lunghezza della zona crepuscolare	24 – 38 m
Lunghezza della zona buia	77 m
Giorni/anno di irraggiamento solare diretto dell'imbocco	273
Sedimento del pavimento	depositi graviclastici e materiali di decalcificazione sabbioso - limosi
Ventilazione interna	limitata ai primi 50 m circa dall'imbocco

Tab. 4.6 – Caratteristiche salienti dell'Arma del Buio.

Nome	Arma del Buio
Posizione	44° 11' 47.74" N, 8° 19' 0.253" E 181 m s.l.m.
Ingressi	1 (un sifone isola la sua circolazione d'aria dagli ingressi dell'Arma Pollera)
Forma ingresso	camera
Morfologia interna	galleria epifreatica sinuosa a sezione molto variabile, con sifoni
Circolazione idrica	risorgenza di piccola portata attiva normalmente dall'inverno all'estate
Esposizione	azimut 227°; inclinazione 25° - 45°
Altezza sul fondovalle	30 m
Altezza della parete d'ingresso	3-6 m
Effetti frangivento	assenti
Lunghezza della parte di grotta soggetta a radiazione diretta	1-2 m
Angolo incidenza radiazione diretta	62° - 9°
Lunghezza della zona crepuscolare	18 m
Lunghezza della zona buia	2110 m (compresa l'Arma Pollera)
Giorni/anno di irraggiamento solare diretto dell'imbocco	365
Sedimento del pavimento	argille limoso – sabbiose con ciottoli calcarei
Ventilazione interna	assente

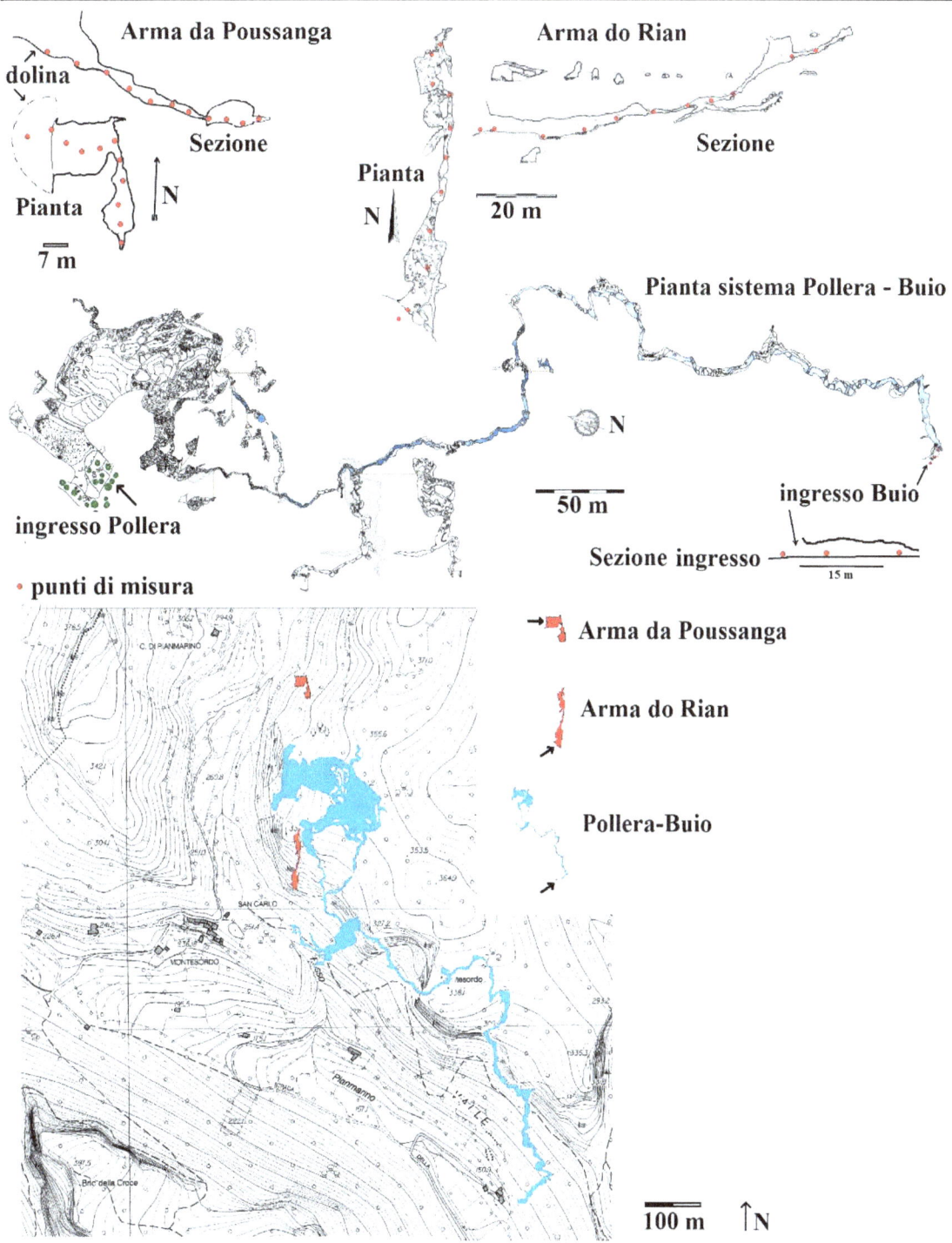

Fig. 4.3 – Arme Poussanga, Rian e Buio.

Tab. 4.7 – Caratteristiche salienti della Grotta di S. Antonino.

Nome	Grotta di S. Antonino
Posizione	44° 11' 40.31" N 8° 19' 20.43" E, 283 m s.l.m. (Gestionale Speleologico Ligure, 2017), 285 m (CTR)
Ingressi	1 conosciuto (probabilmente 2)
Forma ingresso	pertugio nel pavimento della cripta di una chiesa
Morfologia interna	alternanza di fessure – pozzo ripide e gallerie sinuose concrezionate
Circolazione idrica	sempre asciutta nei primi 10 m sottostanti la chiesa; altrove stillicidio solo occasionale, ma veli d'acqua superficiali tutto l'anno salvo d'inverno
Esposizione	azimut zenitale; inclinazione 0° - 25°
Altezza sul fondovalle	135 m
Altezza della parete d'ingresso	0 m
Effetti frangivento	ingresso in una cripta munita di feritoie sempre aperte sul lato W
Lunghezza della parte di grotta soggetta a radiazione diretta	0 m
Lunghezza della zona crepuscolare	1 m
Lunghezza della zona buia	40 m
Giorni/anno di irraggiamento solare diretto dell'imbocco	0
Sedimento del pavimento	materiali di decalcificazione limoso – sabbiosi misti a detriti di costruzione della chiesa
Ventilazione interna	frequente, tipo "ingresso alto"

Tab. 4.8 – Caratteristiche salienti della Grotta dell'Uccelliera.

Nome	Grotta dell'Uccelliera
Posizione	32T 445917 E 4893057 N 129 m s.l.m.
Ingressi	1
Forma ingresso	ridotto a una porta e una finestra (senza infissi) per la costruzione in antico di un muro di chiusura
Morfologia interna	sinuosa a sezione costante
Circolazione idrica	rari stillicidi temporanei nella parte finale; nella parte iniziale perennemente asciutta
Esposizione	azimut 199°; inclinazione 0° - 25°
Altezza sul fondovalle	70 m
Altezza della parete d'ingresso	4 – 6 m
Effetti frangivento	rilievi schermanti a distanza inferiore di 2,5 volte il dislivello con l'imbocco
Lunghezza della parte di grotta soggetta a	2 – 6 m

radiazione diretta	
Angolo incidenza radiazione diretta	68° - 22°
Lunghezza della zona crepuscolare	10 m
Lunghezza della zona buia	6 m
Giorni/anno di irraggiamento solare diretto dell'imbocco	365
Sedimento del pavimento	materiale di decalcificazione limoso – argilloso con ciottoli graviclastici
Ventilazione interna	assente

Tab. 4.9 – Caratteristiche salienti della Grotta della Matta.

Nome	Grotta della Matta o Arma del Sanguineto
Posizione	8°19'29",0 E 44°11'24",0 N 105 m s.l.m.
Ingressi	1
Forma ingresso	ampio finestrone laterale aperto a metà di una parete rocciosa
Morfologia interna	sinuosa a sezione variabile
Circolazione idrica	stillicidio perenne a circa 20 m dall'ingresso e nella camera terminale; altrove sempre asciutta
Esposizione	azimut 110°; inclinazione 25° - 45°
Altezza sul fondovalle	75 m
Altezza della parete d'ingresso	20 – 25 m
Effetti frangivento	no
Lunghezza della parte di grotta soggetta a radiazione diretta	8 m
Angolo incidenza radiazione diretta	52° - 0°
Lunghezza della zona crepuscolare	19 m
Lunghezza della zona buia	35 m
Giorni/anno di irraggiamento solare diretto dell'imbocco	365
Sedimento del pavimento	materiale di decalcificazione limoso - argilloso con ciottoli graviclastici e deiezioni di capra (prevalenti nella camera d'ingresso); alle due estremità opposte blocchi di crollo parzialmente cementati.
Ventilazione interna	Per diffusione, limitata all'imbocco

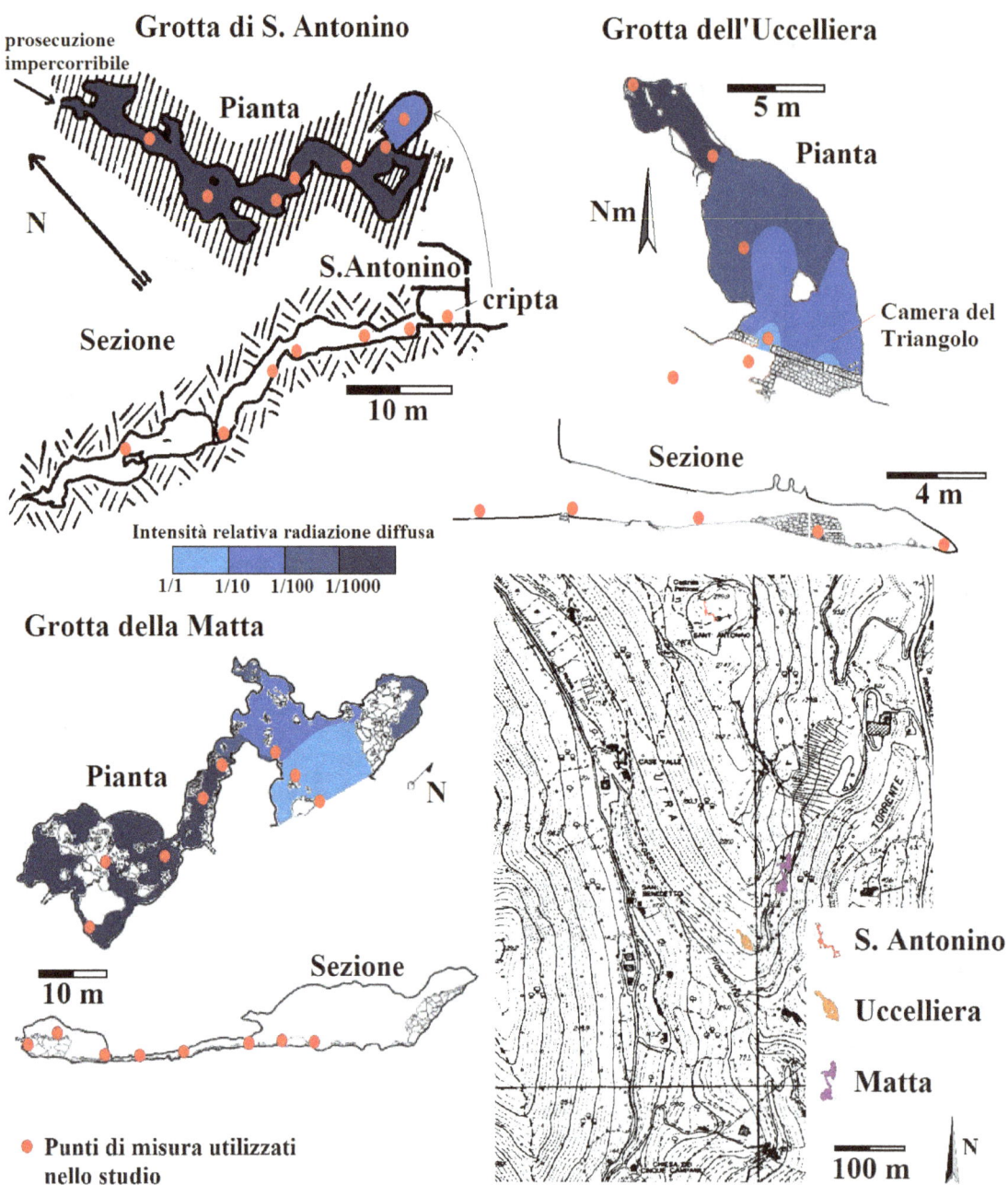

Fig. 4.4 – Grotte di S. Antonino, Uccelliera e Matta. Nelle piante, le parti in grigio/bianco hanno morfologia troppo accidentata per una valida misura della radiazione diffusa.

Variazione stagionale delle temperature nelle grotte studiate

ARMA STRAPATENTE

L'Arma Strapatente è una galleria ampia e molto ben ventilata, per la differenza di quota e esposizione fra i due ingressi. Conseguentemente in essa l'aria ha variazioni termiche stagionali praticamente eguali lungo tutta la grotta (fig. 4.5).

Il sedimento del pavimento ha temperatura media simile a quella dell'aria, ma all'ingresso S ha meno variazione stagionale dell'aria, mentre avviene il contrario a quello N. Il motivo più probabile è che l'imbocco S si comporta da "fine grotta" nei confronti della ventilazione interna *"DAF mode"* per un tempo più lungo (dalla primavera all'autunno) di quello in cui è invece l'imbocco N a fare da "fine grotta" per la ventilazione "*UAF mode*" (quella diretta verso l'imbocco alto).

Le superfici hanno variazioni stagionali comparabili all'aria fra 18 e 25 m circa dall'ingresso S. Intorno ai 10 m dall'ingresso S hanno invece alta variabilità stagionale, dovuta a stillicidio nelle stagioni umide. Esso ricopre le superfici di un velo d'acqua, permettendo alla ventilazione (in questa zona, a causa del restringimento della grotta, rafforzata dall'effetto Venturi) di aumentare fortemente l'evaporazione, raffreddando le superfici. Viceversa, le superfici fra 35 e 45 m dall'ingresso S, costantemente asciutte, hanno le minime variazioni stagionali della grotta (comunque forti in confronto ai valori tipici delle grotte finalesi).

Arma Strapatente

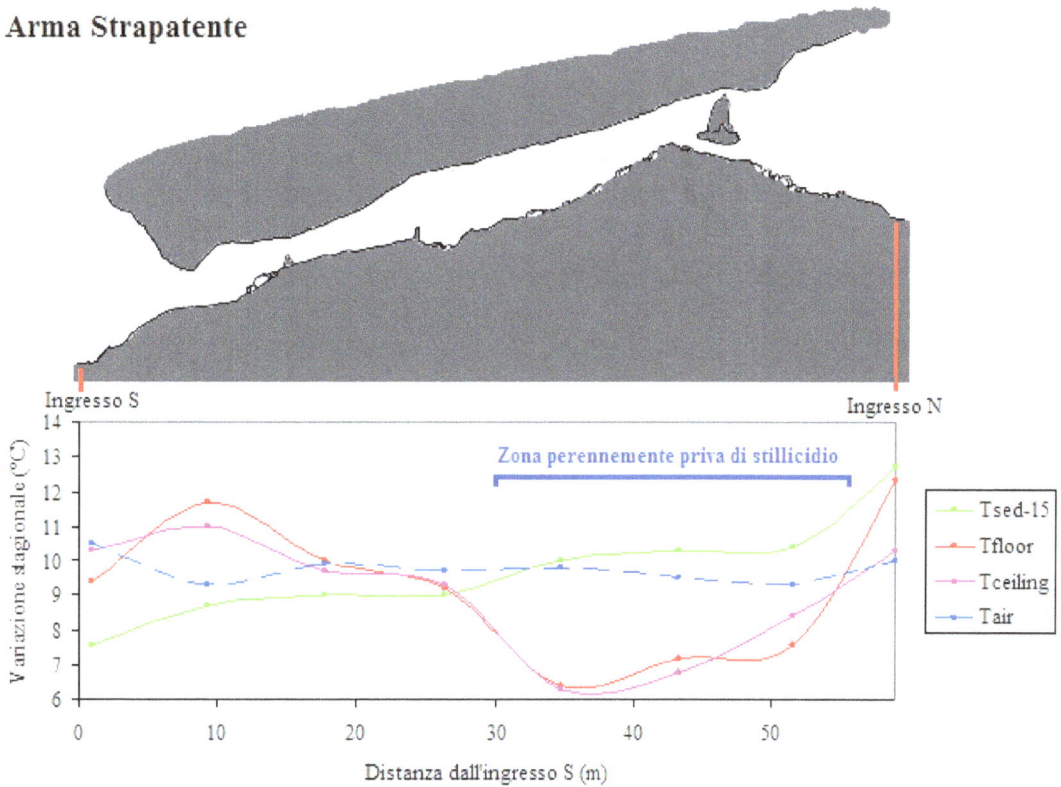

Fig. 4.5 – Grotta con due ingressi a quote differenti, forte ventilazione e stillicidio (stagionale in tutta la parte non marcata come perennemente asciutta). Aria e sedimento hanno temperature molto variabili con le stagioni, indipendentemente dalla distanza dagli ingressi. Soffitti e pavimenti interessati da stillicidio (10 m dall'ingresso S) hanno in superficie la massima variazione stagionale, a causa del raffreddamento da evaporazione; le altre superfici, sempre asciutte, hanno le variazioni stagionali più basse di tutta la grotta. Il profilo topografico esterno è rappresentato con approssimazione ± 5 m a causa del terreno molto accidentato.

GROTTA DI SAN ANTONINO

La grotta di S. Antonino (fig. 4.6) è costituita dalla coalescenza di pozzi lungo una frattura. Aprendosi al fondo della cripta (basso-medioevale) di una chiesa, ha la zona buia che inizia immediatamente dopo l'ingresso.

La grotta, sebbene solo il suo ingresso alto sia percorribile dall'uomo, risulta ben ventilata specie a metà, probabilmente per effetto camino dovuta alla connessione con una grotta della sottostante Falesia del Castello. Grazie a ciò l'aria ha variazioni termiche stagionali forti come quelle della Strapatente; in questo caso, però, esse decrescono allontanandosi dall'ingresso, sino a un minimo a circa 24 m dall'ingresso (corrispondente a metà distanza fra l'ingresso della cripta e la grotta della Falesia di S.Antonino?).

La causa più probabile di questa diversità con la Strapatente è la piccola sezione dei pozzi, che favorisce lo scambio termico aria – pareti, rendendo apprezzabile l'effetto smorzante dell'inerzia termica della roccia sulle variazioni stagionali.

Le variazioni stagionali del sedimento del pavimento ricalcano quelle dell'aria, come è ovvio su valori inferiori (di 2-3°C).

Molto interessanti le variazioni termiche stagionali relative alle superfici, il cui minimo corrisponde all'unico tratto con stillicidio perenne, dove il raffreddamento superficiale per evaporazione è ovviamente forte, ma costante nell'anno. Viceversa, le variazioni termiche stagionali sono massime all'ingresso, dove si alternano condizioni favorevoli alla condensazione superficiale in inverno (ventilazione in *"UAF mode"*) e condizioni asciutte in estate (*"DAF mode"*). Inoltre si può notare che le superfici umide (e quindi i cambiamenti di stato con le conseguenti variazioni termiche stagionali) a 5-11 m di distanza dall'ingresso sono più estese sui soffitti, mentre a 20 – 25 m dall'ingresso sono più estese sul pavimento, perché su di esso scorrono ampi veli d'acqua, mentre sul soffitto i punti di stillicidio sono ben localizzati. Tutto ciò suggerisce che i cambiamenti di stato non aumentano significativamente l'escursione termica annua dove avvengono per tutto l'anno, mentre se sono stagionali diventano la più efficace causa di alta escursione termica annua.

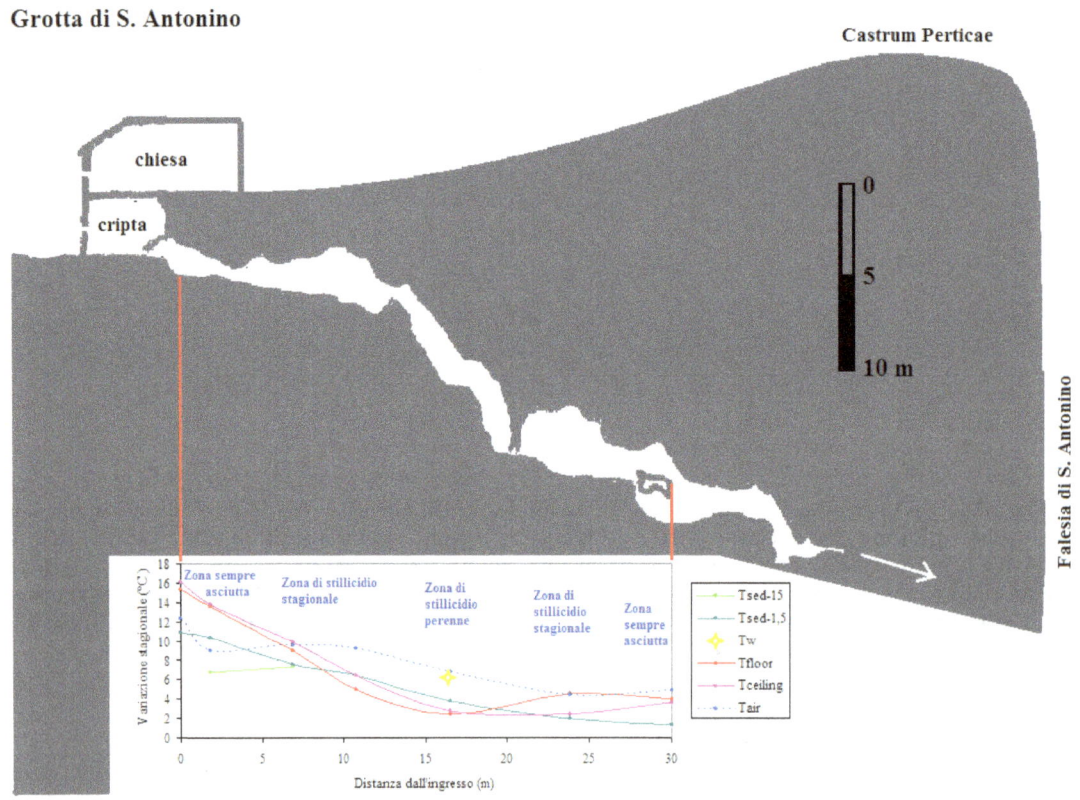

Fig. 4.6 – S. Antonino è un esempio di grotta ventilata ma molto stretta. Una tradizione vuole che (probabilmente per la sua particolare ventilazione, anomala nel Finalese) in tempi precristiani fosse sede di un oracolo, e per cristianizzare la grotta fu costruita al di sopra la chiesa. Il profilo topografico esterno è rappresentato con approssimazione ± 2 m.

ARMA DO RIAN

L'Arma do Rian è la tipica parte marginale, inattiva, di un grande sistema carsico ipogeo, divisa in zone a differente dinamica: la più vicina all'ingresso, ben ventilata grazie al collegamento con gli altri ingressi del sistema (in questo caso tramite strette gallerie, impercorribili dopo pochi metri, ma che la uniscono con ogni probabilità al sottostante sistema Pollera – Buio, vedi fig. 4.3); la più lontana è semplicemente la prosecuzione della galleria principale ma, essendo a fondo cieco, ha aria stagnante.

Come già osservato alla Borna Maggiore di Pugnetto, grotta nella stessa situazione (Motta & Motta, 2016a) le due parti hanno variazioni termiche stagionali nettamente diverse (fig. 4.7), sebbene appartengano alla stessa galleria.

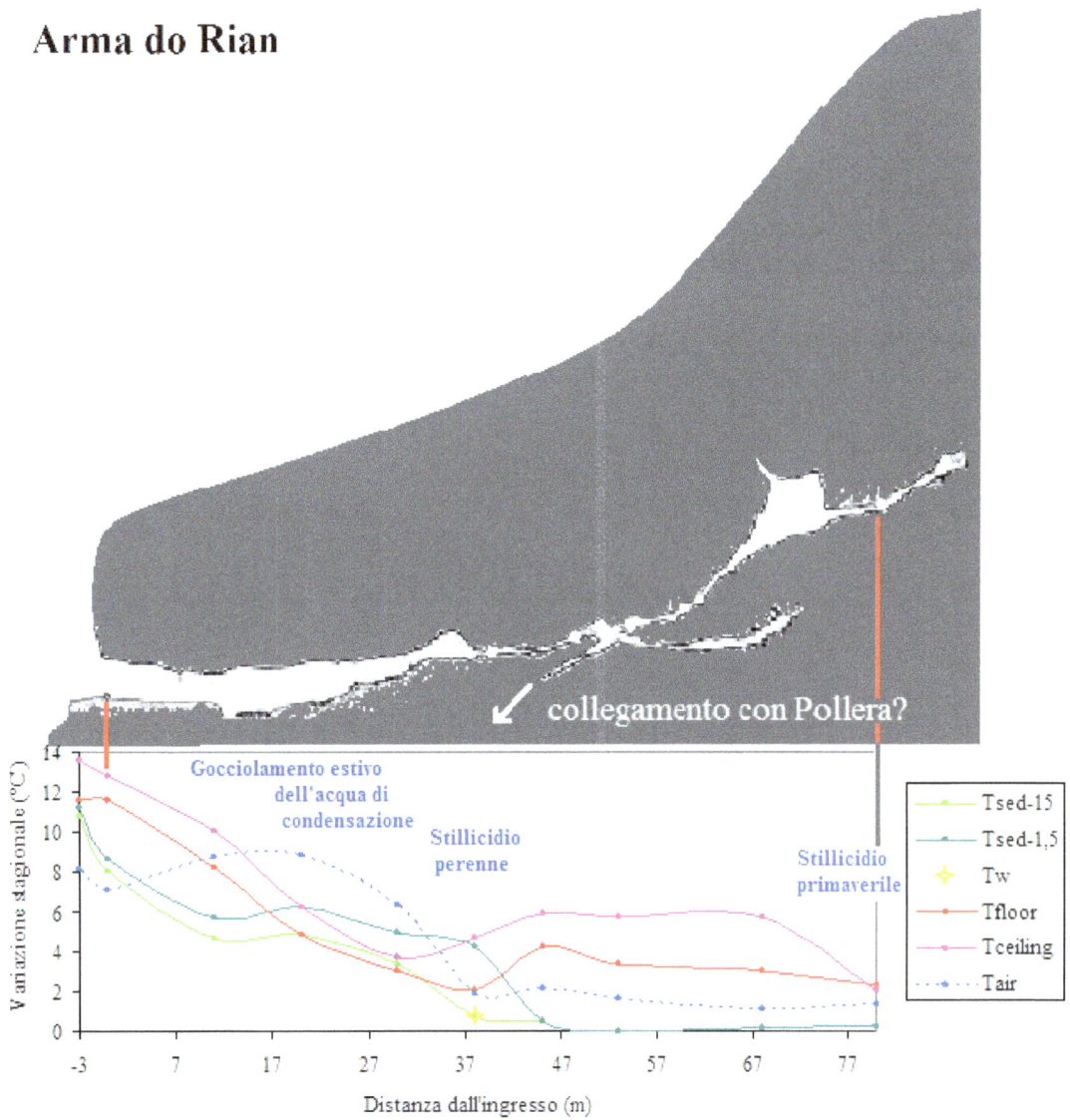

Fig. 4.7 – Grotta leggermente ascendente, costituente la parte superiore inattiva di un grande sistema ipogeo. Nella parte iniziale, ventilata per il collegamento col resto del sistema ipogeo, le variazioni decrescono irregolarmente allontanandosi dall'ingresso. Nella parte più lontana dall'ingresso, a fondo cieco e non ventilata, il sedimento ha temperature pressoché costanti, l'aria ha variazioni maggiori ma più basse che nella prima parte di grotta, le superfici hanno variazioni consistenti e irregolari. A 38 m l'acqua di stillicidio ha la medesima variazione stagionale del sedimento profondo (impregnato d'acqua). Da Motta & Motta (2019). Il profilo topografico esterno è rappresentato con approssimazione ± 5 m a causa del terreno molto accidentato nella parte alta.

Nella prima l'aria mantiene variabilità termica stagionale comparabile a quella dell'aria esterna sino a circa 25 m dall'ingresso, ovvero finché la galleria è ampia e il ricambio d'aria molto facile; più avanti, evidentemente a causa del maggiore scambio termico con la roccia, la variazione termica decresce rapidamente. Le superfici hanno una rapida diminuzione delle variazioni termiche stagionali allontanandosi dall'ingresso, per gli stessi motivi visti nella Grotta di S. Antonino. Il sedimento segue più che l'andamento termico dell'aria, quello dell'acqua, che arriva in questa grotta attraversando una zona vadosa molto più spessa che a S. Antonino (al punto Tw misurato in fig. 4.7 circa 22 m contro 8 m a S. Antonino), e forse per questo ha bassa variabilità termica stagionale.

Nella parte di grotta non ventilata le superfici mantengono un'alta variazione termica stagionale, effetto delle variazioni di evaporazione superficiale legate alle variazioni stagionali di umidità dell'aria (dai dati in Motta & Motta, 2019a, 91-95% in inverno, 82-93% in primavera – estate, 96-100% in autunno), mentre l'aria ha variazioni termiche stagionali molto basse, e il sedimento del pavimento pressoché nulle.

ARMA DA POUSSANGA

L'Arma da Poussanga appartiene idrogeologicamente al sistema Pollera – Buio, a cui è collegata tramite una galleria completamente ostruita dal fango, che non permette il passaggio di aria.

Le variazioni termiche stagionali dell'aria decrescono regolarmente dal bordo esterno della dolina in cui si apre la grotta sino a fondo grotta, dove sono molto basse (fig. 4.8).

Arma da Poussanga

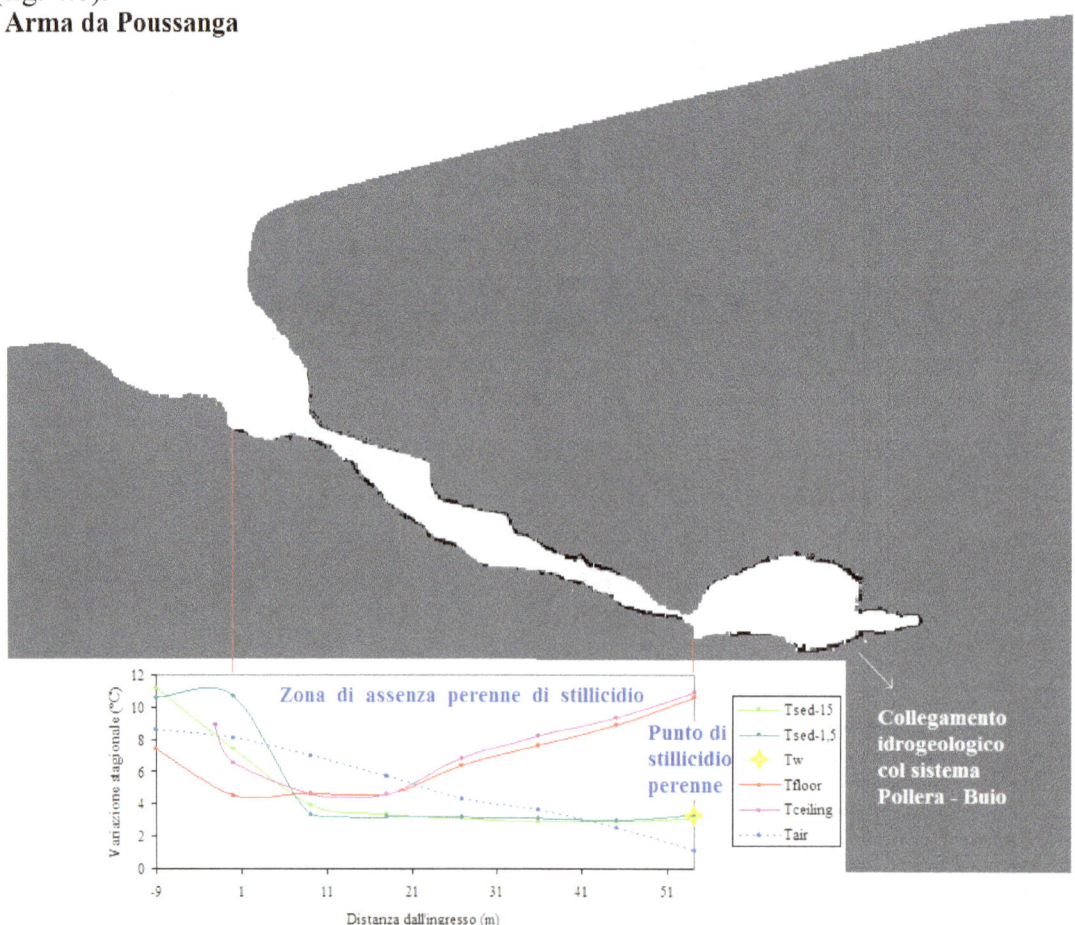

Fig. 4.8 – Grotta discendente a singolo ingresso. La variazione termica stagionale dell'aria diminuisce regolarmente dal bordo della dolina fino al fondo grotta; quella del sedimento invece scende rapidamente sino a 10-12 m dall'ingresso, poi resta stabile su 2,9-3,3°C, valore simile a quello dell'acqua. Quelle delle superfici crescono fortemente a partire da 20 m dall'ingresso, per i cambiamenti di stato stagionali. Il profilo topografico esterno è rappresentato con approssimazione ± 2 m.

Le variazioni termiche stagionali delle superfici crescono fortemente verso il fondo grotta, dove diventano addirittura più ampie che sulla parete rocciosa in cui si apre la grotta e sui suoli antistanti la grotta, nonostante queste superfici siano soleggiate nei sei mesi caldi e ombreggiate in quelli freddi (tab. 4.4). Ciò, come descritto in Motta & Motta (2019b), deriva da processi stagionali di evaporazione sempre più forti verso il fondo, tanto da far congelare i veli d'acqua superficiali in inverno e primavera.

Invece la variazione termica stagionale del sedimento del pavimento, dopo essere scesa rapidamente nei primi 9 m di distanza dalla dolina d'ingresso, si mantiene costantemente sui 3°C. Come all'Arma do Rian, è quasi lo stesso valore dell'acqua, perchè nella parte bassa della grotta il sedimento del pavimento è costantemente impregnato d'acqua, e evidentemente l'alta capacità termica di quest'acqua ha maggiore influenza sulla temperatura non solo, come ovvio (Badino, 2010), dell'aria, ma persino del calore ceduto o sottratto dai cambiamenti di stato superficiali.

ARMA DEL BUIO

L'Arma del Buio, pur appartenendo al maggiore complesso del Finalese per sviluppo esplorato (lungo oltre 2 km), è stata studiata solo nei primi 18 m dall'ingresso, perché più avanti la circolazione dell'aria normalmente è bloccata da un sifone.

Percorsa da un corso d'acqua che di norma va in secca solo in autunno, l'Arma del Buio ha dinamica termica dominata dall'acqua, che smorza le oscillazioni termiche dell'aria. Perciò tutte le variazioni termiche stagionali diminuiscono verso il sifone (fig. 4.9), dove tutta o quasi la sezione della grotta è occupata dall'acqua, ma non si azzerano perché, nonostante il lungo percorso sotterraneo, l'acqua non arriva a temperatura costante, ma variabile di 1,4°C nel corso dell'anno.

Arma del Buio

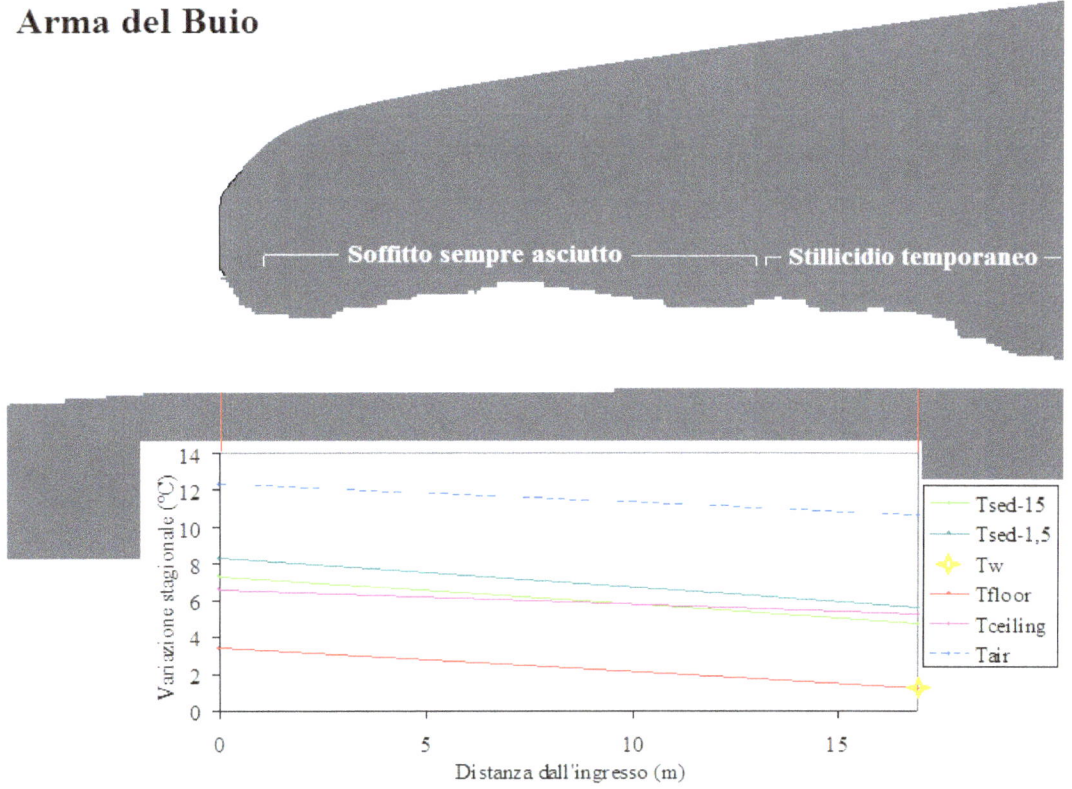

Fig. 4.9 – Tipica risorgenza, in cui ogni variazione termica stagionale si smorza con la distanza dall'ingresso, avvicinandosi a quella dell'acqua della risorgenza (Tw), che influenza specialmente la superficie del pavimento. L'aria ha la massima variazione stagionale, seguita da sedimento e superfici. Da Motta & Motta (2019). Il profilo topografico esterno è rappresentato con approssimazione ± 2 m.

GROTTA DOPPIA DI RIO DELL'ARMA

La Grotta Doppia di Rio dell'Arma rappresenta un tipo comunissimo in tutti i carsi sviluppati in rocce a strati suborizzontali spessi e poco fratturati: tronconi di antichi condotti freatici che, interrotti da depositi concrezionati, oggi appaiono come corte gallerie perennemente asciutte. Brevità delle gallerie e sovente, come in questo caso, un ampio ingresso, assicurano il buon ricambio dell'aria (sia per diffusione, sia per convezione), nonostante l'assenza dei processi di ventilazione delle grotte multi-ingresso.

Entrambi i rami mostrano tutte le variazioni termiche stagionali che decrescono verso il fondo grotta in maniera simile (fig. 4.10), ad eccezione delle superfici dei pavimenti, la cui variazione termica stagionale all'ingresso è fortissima (31,2°C!), in virtù dell'irraggiamento solare diretto.

Al fondo delle gallerie l'aria (che in queste gallerie è l'unico vettore termico) ha ovviamente maggiore variabilità termica stagionale rispetto alla roccia (comprese le superfici, perché sono asciutte). In generale, tutte le variazioni stagionali sono molto alte rispetto a quelle degli altri tipi di grotta.

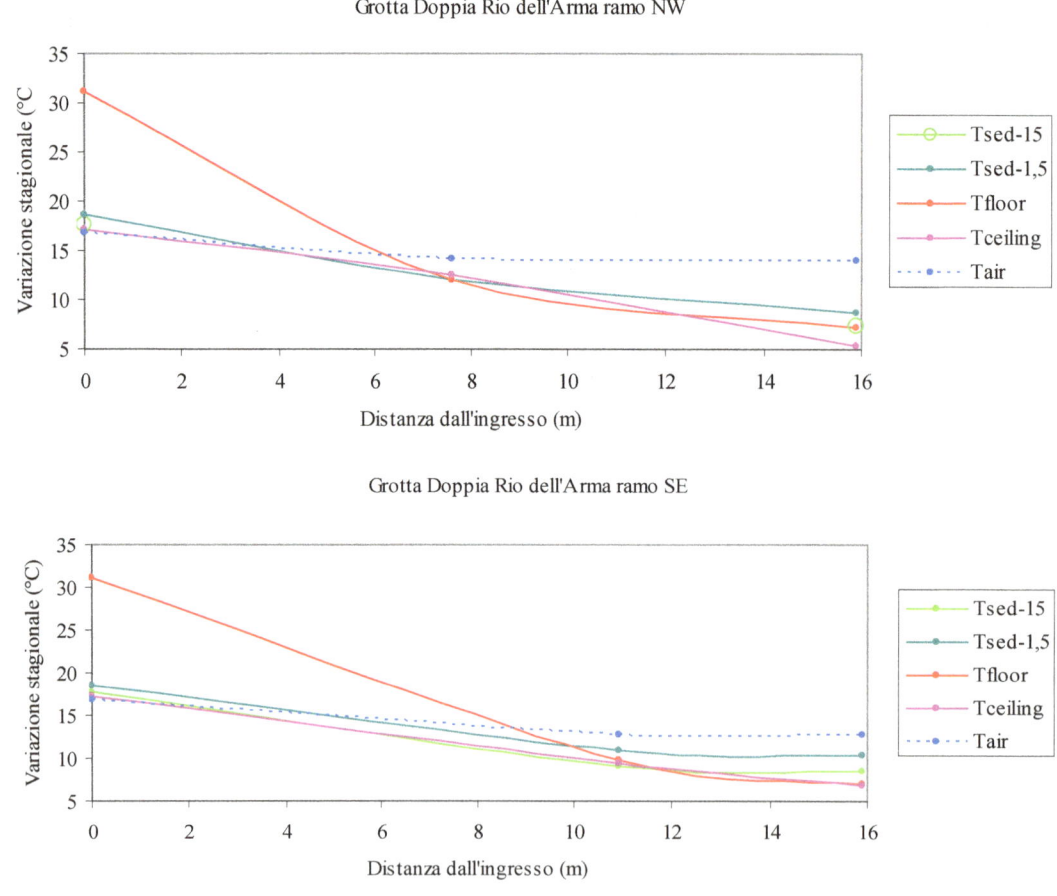

Fig. 4.10 – La Doppia di Rio dell'Arma è la tipica grotta breve, orizzontale, a ingresso singolo e ampio, asciutta. Le variazioni stagionali di superfici e sedimento si smorzano verso il fondo di entrambi i rami della grotta regolarmente e, nella parte di pavimento raggiunta stagionalmente dall'irraggiamento solare, molto rapidamente; quelle dell'aria diminuiscono appena.

GROTTA DEL MAMMUT

La grotta Mammut, morfologicamente del tutto analoga alla Doppia di Rio dell'Arma, se ne differenzia per l'umidità, dovuta a stillicidio (dopo le piogge) e condensazione dell'umidità estiva. La stabilità termica aumenta man mano che ci si addentra nella grotta, ma le curve relative alle superfici mostrano scostamenti dalle altre curve per la distribuzione disomogenea delle zone stagionalmente umide, in cui la temperatura è influenzata dai cambiamenti di stato superficiali.

Grotta del Mammut

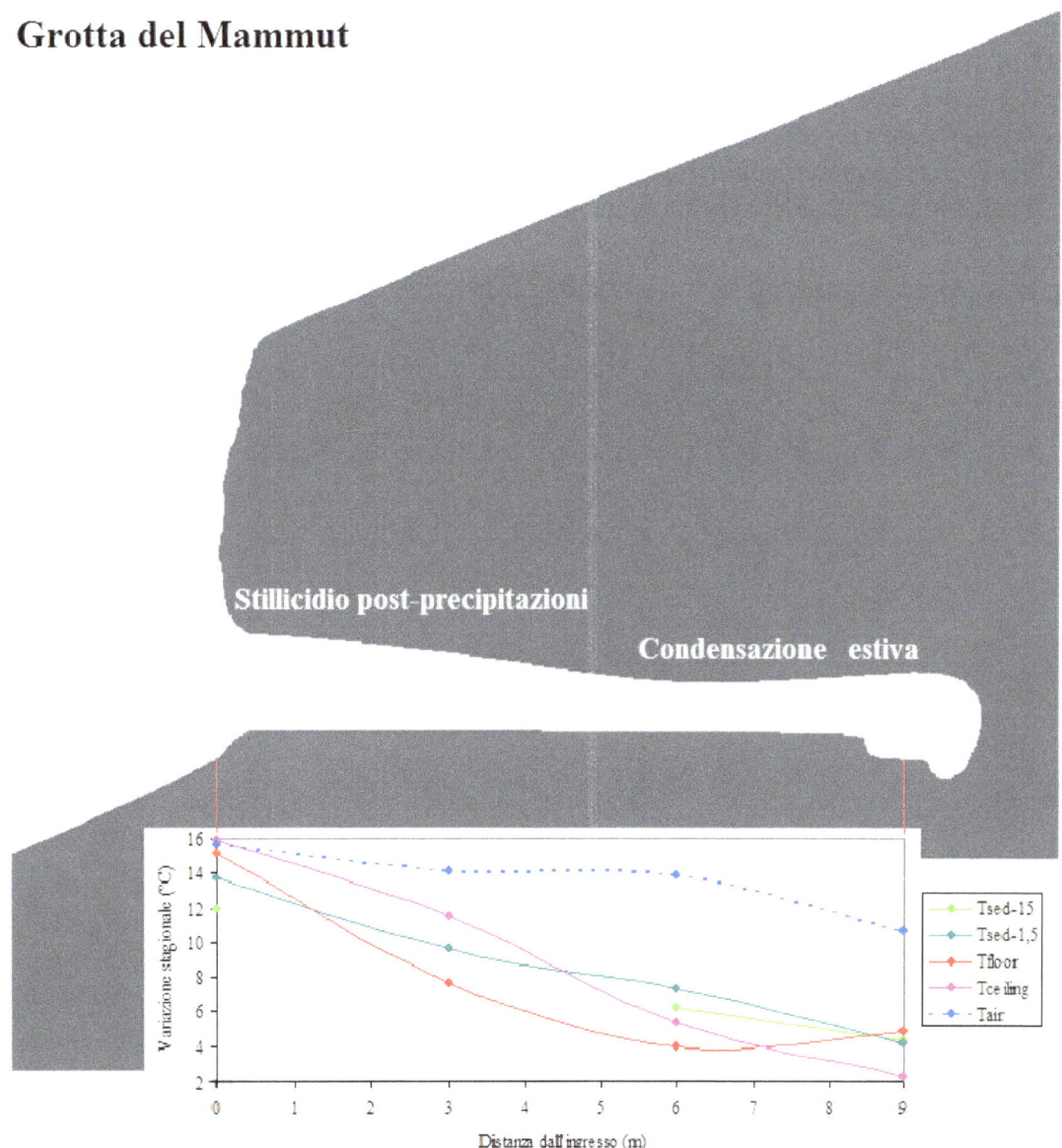

Fig. 4.11 – **La grotta del Mammut risente degli stillicidi alimentati da piogge e condensazione dell'umidità estiva. Sedimento e aria scambiano con facilità il calore, per cui le relative curve tendono ad essere parallele, con valori maggiori per l'aria; le superfici nel tratto soggetto a condensazione estiva mostrano irregolarità dovute alla stagionalità del processo. Da Motta & Motta, 2019. Il profilo topografico esterno è rappresentato con approssimazione ± 2 m.**

GROTTA DELL'UCCELLIERA

Anche la grotta dell'Uccelliera è del tipo della Doppia di Rio dell'Arma, ma ha un ingresso molto stretto (chiuso artificialmente con un muro) che ostacola il ricambio dell'aria. Nonostante ciò, la variazione termica stagionale dell'aria non risente della distanza dall'ingresso (fig. 4.12), ed è comparabile con quella dell'aria esterna. Evidentemente, in grotte così brevi l'aria diffonde senza fatica le variazioni termiche esterne sino a fondo grotta.

Invece il terreno mostra una fortissima e regolare riduzione delle variazioni stagionali dai suoli antistanti la grotta al sedimento del pavimento in fondo alla grotta: alla profondità di 15 cm, si scende da 12,0°C nel suolo esterno a 3,4°C a fondo grotta, in soli 18 m di distanza orizzontale!

Le superfici seguono un andamento simile al sedimento, ma con marcato massimo in corrispondenza all'ingresso, massimo legato (come nella Grotta Doppia dell'Arma) al maggiore irraggiamento solare diretto di pavimento e parete d'ingresso, meno ombreggiati dalla vegetazione del versante in cui si apre la grotta.

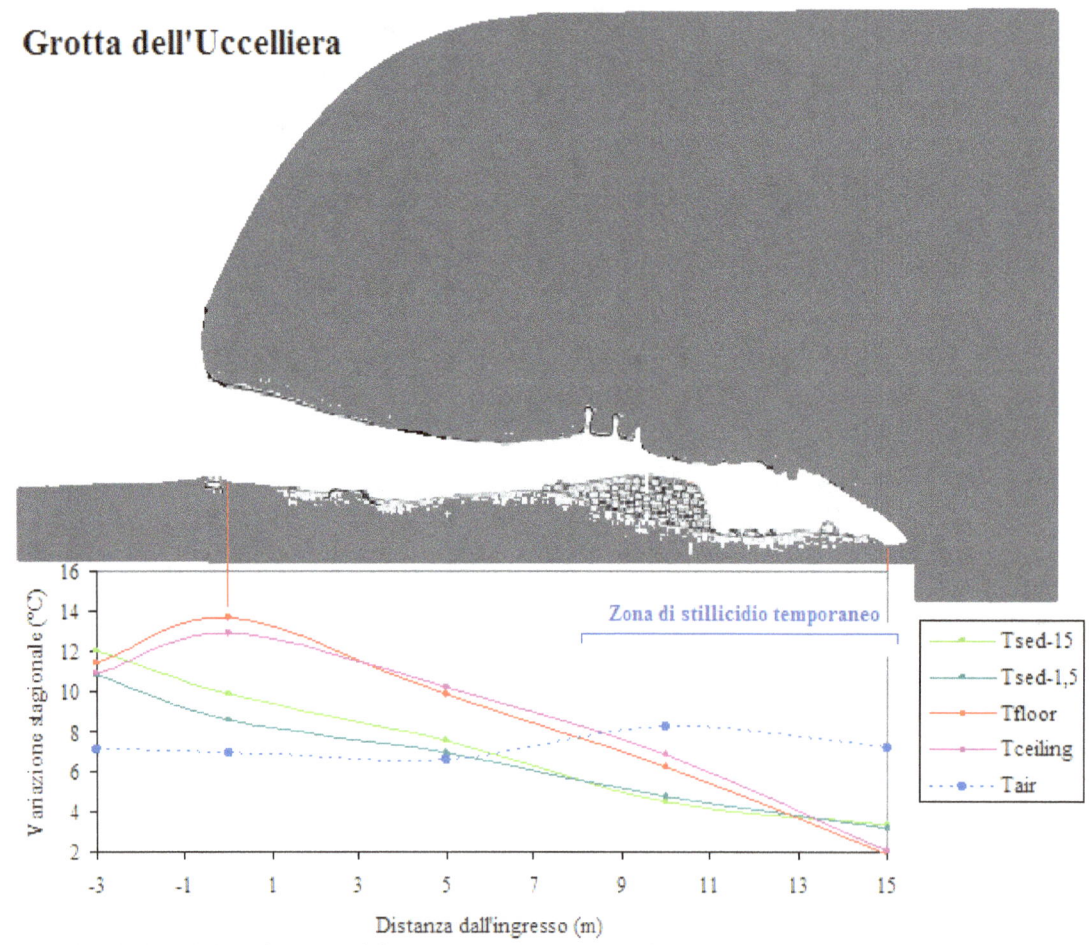

Fig. 4.12 – L'Uccelliera è la tipica grotta molto breve, a singolo e stretto ingresso e con stillicidio solo temporaneo. Le variazioni stagionali dell'aria non si smorzano nella grotta, contrariamente a quelle di superfici e sedimento. Tceiling a -3m è riferito a pareti rocciose esterne alla grotta. Da Motta & Motta (2019). Il profilo topografico esterno è rappresentato con approssimazione ± 2 m.

GROTTA DELLA MATTA (O ARMA DEL SANGUINETO)

La grotta della Matta nella prima parte è una grande camera asciutta ampiamente comunicante con l'esterno (come la Doppia di Rio dell'Arma); segue un cunicolo analogo alla grotta del Mammut (con stillicidio), che sfocia dopo una strettoia in un salone di crollo ampio ma particolarmente isolato dall'ambiente esterno e non ventilato.

Nella prima e seconda parte la grotta è come gli ambienti ipogei similari già descritti (fig. 4.13): variazioni termiche stagionali indipendenti dalla distanza dall'ingresso nell'aria, regolarmente decrescenti dall'ingresso nel sedimento, forti all'ingresso nelle superfici a causa dell'irraggiamento solare diretto, alte e irregolari nelle parti interne della grotta in cui lo stillicidio manca o è temporaneo, bassissime dove lo stillicidio è perenne.

Nel salone di crollo finale le variazioni termiche stagionali di aria e acqua sono molto basse e si smorzano allontanandosi dalla strettoia di accesso al salone; la temperatura del sedimento risulta (Motta & Motta, 2019) la più stabile di tutte quelle sinora misurate a distanza simili dall'ingresso nel Finalese (0,1-0,8°C!), ma le variazioni termiche stagionali delle superfici aumentano rispetto alla galleria di accesso: probabilmente, come nell'Arma do Rian, le variazioni stagionali di umidità (qui, da 72-91% in estate a 82-100% in autunno) influenzano l'intensità dei cambiamenti di stato.

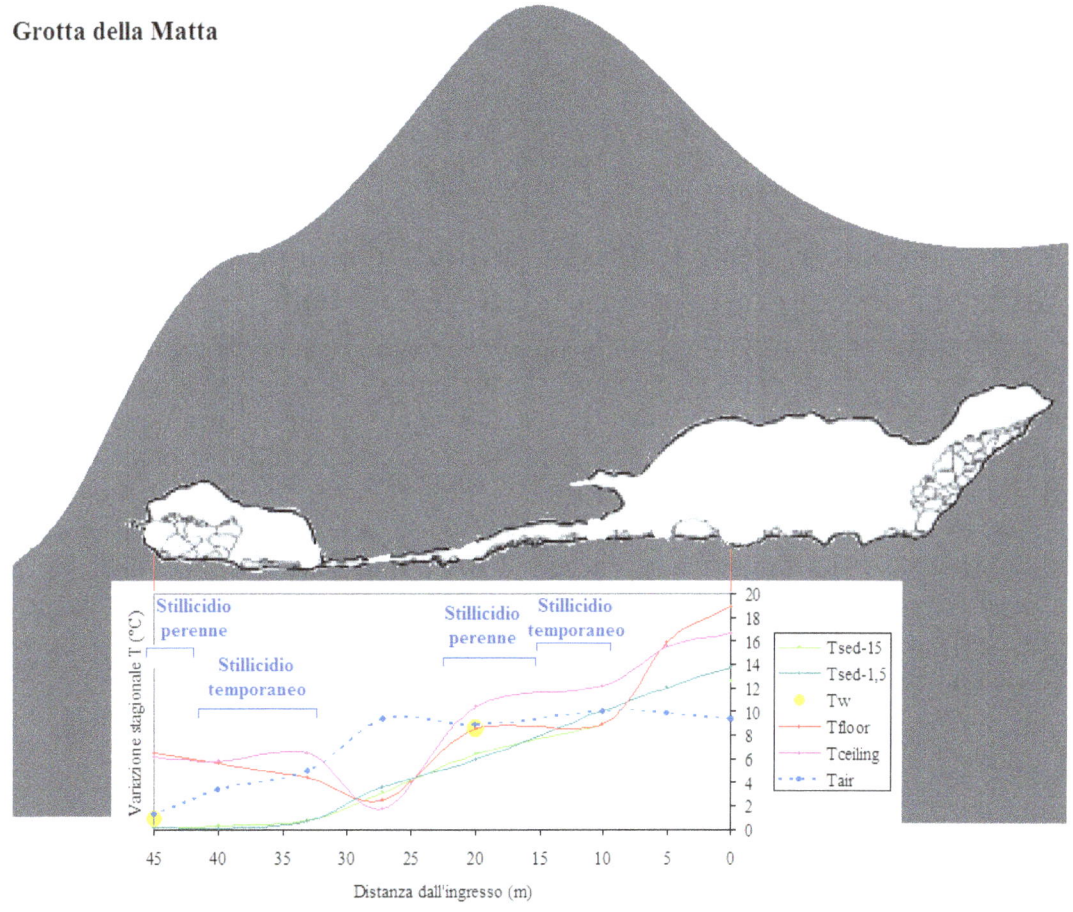

Grotta della Matta

Fig. 4.13 – Tipica alternanza di camere e strettoie: dopo l'ampio ingresso su un'enorme camera, segue un basso cunicolo, una strettoia e un'ampia camera. I tratti di grotta senza stillicidio sono sempre asciutti. Il sedimento del pavimento ha la minima variazione stagionale, che si smorza regolarmente sin quasi ad azzerarsi dopo 33 m dall'ingresso. Le superfici hanno variazioni altalenanti, decrescenti sino al termine del cunicolo (25-30 m) ma crescenti nella camera finale. La variazione stagionale dell'aria si mantiene sui 9-10°C sino a 25-30 m dall'ingresso, poi scende ai valori più bassi riscontrati nel Finalese (1,3°C). Il profilo topografico esterno è rappresentato con approssimazione ± 5 m a causa del terreno molto accidentato.

Correlazione tra variazione termica stagionale dell'acqua di stillicidio, soggiacenza e distanza dall'ingresso

È ovvio che l'acqua, attraversando la zona vadosa prima di gocciolare dalle stalattiti, scambi calore con la roccia, smorzando la sua variabilità termica. I pochi dati disponibili (insufficienti per un'analisi statistica) suggeriscono però che questo fenomeno nel Finalese abbia una fortissima variabilità da grotta a grotta, al contrario della relazione tra variabilità stagionale e distanza dall'ingresso (fig. 4.14).

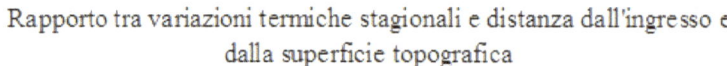

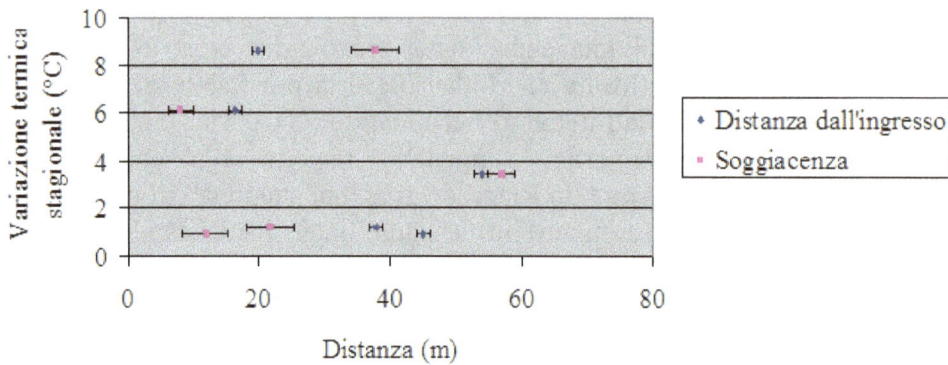

Fig. 4.14 – **Variabilità termica stagionale dell'acqua di stillicidio in rapporto a soggiacenza e distanza dall'ingresso (grotte Rian, Poussanga, Matta, S. Antonino). Appare solo una vaga tendenza allo smorzamento delle variazioni stagionali con l'aumento di distanza dall'ingresso.**

Correlazione fra temperature in grotta e temperatura dell'aria registrata alla stazione meteorologica ARPAL Le Manie

Le temperature misurate in grotta possono dipendere dai fattori esogeni riconducibili al clima, o da fattori endogeni, quali acque termali, flusso geotermico e anche cambiamenti di stato dell'acqua ipogea. Per verificare questa dipendenza nelle grotte finalesi, si sono confrontate le temperature dell'aria e del sedimento di grotta con quelle dell'aria alla stazione meteorologica ARPAL Le Mànie, situata al centro dell'altopiano omonimo. Conviene studiare le correlazioni non solo su base oraria (cioè alla stessa ora delle misurazioni in grotta), ma anche su base giornaliera e mensile, perché nell'ambiente isolato della grotta le temperature rispondono con forte ritardo alle variazioni esterne e quindi tendono a essere influenzate dalle temperature pregresse.

Fra i dati disponibili abbiamo selezionato quelli:
- misurabili sempre e in tutte le grotte (ad esempio non le misure nell'acqua stagnante, possibili solo in certe grotte o solo nelle stagioni umide):
- chiaramente e costantemente definibili come situazione fisica (ad esempio non le misure nel sedimento profondo, nel quale la trasmissione del calore può mutare sensibilmente con variazioni di livello della falda idrica non visibili dall'esterno);
- univocamente definibili nella maggior parte delle grotte;
- più derivanti dal clima esterno.

La scelta più delicata è la distanza dall'ingresso. Non ha senso considerare la distanza nulla, in pratica corrispondente al clima esterno, ma ha anche poco senso usare la massima distanza esplorabile, non rappresentativa dell'intera grotta, e anzi talvolta corrispondente a un ramo cieco non ventilato (Rian), o con dinamica particolare dei cambiamenti di stato (Poussanga), o a una distanza dall'ambiente esterno che non è quella massima (grotte a più ingressi come S. Antonino e grotte in cui verso il fondo ci si riavvicina alla superficie esterna, come Matta e Rian).

Non è facile stabilire a priori se conviene:

- una distanza standard, che offre il vantaggio di una perfetta riproducibilità ma esclude le grotte corte ed è poco rappresentativa in grotte molto lunghe;

- una distanza proporzionale alla lunghezza della grotta esplorabile, con vantaggi e difetti opposti.

Pertanto abbiamo provato entrambi i criteri:

- col primo sono parse ragionevoli le distanze di 10 m e 30 m dall'ingresso: la prima, normalmente in zona crepuscolare, al limite della zona a irraggiamento diretto, ha il vantaggio di essere presente praticamente in tutte le grotte accatastate; la seconda ha il vantaggio di essere generalmente rappresentativa dell'ambiente francamente ipogeo, non influenzato direttamente dall'irraggiamento solare;

- per il secondo criterio abbiamo scelto la distanza dall'ingresso pari alla metà della lunghezza attualmente conosciuta della grotta o, in caso di due ingressi, l'equidistanza da essi.

Fra le distanze dalla superficie del pavimento abbiamo scelto quelle di norma misurabili in tutta la grotta: profondità di 1,5 cm per il sedimento del pavimento e distanza verticale di 50 cm dal pavimento per l'aria.

Le temperature superficiali, risultate più influenzate dai cambiamenti di stato ipogei che dalla circolazione dell'aria, non sono state usate, come pure le temperature dell'acqua, influenzate da molti fattori oltre alle variazioni di temperatura dell'aria esterna.

Le correlazioni appaiono quasi tutte significative, indicando, come facilmente prevedibile, probabile la relazione fra i parametri di grotta selezionati e il clima esterno. È altrettanto ovvio che il materiale più strettamente correlato risulti l'aria, lo stesso materiale misurato alla stazione meteorologica. Più interessante appare la differenza di significatività fra diversi parametri. Ovviamente è meglio correlato il dato più vicino all'ingresso, tuttavia la correlazione rimane buona (su base oraria e giornaliera, tab. 4.10) a 30 m dall'ingresso, ed è interessante notare che è migliore alla distanza dall'ingresso pari alla metà della lunghezza conosciuta della grotta piuttosto che a 30 m dall'ingresso. I coefficienti di determinazione scendono passando da correlazioni su base oraria a mensile (tab. 4.10), restando comunque abbastanza alti.

Tab. 4.10 – Coefficienti di determinazione delle correlazioni fra temperature orarie, giornaliere e mensili alla stazione meteorologica Le Manie e nelle grotte. T50-10: aria a 50 cm sul livello del suolo a 10 m dall'ingresso; T50-30: idem a 30 m dall'ingresso; T50 media: temperatura media dell'aria in grotta a 50 cm sul livello del suolo; Tss-10: sedimento del pavimento a 1,5 cm di profondità e 10 m dall'ingresso; Tss-30: idem a 30 m dall'ingresso; Tss media: temperatura media del sedimento della grotta a 1,5 cm di profondità.

R²	Oraria	Giornaliera	mensile
T50-10	0,693958	0,648594	0,463625
T50-30	0,508141	0,484407	0,368393
T50-media	0,591894	0,560657	0,412913
Tss-10	0,578292	0,542379	0,428847
Tss-30	0,273405	0,263048	0,208523
Tss-media	0,437054	0,412272	0,333622

Le temperature del sedimento del pavimento sono ben correlate a quelle di Le Manie a 10 m dall'ingresso, mentre la correlazione è molto più bassa a 30 m dall'ingresso. Ciò è normale, considerando che la temperatura del sedimento in ambiente francamente ipogeo risente con grande ritardo della temperatura dell'aria esterna e quindi, piuttosto che alla temperatura della stessa ora o giorno, è correlata alla temperatura media dell'aria dei mesi precedenti. Anche in questo caso, la correlazione migliora considerando una distanza dall'ingresso pari alla metà della lunghezza conosciuta della grotta piuttosto che 30 m dall'ingresso. Il criterio della metà della lunghezza conosciuta della grotta sembra quindi il più adatto a rappresentare in maniera standard le condizioni francamente ipogee.

Per migliorare la correlazione fra i dati di grotta selezionati e i dati termici esterni si è provato anche ad aggregare tali dati convenientemente. Si sono così correlati i dati di grotta con le medie dei 30, 60 ,90 giorni precedenti la misura, ricavando i relativi coefficienti di determinazione (fig. 4.15). È ovvio che la correlazione così trovata per le medie dei 30 giorni è migliore di quella trovata usando il dato mensile standard. Le correlazioni per le medie dei 60 e 90 giorni sono sistematicamente peggiori di quelle dei 30 giorni, quindi ci si è focalizzati sulla variazione del coefficiente di determinazione considerando le medie termiche degli ultimi 1, 2, 3, 4...30 giorni (fig. 4.15). La correlazione aria a Le Manie - aria di grotta, ovunque la si misuri, peggiora molto passando dal valore giornaliero a quello medio degli ultimi 3 giorni, poi migliora sensibilmente sino a un massimo con l'uso delle medie degli ultimi 12 giorni, anche se r^2 non arriva a quelli degli ultimi 1-2 giorni. La correlazione aria a Le Manie – sedimento di grotta mostra analoga perdita di valore di r^2 all'inizio, oltre i 3 giorni risale fino a valori superiori persino del valore giornaliero. Il massimo di r^2 è a 22 giorni. Questo miglioramento di correlazione è poco sensibile per il sedimento a 10 m dall'ingresso, molto più forte, anche se il valore assoluto di r^2 è peggiore, per il sedimento a 30 m dall'ingresso e per i valori medi. Considerando medie di più di 22 giorni r^2 diminuisce, sia pure lentamente.

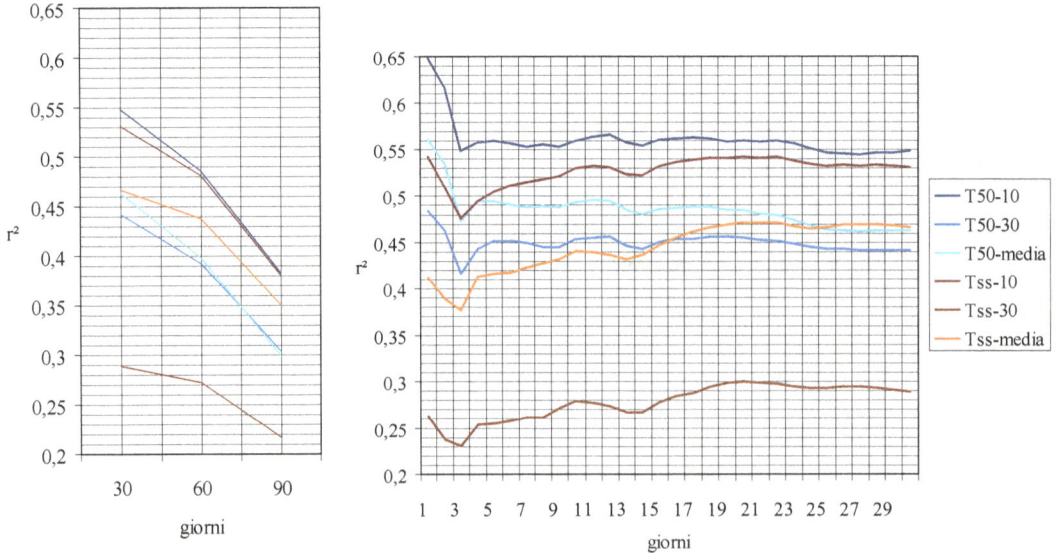

Figura 4.15 – Confronto fra temperature di aria e sedimento di grotta (sigle come in tab. 4.10) e medie termiche dell'aria a Le Manie: a sinistra, ultimi 30,60,90 giorni; a destra, giorno della misura (1) e ultimi 2,3,4...30 giorni precedenti.

Questo andamento suggerisce la presenza di tre modalità di trasmissione di calore fra aria esterna e aria di grotta: una immediata, responsabile della buona correlazione nel giorno di misura; una seconda con mediamente 12 giorni di ritardo e forse una terza debolissima con una ventina di giorni di ritardo. Anche nel sedimento sembra essere presente lo stesso fenomeno, con la seconda modalità di trasmissione a 10 giorni e la terza, debole ma molto più evidente che nell'aria, a 22 giorni.

Distribuzione della variabilità stagionale delle temperature

Il risultato più evidente è che la variabilità stagionale delle temperature dipende molto non solo, come noto, dalla distanza dall'ingresso, ma anche dal materiale misurato.

Altro importante risultato è che nelle grotte studiate la temperatura dell'aria non tende ad assumere asintoticamente un valore annuo costante come in teoria (Faimon, 2012) dovrebbe fare a una certa distanza dall'ingresso:

- con ventilazione o facile ricambio d'aria, perché la temperatura dell'aria tende ad essere omogenea in tutta la grotta, ma varia significativamente durante l'anno;
- negli ambienti ipogei isolati, per la presenza di una stagione umida in cui l'influenza termica dell'acqua prevale sull'influenza dell'aria, o per variazioni dei cambiamenti di stato superficiali.

Gli scostamenti maggiori da un regolare smorzamento delle variazioni con la distanza dall'ingresso si hanno dove la grotta varia bruscamente di sezione (Matta) o di persistenza di stillicidio (Mammut, Rian).

L'acqua varia di temperatura nel corso dell'anno: anche nella risorgenza del maggiore sistema carsico (Poussanga - Pollera – Buio), lungo oltre 2 km, la variazione stagionale è ancora sensibile, 1,4°C. Così, i pavimenti, se sono bagnati da una falda idrica, hanno forti variazioni stagionali di temperatura molto lontano dall'ingresso anche in grotte non ventilate.

Il pavimento ha variazioni termiche molto differenziate fra zona che riceve irraggiamento solare diretto e zona all'ombra. Nella prima la temperatura del sedimento sovente varia più di quella dell'aria (come del resto si osserva ancora più marcatamente nei suoli antistanti l'ingresso); nella zona buia invece il sedimento del pavimento è in genere il materiale con le minime variazioni stagionali. Per analogia con i suoli, sarebbe logico aspettarsi che a 15 cm di profondità le variazioni stagionali di temperatura siano minori che a 1,5 cm. Invece ciò non avviene assolutamente in Matta, Uccelliera e Poussanga, e in generale la variabilità stagionale della temperatura del sedimento cambia pochissimo con la profondità (almeno nell'intervallo 0-15 cm). Che i pavimenti delle grotte non siano simili dal punto di vista termico a suoli, è ribadito dal fatto che in quelli di grotte corte (Uccelliera, Mammut, Doppia di Rio dell'Arma), epifreatiche (Buio, galleria epifreatica di Capo Noli secondo Motta & Motta, 2019a) e della parte centrale di grotte a doppio ingresso ben ventilate (Strapatente, S. Antonino) c'è meno variazione termica stagionale in superficie che in profondità. Pavimenti e soffitti hanno invece escursioni termiche annue molto alte dove c'è evaporazione o condensazione, perché questi processi sono condizionati dalle variazioni stagionali di umidità, ventilazione e squilibri termici fra aria e roccia. Dove i cambiamenti di stato superficiali sono forti anche la temperatura del pavimento diventa più variabile, sino a essere meno stabile di quella dell'aria (fondo dell'Arma da Poussanga).

I climi isotermici hanno escursione termica inferiore a 5°C. Anche nello studio dei regimi termici dei suoli, correntemente, si considerano isotermi i regimi con variazioni termiche annuali < 5°C. Ovviamente, le condizioni isotermiche così definite sono molto più frequenti nel terreno che in aria. Riguardo all'isotermia le grotte da noi studiate appartengono a tre insiemi: assenza di isotermia a qualunque distanza dall'ingresso e in qualsiasi materiale (Strapatente, Buio, Doppia di Rio dell'Arma), isotermia solo nel sedimento lontano dall'ingresso e mai nell'aria (S. Antonino, Mammut, Uccelliera), isotermia sia nel sedimento lontano dall'ingresso sia in aria (Rian, Poussanga, Matta). La distribuzione delle grotte nei vari insiemi suggerisce che per avere isotermia è necessaria non solo una lunghezza sufficiente ad evitare il facile ricambio dell'aria, ma anche l'assenza di una ventilazione per effetto camino (Strapatente, S. Antonino) e di una circolazione idrica importante (Buio).

Le minime variazioni stagionali riscontrate sono nel sedimento di Matta a oltre 35 m dall'ingresso (0,1-0,2°C) e di Rian oltre 38 m dall'ingresso (0,2-0,3°C). Come facilmente prevedibile, si tratta dei pavimenti asciutti di ambienti poco areati.

Le grotte ben ventilate hanno in genere, com'è logico, forti variazioni stagionali, ma questa regola ha le sue eccezioni: il sedimento del fondo di S.Antonino, grotta ben ventilata, è fra i più stabili termicamente (variazione stagionale di 1,3°C)!

L'acqua non è mai risultata con le variazioni stagionali più basse della grotta, ma sovente è molto stabile (Buio, Matta, Poussanga, Rian).

Le superfici hanno forti escursioni termiche se in certe stagioni l'acqua dei veli superficiali cambia di stato; è probabile che questi processi varino di anno in anno in funzione della quantità di stillicidio, dipendente a sua volta dal surplus idrico dei suoli sovrastanti la grotta.

Le temperature misurate nella parte buia delle grotte studiate variano dalla stagione più calda alla più fredda di non più di 11°C nel sedimento e 16°C nell'aria, e nei tratti di grotta più isolati di soli 0,1 – 0,3°C: in altri termini hanno variazioni stagionali quasi nulle nei punti più adatti. Al tempo stesso la buona correlazione fra dati climatici esterni e variazioni stagionali indica che la temperatura delle grotte dipende strettamente da quella esterna, seppure con oscillazioni molto attenuate e ritardate rispetto a quelle del clima esterno. In particolare i risultati dimostrano che sia il sedimento sciolto, sia l'aria della zona buia di grotte prive di importante circolazione idrica hanno temperature abbastanza correlate con la temperatura media esterna.

5. GEOMORFOLOGIA QUANTITATIVA

In Motta (1987), Biancotti & Motta (1989) e Motta (1990) si è proceduto al calcolo e all'elaborazione di alcuni parametri geomorfico-quantitativi relativi sia ai reticoli e ai bacini idrografici sia alle forme carsiche. Allo stesso fine si è costruita una carta della "superficie delle vette".

Forme fluviali

Analisi del reticolo idrografico

FINALESE ORIENTALE

I valori numerici dei parametri geomorfici calcolati, nonché alcune caratteristiche topografiche e litologiche dei bacini presi in considerazione sono riportati nelle tabb. 5.1 e 5.2. Le figg. 5.1, 5.2, 5.3 rappresentano graficamente i più significativi parametri presi in esame.

I segmenti di pendenza media degli alvei (fig. 5.3) relativi alle unità idrografiche prese in considerazione, e riferiti ai singoli ordini delle aste, esprimono andamenti che si avvicinano approssimativamente a curve concave verso l'alto e rivolte verso le quote inferiori nel gruppo di bacini comprendente il T. Sciusa complessivo (I), il Rio Barelli (IV), il Rio dell'Arma (V), il T. Noli (VI). Si differenzia invece Rian Cornei (III), affluente del T. Sciusa. In questo ultimo si osserva un aumento relativo delle pendenze nelle aste degli ordini più elevati, a dimostrare come il tratto distale del reticolo sia interessato da un'erosione più attiva di quello iniziale.

Anche le curve ipsometriche percentuali costruite per gli stessi areali dimostrano l'esistenza di due situazioni ben differenziate. Nei bacini I, IV, V, VI si rilevano condizioni di media maturità; nei bacini II e III è invece bene evidente una brusca convessità della curva riferita alle fasce altimetriche meno elevate. Per un approfondimento d'indagine si sono costruite per il Rio Ponci due curve ipsografiche: una (II in fig. 5.1) riferita alla parte dell'areale non equiparabile ad un'area endoreica; l'altra (IIa) riferita a tutta la valle del Rio Ponci compreso il settore equiparabile ad un'area endoreica, pari a circa 1/7 della superficie complessiva. Le due curve così ottenute mostrano differenze minime: la forma è praticamente la stessa; la diversità fra i valori I dei rispettivi integrali ipsometrici è soltanto di 0,0125. Dato però che i valori dei due integrali sono molto prossimi al limite fra quelli dei bacini maturi e quelli dei giovanili (I = 0,6), la differenza basta per far rientrare la curva più comprensiva fra quelle dei bacini allo stadio giovanile, l'altra fra quelle dello stadio maturo. A prescindere da ciò è interessante notare che nei bacini II e III il valore dell'integrale ipsometrico, ben più elevato che non negli altri, è dovuto al brusco gradino di raccordo fra i due sottobacini e quello del T. Sciusa in cui essi confluiscono. È la situazione propria di bacini recentemente ringiovaniti, in cui la morfologia precedente è ancora conservata su vaste superfici.

La conservatività (fig. 5.2) dei reticoli riferita ai singoli ordini delle aste è massima nel bacino III, minima nel IV. Anche in questo caso, seppure con minore evidenza, si può riconoscere nei bacini II e III una situazione diversa da quella degli altri. Nel R. Ponci e nel Cornei i valori individuati indicano una situazione di conservatività maggiore che non negli altri. Poiché tale parametro, che può variare da 0 a ∞, indica il numero minimo dei segmenti necessari per raggiungere il più alto ordine gerarchico compatibile con il sistema, si può concludere che i reticoli del R. Ponei e del Cornei sono più organizzati di quelli delle altre unità idrografiche.

Il grafico relativo alla densità di drenaggio D (lunghezza delle aste/area del bacino), alla frequenza dei canali F (numero delle aste di 1° ordine/area del bacino) e al rapporto di Melton M (F/D') aggiunge nuovi dati al quadro complessivo (fig. 5.3). Nei bacini II e III (compreso il IIa) la densità di drenaggio è più bassa in conseguenza del prevalere del fenomeno carsico; sale negli altri in ragione del prevalere nel substrato di litologie meno permeabili. Anche la frequenza dei canali, per le stesse ragioni, ha tale relazione col tipo di substrato. Al contrario la curva dei rapporti di Melton dimostra una progressiva riduzione del valore del parametro passando dai bacini carsici a quelli impostati in rocce non carbonatiche. Tale parametro è funzione «dello stadio di evoluzione morfologica del bacino più che non dello stato di gerarchizzazione del reticolo» (Forni & Franceschetti, 1981); valori più bassi sono indicativi di una struttura piuttosto semplice del reticolo e di modesta organizzazione gerarchica, valori via via più elevati sono invece tipici di una migliore organizzazione del reticolo e quindi di maggiore maturità. Pertanto da questo parametro i bacini II e III risultano più maturi che non gli altri.

L'insieme dei parametri geomorfici presi in considerazione concorre in modo armonico a dimostrare che tutto l'areale preso in considerazione si trova in una fase di erosione iniziata in tempi relativamente recenti e non ancora conclusa. Tale fase si trova in un momento più avanzato nei bacini con substrati meno permeabili (I esclusi i sottobacini II e III; IV; V; VI), mentre invece risulta ritardata in quelli carsici (II e III). In questi ultimi si contrappone una zona terminale, collegata con il livello di base provvisorio rappresentato dal T. Sciusa, particolarmente incisa, ove l'erosione rimontante è molto attiva, ed una zona iniziale, ove è ancora ben conservata una morfologia e un reticolo residuale, riferito a stadi evolutivi precedenti il ringiovanimento.

Tab. 5.l - Principali bacini e sottobacini del Finalese orientale. Di ciascuno si riporta: area totale, quote massime e quote di chiusura, aree complessive d'affioramento delle litologie presenti, M.Se. = metamorfiti scistose; M.M. = metamorfiti massicce; QZ. = rocce quarzitiche; D.& C. = rocce calcareo-dolomitiche; C.m.C. = calcari micritici e ceroidi; Se.C. = scisti calcarei; C.B. = Complesso di base della Pietra di Finale; P.d.F. = Pietra di Finale; A.& S. = depositi alluvionali e di spiaggia.

BACINI e SOTTOBACINI	AREA km²	QUOTA MAX. m s.l.m.m.	QUOTA CHIUS. m s.l.m.m.	SUPERFICI AFFIORANTI DELLE PRINCIPALI LITOLOGIE (km²)								
				M.SC.	M.M.	QZ.	D.&C.	C.m.C.	Se.C.	C.B.	P.d.F.	A.&S.
I- SCIUSA TOT.	25,15	840	0	10,25	0,10.	0,46	5,37	0,43	0,17	0,09	7,78	0,50
II- PONEI	5,90	481,8	33,0	0,05	–	0,11	3,50	0,01	0,09		2,14	
III- CORNEI	1,63	421,6	73,0	0,22					–	0,08	1,33	–
IV- BARELLI	3,09	840	141,5	2,53		0,09	0,47	–				
V- DELL'ARMA	2,88	785	141,5	2,68	0,01	–	0,19	–				
VI- NOLI	2,73	387	0	0,28	0,79	1,12	0,43	0,04			–	0,07

Tab. 5.2 - Valori dei parametri geomorfici presi in considerazione. u = ordine delle aste; N = numero delle aste riferito ai vari ordini; L(m) = lunghezza media delle aste (in metri); Rb = rapporto di biforcazione fra i segmenti di ordine u e quelli di ordine u + 1; F = frequenza dei canali intesa come rapporto fra le aste N1 e l'area dci bacino; D = densità di drenaggio data dal rapporto fra la lunghezza totale delle aste e e l'area del bacino; M = rapporto di Melton fra la frequenza dei canali F e il quadrato della densità di drenaggio D²; P = rapporto fra dislivello e lunghezza medi, riferiti ai singoli ordini delle aste; S = valori di conservatività dati da 1/2 Rb - 1.

BACINI e SOTTOBACINI	u	N	$\bar{L}$(m)	$\bar{Rb}$	F	D	M	$\bar{P}$	S
I - SCUSA TOTALE	1	269	160					0,363	0,92
	2	70	420					0,240	1,19
	3	16	540	4,06	10,70	3,80	0,740	0,155	1,00
	4	4	1480					0,071	1,00
	5	1	8100					0,021	
II, IIa(1)–PONEI	1	45	150					0,334	0,35
	2	13	510	3,31	8,82	3,42	0,754	0,145	0,63
	3	4	510		(7,63)(1)	(2,96)(1)	(0,871)(1)	0,069	1,00
	4	1	1900					0,068	
III – CORNEI	1	14	110					0,264	0,75
	2	4	680	2,50	8,59	3,33	0,775	0,124	0
	3	2	190					0,250	0
	4	1	620					0,145	
IV - BARELLI	1	70	150					0,449	1,19
	2	16	330	4,24	22,65	5,94	0,642	0,290	1,67
	3	3	310					0,165	0,50
	4	1	2300					0,057	
V - ARMA	1	41	190					0,356	0,87
	2	11	280	3,46	14,24	5,02	0,564	0,317	0,84
	3	3	780					0,239	0,50
	4	1	940					0,064	
VI – NOLI	1	40	160					0,421	1,00
	2	11	320					0,290	0,35
	3	4	420	2,65	14,65	4,74	0,652	0,130	0
	4	2	560					0,150	0
	5	1	700					0,029	

(1) Valori riferiti al R. Ponei considerato con le aree equiparabili ed endoreiche.

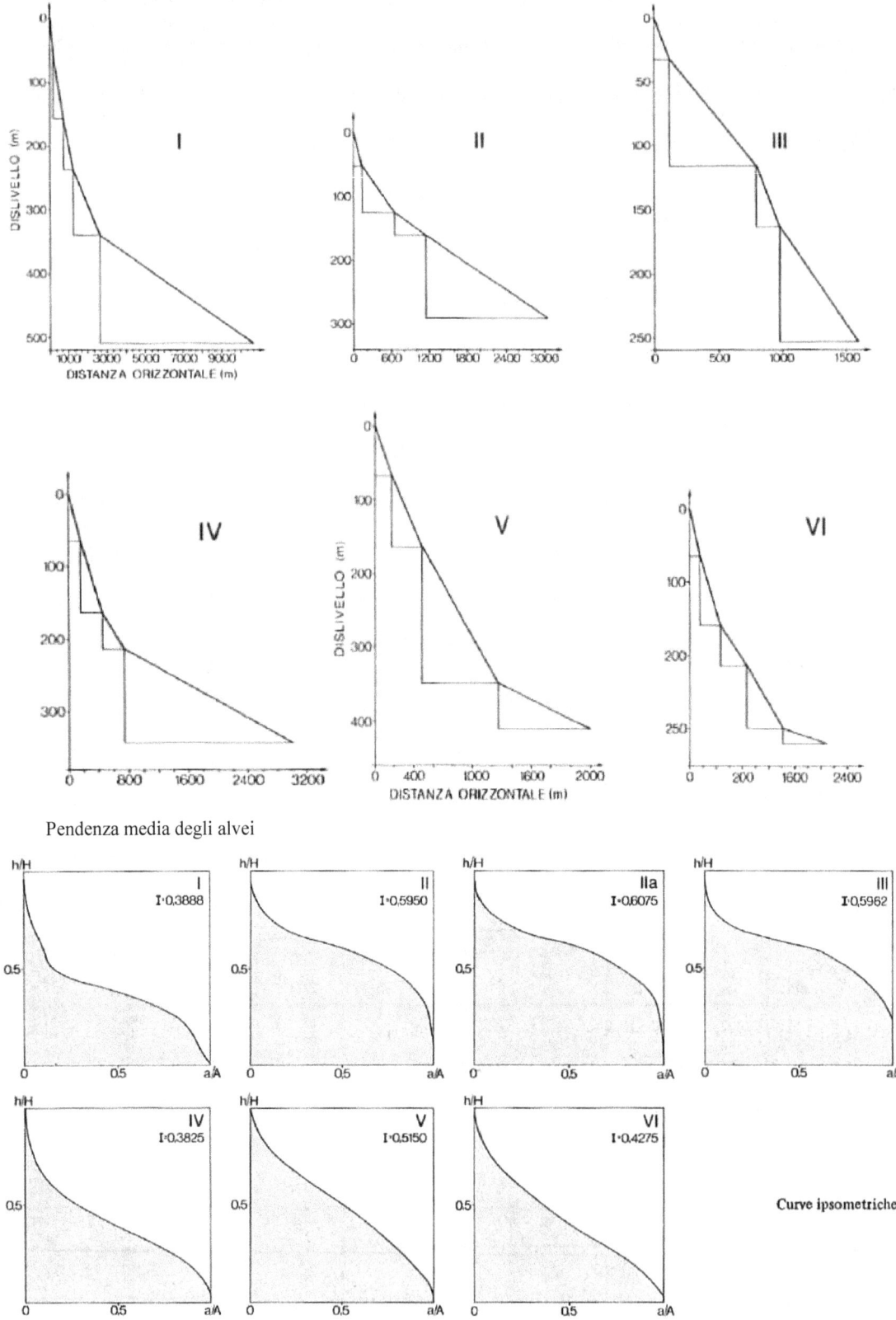

Fig. 5.1 - **Pendenza media degli alvei P e curve ipsometriche dei principali bacini e sottobacini del Finale-se orientale. I: Torrente Sciusa; II: Rio Ponci; IIa: Rio Ponci considerato con le aree equiparabili ad endoreiche; III: Rio Cornei; IV: Rio Barelli; V = Rio dell'Arma; VI: Torrente Noli.**

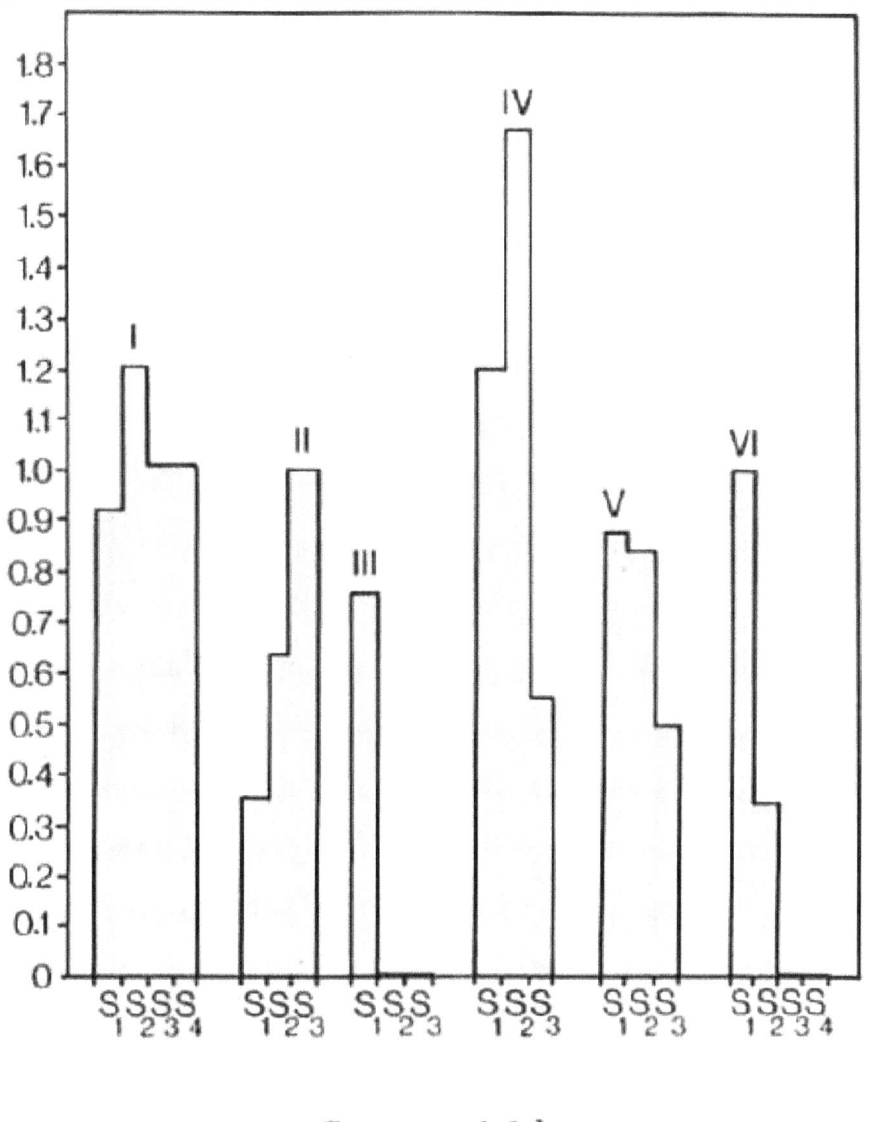

Conservatività

Fig. 5.2 - Valori di conservatività dei principali bacini e sottobacini del Finalese orientale. I numeri romani, che indicano le singole unità idrografiche, hanno le stesse corrispondenze della fig. 5.1.

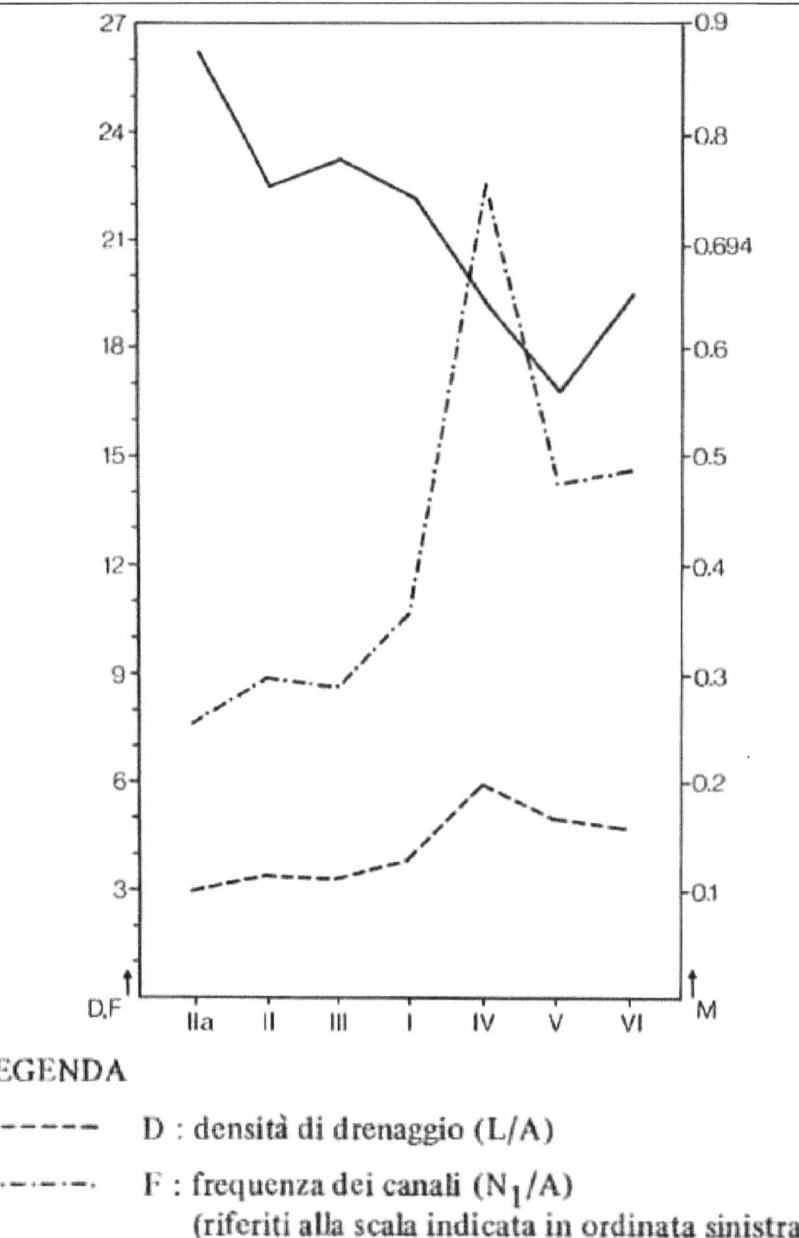

LEGENDA

$- - - - -$ D : densità di drenaggio (L/A)

$- \cdot - \cdot - \cdot - \cdot$ F : frequenza dei canali (N_1/A)
                   (riferiti alla scala indicata in ordinata sinistra)

Fig. 5.3 - Densità di drenaggio, frequenza dei canali e rapporto di Melton dci principali bacini e sottobacini dell'area. I numeri romani, che indicano le singole unità idrografiche, hanno le stesse corrispondenze della fig. 5.1.

VAL PORA

La Val Pora è divisibile nei due sottobacini del T. Pora s.s., di 36,61 km², e del T. Aquila, di 21,80 km². In entrambi é notevole l'omogeneità fra i parametri relativi ai segmenti fluviali dei diversi ordini gerarchici: il rapporto fra lunghezze medie cumulate e ordine dei segmenti fluviali si discosta ben poco dal modello teorico proposto da Horton, come anche il rapporto tra frequenza e ordine dei segmenti fluviali (Imperiale *et alii*, 1982). Partendo dai dati di Imperiale *et alii* (1982) si sono calcolati (Motta, 1990) i valori di conservatività relativi ai singoli ordini gerarchici (Su), per i due sottobacini e per il bacino del Pora considerato nel suo complesso (fig. 5.4). Considerato che il rapporto fra l'area delle rocce carbonatiche e l'area totale é maggiore nel sottobacino dell'Aquila rispetto al sottobacino del Pora (20,8% contro 5,5% secondo Imperiale *et alii*, 1982), la fig. 5.4 indica che, come nel già descritto bacino dello Sciusa, i reticoli idrografici impostati su rocce carbonatiche sono più organizzati degli altri.

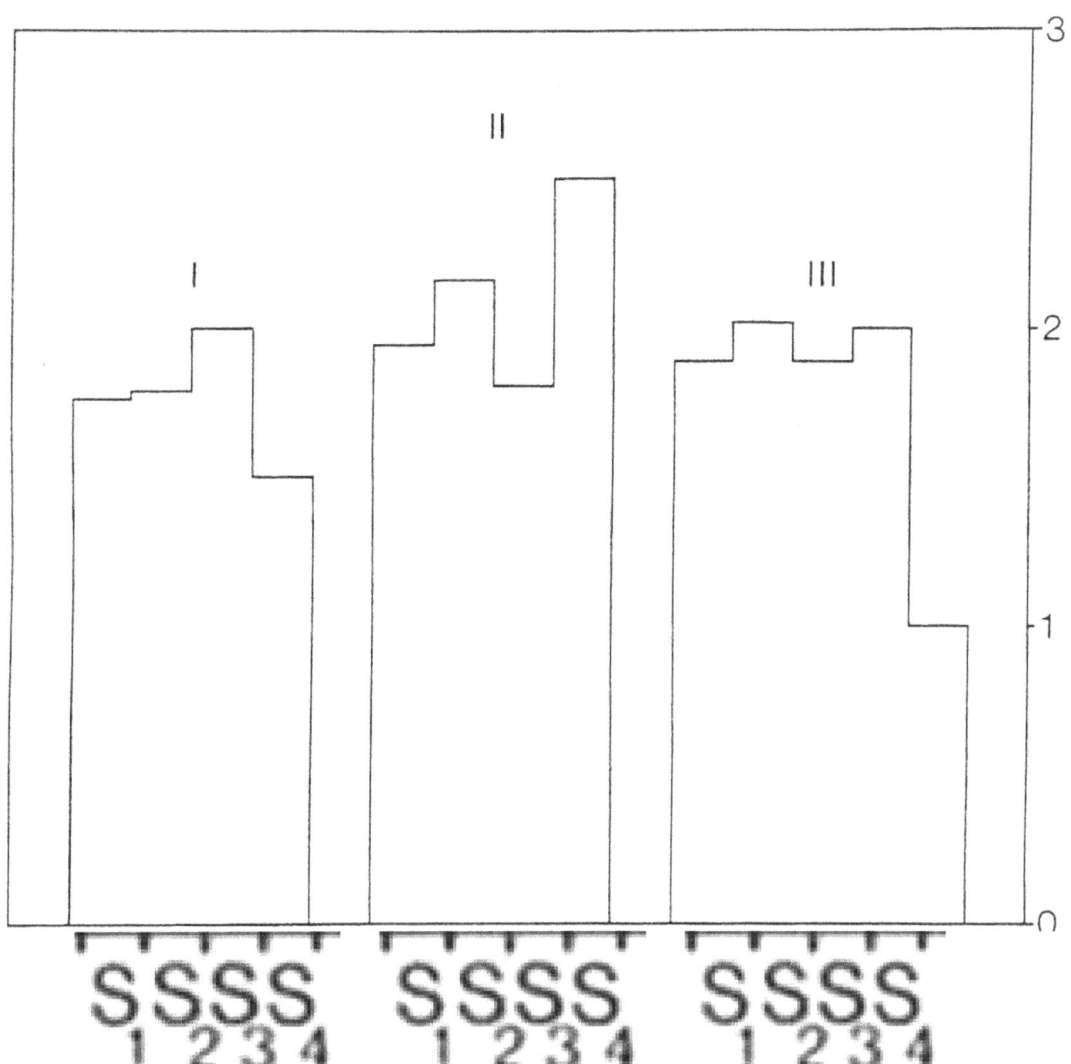

Fig. 5.4 - **Valori di conservatività (Sa) del sottobacino del T. Aquila (1), del sottobacino del T. Pora s.s. (11) e del bacino complessivo del Pora (111). I valori medi sono: (I): 1,76; (11): 2,10; (III): 1,76.**

Calcolando i rapporti di Melton (M) si ottengono i seguenti valori:
- Bacino del Pora considerato integralmente: M = 0,4627
- Sottobacino del T: Pora s.s.: M = 0,4285
- Sottobacino del T: Aquila: M = 0,5285

Bacini maturi hanno M = 0,694 (Forni & Franceschetti, 1981) e valori più bassi sono indice di immaturità. Come nel bacino dello Sciusa, il sottobacino dell'Aquila, in cui le rocce solubili sono più diffuse, appare relativamente più maturo. La sua osservazione diretta mostra tuttavia valli sospese i cui tratti distali sono in forte ed attiva erosione: perciò in realtà non si tratta di bacini maturi, ma di morfologie relitte, il cui ringiovanimento é rallentato dal forte sviluppo del carsismo. Non è possibile un maggiore dettaglio nello studio dei sottobacini, per le loro piccole ed eterogenee dimensioni, ma quanto detto relativamente al bacino dello Sciusa é probabilmente valido anche per il bacino del Pora: si trova in una fase di erosione iniziata in tempi relativamente recenti e non ancora conclusa, che è a uno stadio meno avanzato nell'area carsica piuttosto che nell'area d'affioramento di rocce insolubili. Tuttavia, a differenza dello Sciusa, il Pora in base ai parametri studiati (in particolare M) non é ancora molto prossimo alla maturità, come del resto indica la notevole intensità dei processi erosivi, solo recentemente contrastati dall'uomo con capillari opere di difesa del territorio.

I terrazzi fluviali

VAL PORA

Nelle valli Pora e Aquila i terrazzi fluviali sono disposti in due serie sovrapposte, a quote progressivamente decrescenti verso la foce (fig. 5.5).

Fig. 5.5 - I terrazzi fluviali delle valli Pora e Aquila, indicati con i numeri e le lettere riportati in tab. 5.3 e 5.4. In bianco sono rappresentati i terrazzi della tab. 5.3, in nero i terrazzi della tab. 5.4. In puntinato é rappresentata la Valle Urta, valle oggi nettamente sovradimensionata, compresa fra la Rocca di Perti e la Rocca Carpanea.

La serie inferiore, osservabile in entrambi i sottobacini principali fino a circa 9 km dalla foce, è sospesa di 10 - 55 m sugli alvei attuali e costituita da 17 terrazzi spaziati regolarmente, di cui due (quelli di Rialto e Feglino) conservano sedimenti fluviali costituiti da ghiaie sabbioso-limose, con gli elementi grossolani ben arrotondati e con patina di alterazione (Imperiale *et alii*, 1982).

Tab. 5.3 – La serie inferiore di terrazzi fluviali delle Valli Pora e Aquila.

Valle	N°	Quota terrazzo (m)	Dislivello con l'alveo attuale del corso d'acqua sottostante (m)
AQUILA	1	160-170	30
	2	140-150	15
	3	100-120	30
	4	95-105	20
	5	60-70	30
	6	65-80	35
	7	30-40	15
PORA	8	175-195	15
	9	100-110	10
	10	90-110	55
	11	75-90	15
	12	65-80	15
	13	65-75	35
	14	50-70	10
	15	40-45	10
	16	55-65	45
	17	60-70	50

La serie superiore è sospesa di 70 - 120 m sull'alveo del T. Aquila e di 150 - 190 m sull'alveo del T. Pora. Essa è assente in destra orografica nella Val Pora e, in corrispondenza alla Rocca di Perti, anche in sinistra orografica. I terrazzi del fianco sinistro orografico della Val Pora si prolungano nella sella quotata 215,1 m della Valle Urta, già descritta a proposito dei depositi alluvionali. La Valle Urta si prolunga a sua volta in un lungo terrazzo al suo sbocco in Valle Aquila. Ne consegue che questa serie è con ogni probabilità la testimonianza di un antico corso del Pora con un livello di base sospeso di circa 95 - 105 m su quello attuale, che oltrepassava la zona di affioramento delle rocce carbonatiche passando per l'attuale Valle Urta e, più a valle, confluendo nell'Aquila a monte del punto di confluenza attuale.

Dalla distribuzione geografica e altimetrica dei terrazzi si deduce che nelle due valli il terrazzamento é principalmente avvenuto in maniera progressiva, come indica la variabilità del dislivello con l'alveo attuale del corso d'acqua sottostante; fa eccezione la mancanza di terrazzi sospesi di 55 - 75 m sugli alvei attuali, dovuta probabilmente ad una fase di rapida incisione valliva.

Tab. 5.4 – La serie superiore di terrazzi fluviali delle valli Pora e Aquila. Ad essi è forse correlabile il fondovalle del Pian Marino a quota 215 - 125 m, sospeso sugli alvei attuali di 165-95 m.

Valle	Identificativo in fig. 5.5	Quota terrazzo (m s.l.m.)	Dislivello con l'alveo attuale sottostante(m)
AQUILA	a	180-190	75
	b	130-140	120
	c	130-140	115
	d	125-135	105
	e	110-120	85
	f	100-120	80
PORA	g	320-335	190
	h	315-335	190
	i	290-305	185
	l	200-220	150

VAL SCIUSA

In Valle Sciusa i terrazzi mostrano egualmente una distribuzione in due serie sovrapposte. Nella serie inferiore (tab. 6.3, fig. 6.11) per la prossimità al mare e l'assenza di depositi sicuramente fluviali è difficile distinguere i terrazzi fluviali da quelli marini. In Motta (1987) sono quasi tutti interpretati come marini, ad esclusione di quello di Boragni (165 – 175 m s.l.m.) e, dubitativamente, di quello di Calvisio (100 – 121 m s.l.m.).

Forme carsiche

Analisi della distribuzione altimetrica delle grotte

L'analisi morfometrica delle forme carsiche ha interessato in primo luogo le cavità ipogee. È verosimile ammettere che, in assenza di livelli stratigrafici particolari, tali da creare rilevanti discontinuità litologiche, le cavità ipogee si addensino in fasce altimetricamente definite corrispondenti ad antichi livelli di base carsici rimasti a quelle quote per un certo tempo. Lo studio di questa problematica è iniziato con Motta (1987), proseguito da Biancotti & Motta (1989) e ultimamente da Boccalatte (2018), man mano che progredivano le conoscenze sul carsismo ipogeo.

I dati di Boccalatte (fig. 5.6) confermano i risultati dei lavori precedenti, mostrando l'assenza di fasce altitudinali del tutto prive di grotte, salvo immediatamente sotto le vette più alte. Tuttavia sono ben riconoscibili 3 intervalli di massimo addensamento: il principale compreso fra 160 e 340 m s.l.m., gli altri due, equivalenti fra loro, sono uno limitato alla fascia 100-120 m e uno tra il livello marino e 60 m s.l.m. Quest'ultimo intervallo è ovviamente il livello di base carsico attuale dei sistemi ipogei che non sono limitati verso il basso da rocce impermeabili. Per l'intervallo superiore il discorso è più complesso. Sicuramente il motivo principale dell'addensamento è che la Pietra di Finale, la formazione più permeabile, si trova solo fra i 150 - 160 e i 400 m s.l.m. Da ciò però il massimo addensamento delle grotte dovrebbe risultare nella fascia 140-160 m, corrispondente alla base stratigrafica della formazione; inoltre ciò non spiega perchè appaiono due picchi (240 – 260 e 280 – 300 m s.l.m.), e perchè a 340 – 400 m s.l.m. la Pietra di Finale sussiste, ma priva o quasi di cavità ipogee. Queste particolarità sono invece spiegabili ipotizzando che gli addensamenti di grotte derivino dalla più lunga permanenza a certe quote del livello di base carsico, durante la sua progressiva discesa. Fra tali quote, la fascia 240 – 260 coincide con il livello marino durante il riempimento della parte inferiore della Grotta dell'Edera. Medesima coincidenza si ha per la fascia altimetrica 100 – 120 m s.l.m., che non corrisponde a una particolare diffusione delle rocce solubili ma mostra egualmente un netto addensamento delle cavità.

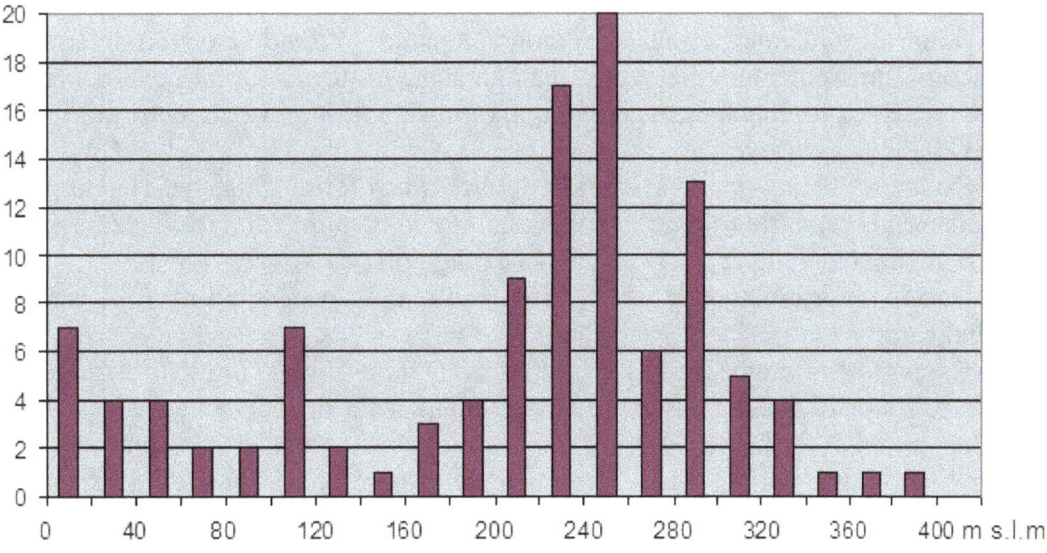

Fig. 5.6 - Distribuzione altimetrica delle grotte, dai dati di Boccalatte (2018).

Analisi morfometrica delle cavità epigee

Ha interessato le seguenti forme:

COCKPIT

I *cockpit* degli altopiani finalesi sono delle grandi depressioni carsiche, costituite da sistemi raggiati di valloni a fondo piatto convergenti verso una piana centrale in cui spesso si apre un inghiottitoio. Il *cockpit* è delimitato da colline emisferiche o cupuliformi separate da selle. Generalmente i valloni si presentano ramificati; il loro fondo è colmo di terra rossa e presenta un raccordo brusco con il versante, spesso marcato da paretine testimonianti processi di corrosione marginale. Il raccordo brusco, che si ripete in tutte queste forme presenti nell'area in esame, permette di misurare i seguenti parametri del fondo dei valloni: larghezza, lunghezza, dislivello e quota minima.

Nei *cockpit* molto evoluti la piana centrale si allarga fino a raggiungere grandi dimensioni, com'è il caso della Piana d'Isasco.

MEGADOLINE

La depressione centrale dell'Altopiano delle Manie, che dà il nome all'altopiano, è analoga come dimensioni e caratteristiche alle megadoline delle regioni tropicali (aventi clima simile o eguale a quello dei paesaggi a *cockpit*). In Biancotti & Motta (1989), Biancotti *et alii* (1991), tale forma è classificata uvala, nell'accezione (Castiglioni, 1979) di «grande depressione carsica influenzata da situazioni strutturali locali», perchè si è formata in corrispondenza a una sinclinale. Presenta contorni sinuosi ed una morfologia analoga a quella delle piane centrali dei *cockpit*, pur mancando dei valloni a fondo piatto convergenti nella piana centrale tipici dei *cockpit*. I parametri morfologici misurati sono indicati nella fig. 5.7.

Pure la Piana d'Isasco coincide con una sinclinale e, dalla valutazione dei parametri morfologici che la concernono, evolve in modo del tutto analogo alla Piana delle Mànie (Biancotti & Motta, 1989).

DOLINE

Le doline minori della sommità degli altopiani del Finalese sono distinguibili in due gruppi.

1) Doline di soluzione normale con «fondo a piatto». Il fondo è colmo di terra rossa e si raccorda bruscamente al versante, analogamente a quanto capita nelle depressioni carsiche descritte precedentemente: sono quindi misurabili tutti i parametri morfometrici prima citati per i *cockpit*.

2) Doline a imbuto, aperte sul fondo di altre macroforme carsiche. Hanno piccole dimensioni e genesi varia (doline di soluzione normale, doline di subsidenza dei materiali di riempimento delle depressioni carsiche maggiori).

Nell'analisi morfometrica si è fatto riferimento ai seguenti rapporti fra i parametri prima indicati:

1) Rapporto fra lunghezza (L) e larghezza (I) delle forme. La distribuzione delle forme in funzione di questo rapporto è rappresentata nella fig. 5.7. Se ne ricava che esistono due gruppi di forme ben distinti: uno a sviluppo circa equidimensionale (doline e macrodoline), l'altro con tendenza ad aumentare sempre più la lunghezza rispetto alla larghezza (valloni a fondo piatto). In quest'ultimo gruppo si nota che i valloni dei *cockpit* ancora ben conservati (Pian della Noce e S. Bernardino) non differiscono dagli

altri: indizio che anche i valloni che oggi non fanno parte di una depressione chiusa provengano da originari *cockpit* smembrati dall'erosione.

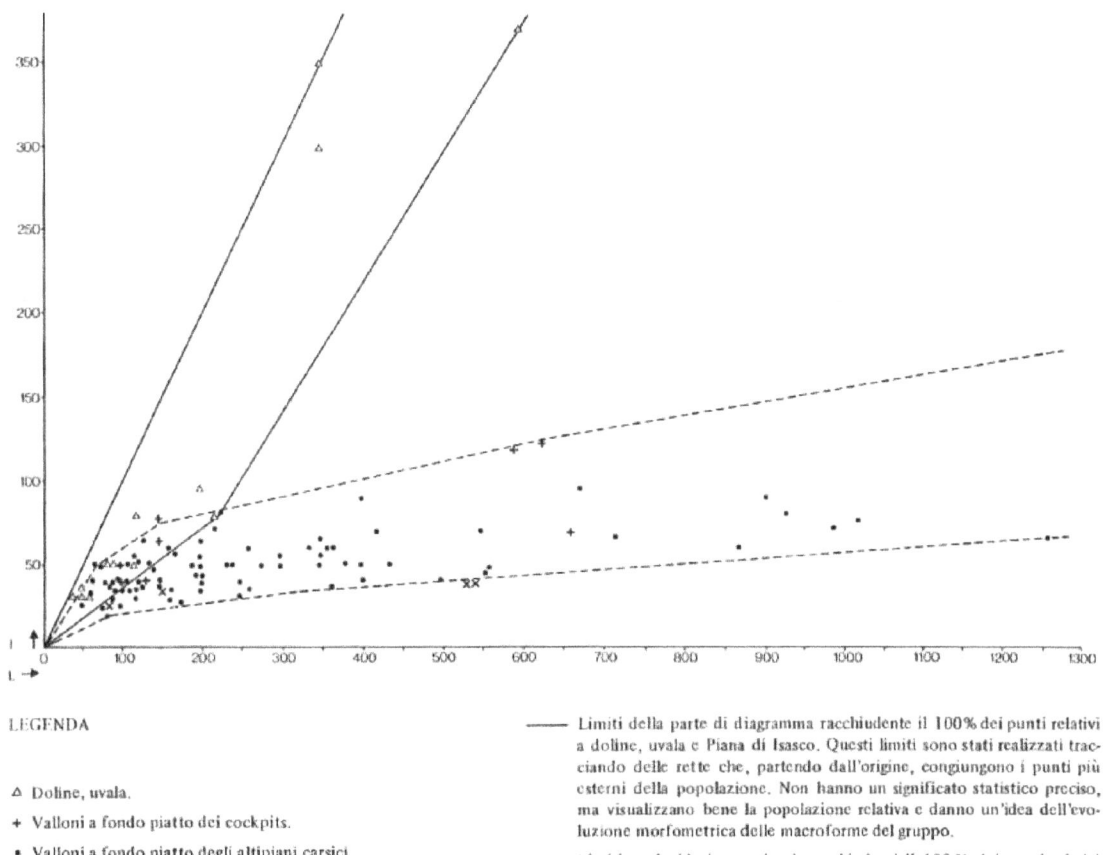

LEGENDA

△ Doline, uvala.

+ Valloni a fondo piatto dei cockpits.

• Valloni a fondo piatto degli altipiani carsici.

× Valloni a fondo piatto fluviocarsici del bacino di Monte Tolla.

——— Limiti della parte di diagramma racchiudente il 100% dei punti relativi a doline, uvala e Piana di Isasco. Questi limiti sono stati realizzati tracciando delle rette che, partendo dall'origine, congiungono i punti più esterni della popolazione. Non hanno un significato statistico preciso, ma visualizzano bene la popolazione relativa e danno un'idea dell'evoluzione morfometrica delle macroforme del gruppo.

---- Limiti analoghi ai precedenti, racchiudenti il 100% dei punti relativi ai valloni a fondo piatto degli altopiani carsici.

FIG. 5.7 - **Rapporto fra lunghezza L (in ascisse) e larghezza l (in ordinate) delle macroforme carsiche epigee (da Biancotti & Motta, 1989).**

2) Rapporto fra lunghezza (L) e quota minima (Qm) delle forme. La fig. 5.8 mostra che non esiste una relazione matematica fra i due parametri, ma tutti i valloni a fondo piatto impostati sulle Dolomie di S. Pietro ai Monti si raggruppano in un ambito bene individuabile, e lo stesso avviene per i valloni in Pietra di Finale. Ciò da un lato conferma quanto indicato dal rapporto 1), dall'altro indica l'influenza della litologia sullo sviluppo dei valloni a fondo piatto.

3) Rapporto fra lunghezza (L) e dislivello (D). In fig. 5.9 doline e macrodoline non mostrano alcuna relazione omogenea fra questi due parametri. Nei valloni a fondo piatto il dislivello cresce con la lunghezza secondo una relazione approssimativamente lineare. Ciò fa pensare che i valloni a fondo piatto si sviluppino per erosione regressiva partendo da un livello di base costituito da un punto di assorbimento centrale che si abbassa per corrosione contemporaneamente all'evolversi della forma. Ne deriva una possibile attribuzione di coetaneità delle maggiori depressioni e la non rilevanza del loro sviluppo lineare nel definire l'età di formazione.

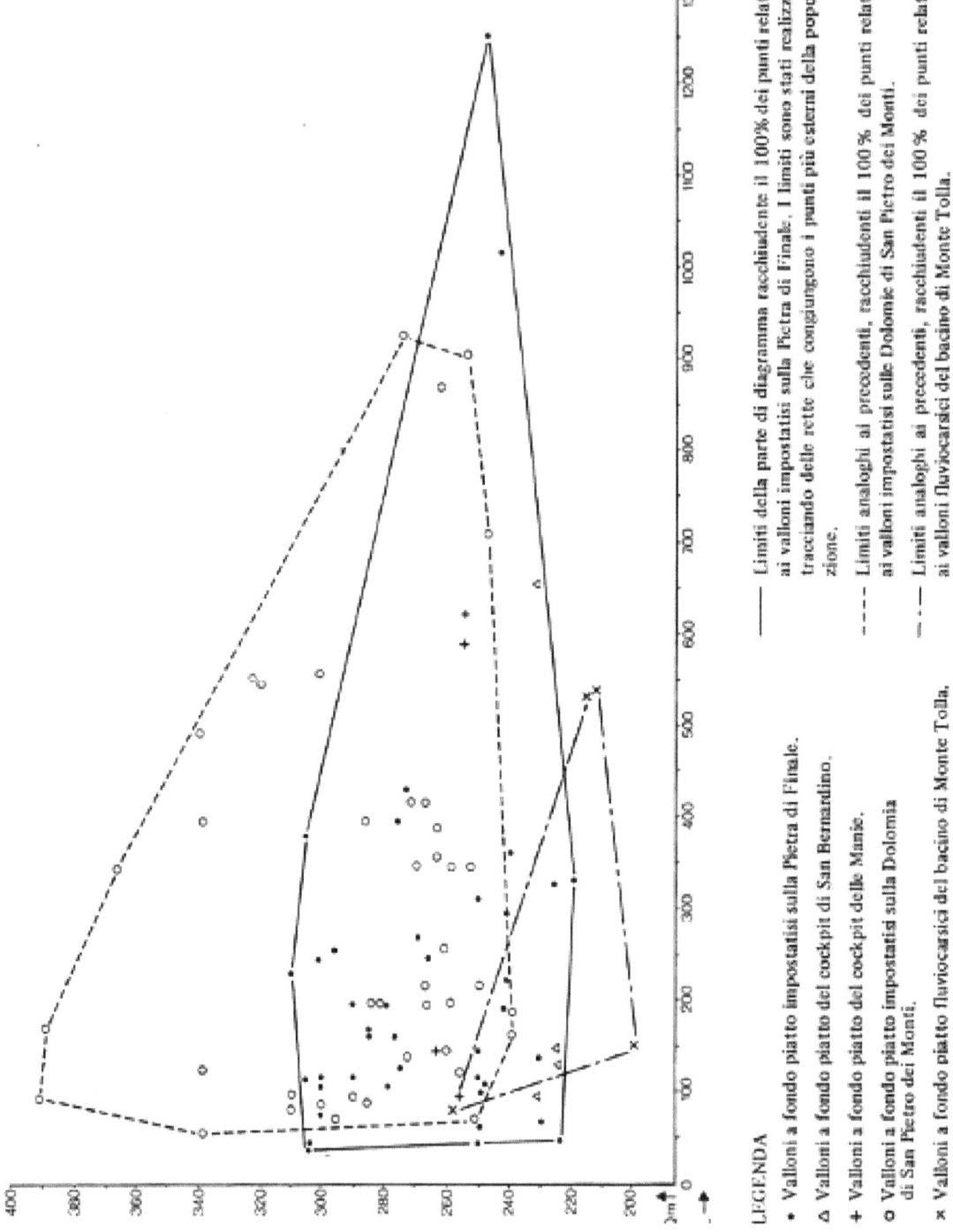

Fig. 5.8 - Rapporto fra lunghezza L (in ascisse) e quota minima Qm (in ordinate) delle macroforme carsiche epigee (da Biancotti & Motta, 1989).

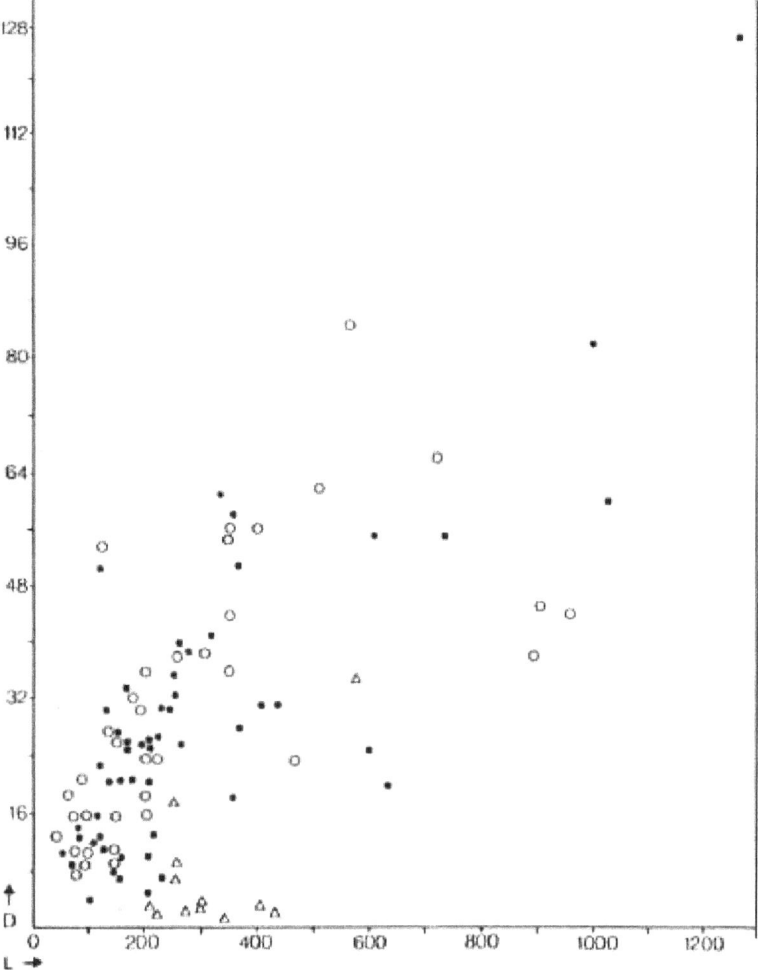

LEGENDA

△ Doline, uvala.

○ Valloni a fondo piatto impostatisi sulla Dolomia di San Pietro
  dei Monti, compresi quelli facenti parte del cockpit di Manie.

● Valloni a fondo piatto impostatisi sulla Pietra di Finale, compresi quelli facenti parte del cockpit di San Bernardino.

**FIG. 5.9 - Rapporto fra lunghezza L (in ascisse) e dislivello D (in ordinate) delle macroforme carsiche e-
pigee (da Biancotti & Motta, 1989).**

4) Orientazione dei valloni a fondo piatto dell'altopiano delle Mànie (costituito prevalentemente da calcari dolomitici triassici e calcari giurassici) e di Campuriundu
(costituito interamente di Pietra di Finale). La misurazione del parametro (fig. 5.10, A e
C) mostra la netta prevalenza dell'orientazione verso Sud in entrambi gli altopiani. Le
possibili cause di una particolare orientazione dei valloni sono sostanzialmente due:
  - controllo dovuto a strutture lineari orientate N·S;
  - controllo dovuto ad un originario drenaggio verso Sud, visto che la genesi dei valloni presuppone anche una componente dovuta allo scorrimento dell'acqua di
precipitazione.
  La prima è escludibile, stante l'assenza di sistemi di faglie o fratture con tale orientazione. E invece sostenibile la seconda ipotesi, che collega lo sviluppo delle forme alla

primitiva inclinazione dell'altopiano carsico, verso Sud nella sua parte orientale, verso SE nella sua parte occidentale. Conferma l'ipotesi l'asimmetria dello sviluppo delle forme e della loro frequenza (parametro misurato per l'altopiano delle Manie nella fig. 11, B) nei due versi opposti della direzione dominante, improbabile se le cause fossero tettonico-strutturali.

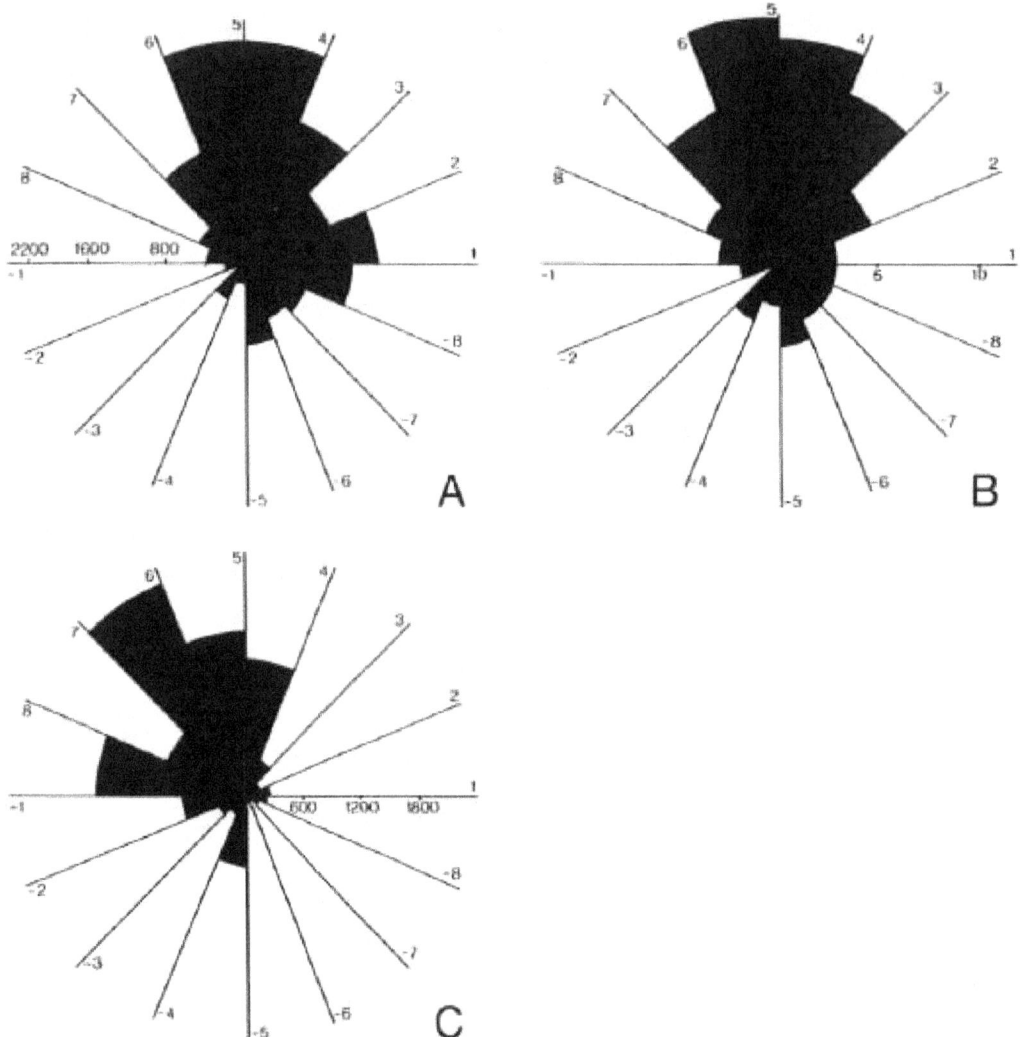

Fig. 5.10 - Diagrammi areolari rappresentanti l'orientazione dei valloni a fondo piatto dell'Altopiano delle Mànie (A) e di Campuriundu (C) (da Biancotti & Motta, 1989). L'orientazione si legge dall'esterno verso il centro del diagramma. In B è rappresentata la frequenza delle forme in relazione alla loro orientazione. Sull'asse orizzontale è riportata la lunghezza in metri delle singole forme. I valloni a fondo piatto sono orientati prevalentemente verso Sud. L'asimmetria dello sviluppo delle forme e della loro frequenza nei due versi opposti della direzione dominante (diagramma B) dimostra come i valloni non siano influenzati da strutture tettoniche, ma dalla pendenza generale dell'altopiano originario.

SUPERFICI DELLE VETTE

Sono le superfici d'inviluppo dei rilievi più alti. Per la costruzione delle carte che le rappresentano sono state selezionate le cime aventi le seguenti caratteristiche:

a) precisa individualità, per cui sono state scartate le elevazioni secondarie;

b) altezza maggiore di 250 m, per eliminare le cime secondarie create più recentemente dall'approfondimento delle valli (Biancotti & Motta, 1989).

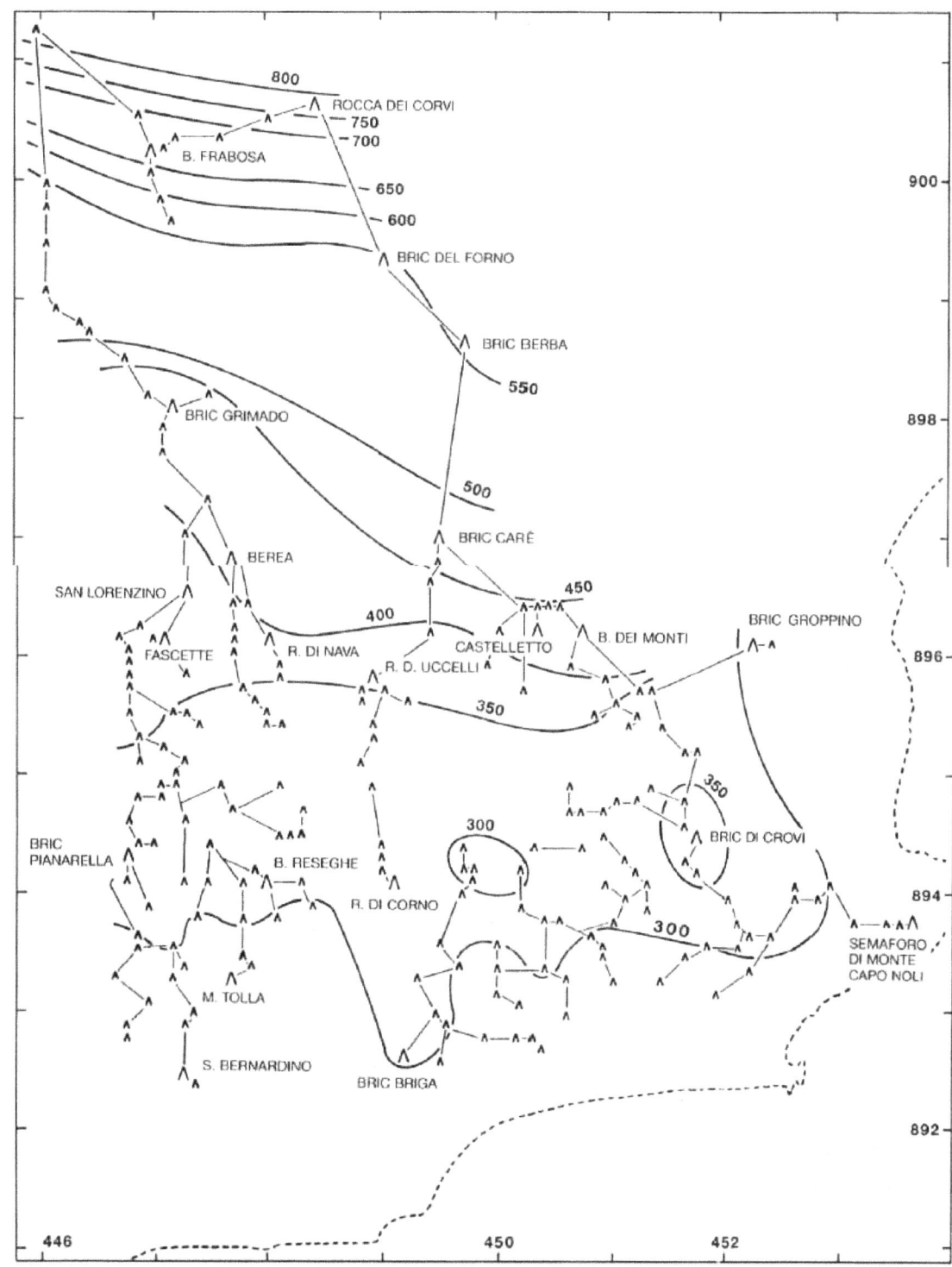

Fig. 5.11 - Carta della superficie delle vette nel Finalese orientale (da Biancotti & Motta, 1989).

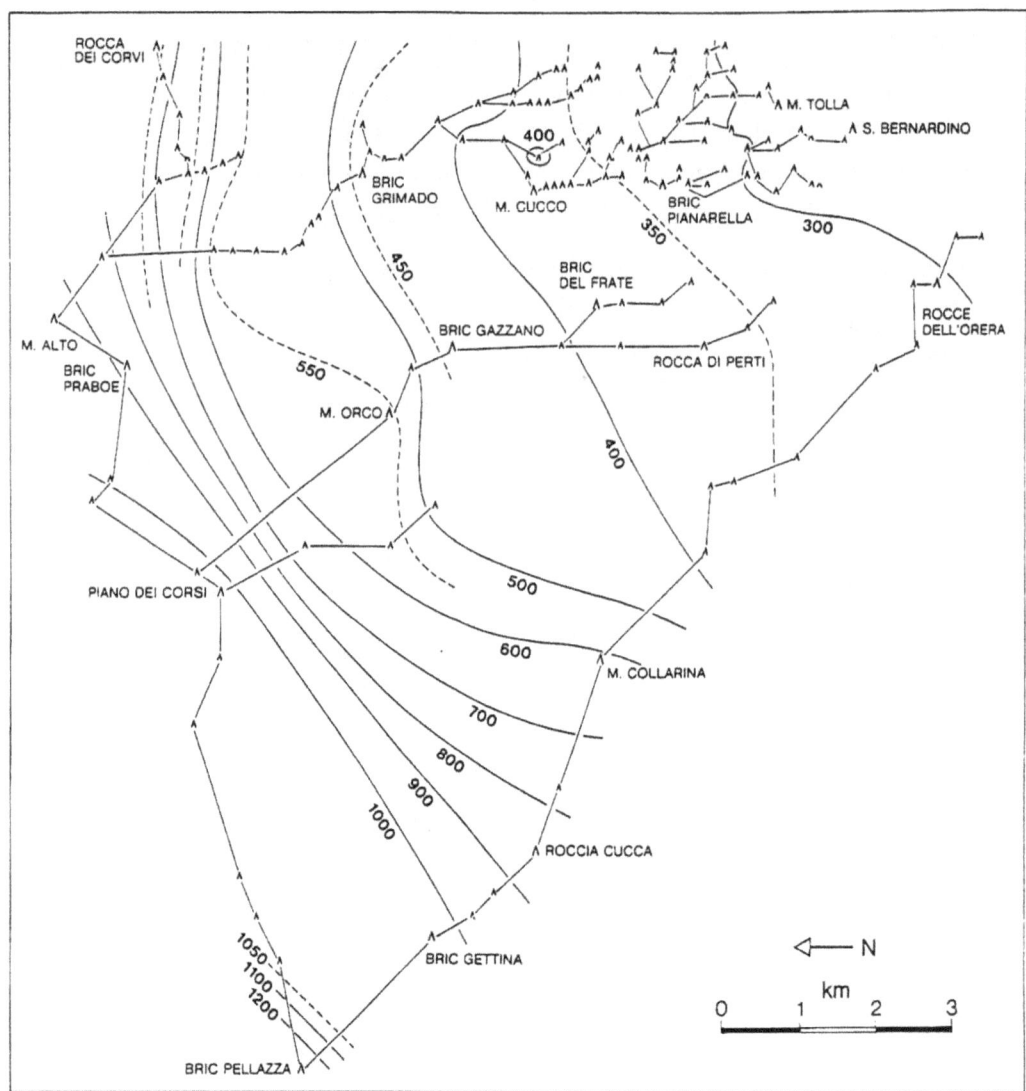

Fig. 5.12 - Carta della superficie delle vette nel Finalese occidentale (da Motta, 1991).

La carta del Finalese orientale (fig. 5.11) mostra che si può tracciare fra le isoipse di quota 550 e 260 m s.l.m. una superficie delle vette inclinata verso S, con pendenze medie inferiori al 4,5%. Le cime tangenti al piano ricavato rappresentano con ogni probabilità i testimoni di una forma originaria pressoché piatta e debolmente inclinata verso Sud.

La fig. 5.12 riporta la "superficie delle vette" ricostruibile nel Finalese occidentale: suborizzontale fra circa 260 e 600 m di quota, inclinata verso S - SE con pendenze del 3,0 - 4,5%. La superficie suborizzontale é limitata a N da una scarpata con pendenze del 10 - 50%, che la separa da una più piccola superficie suborizzontale, compresa fra le isoipse 1000 e 1050, con pendenza di circa 2,5%. È escludibile un'origine tettonica della scarpata che separa le due superfici suborizzontali, dato che non coincide con alcuna linea tettonica conosciuta (Vanossi, 1971; Boni et alii, 1971; Imperiale et alii, 1982). È quindi possibile che tale scarpata derivi da un paleorilievo delimitante a N e NE la superficie d'erosione sottostante. È forse di origine analoga la scarpata che limita verso NE la superficie suborizzontale più alta.

Si possono ipotizzare tre possibilità di origine della forma primitiva:

1) da una superficie debolmente inclinata e non sollevata tettonicamente;

2) da una superficie debolmente inclinata e successivamente sollevata;

3) da una superficie tendente al piano orizzontale successivamente basculata.

La prima ipotesi non è sostenibile, sia perché non si conosce un agente genetico né un processo erosivo in grado di creare la forma senza risentire dell'influenza del vicino livello di base marino, notevolmente più depresso rispetto alla forma stessa (Biancotti & Motta, 1989), sia perché le quote delle sottostanti linee di riva implicano necessariamente un forte sollevamento tettonico dell'area. La terza ipotesi porta a pensare ad una piana costiera successivamente sollevata e basculata. In questo caso la regolarità della forma potrebbe derivare o dalla superficie deposizionale primitiva oppure da un'originaria superficie d'erosione. Il primo caso è da escludere in quanto la ricostruzione del piano debolmente inclinato fa riferimento ad affioramenti in roccia. Il secondo non è escludibile in assoluto, ma appare molto improbabile perché, considerata quota e inclinazione della superficie, implicherebbe che la linea di costa era decine di chilometri più a S.

In definitiva l'unica ipotesi verosimile è l'ipotesi 2), di una superficie d'erosione successivamente sollevata. Tale superficie potrebbe corrispondere ad un antico *glacis* d'erosione (Biancotti & Motta, 1989).

La mancanza di evidenti dislocazioni della "superficie delle vette" in corrispondenza alle linee tettoniche riconosciute nella regione, indica che nell'area mancano dislocazioni tettoniche recenti a sensibile rigetto (come del resto sostenuto in base ad altre prove da Boni *et alii*, 1980).

La pendenza della "superficie delle vette" è perfettamente coerente con quella dei valloni a fondo piatto, suggerendo che la morfologia carsica si sia formata direttamente per erosione della superficie topografica che ha lasciato la "superficie delle vette"; del resto, nell'area carsica tutte le sommità delle colline emisferiche della morfologia a *cockpit* sono tangenti alla "superficie delle vette".

6. Ricostruzione dell'evoluzione morfotettonica

L'analisi della morfologia e dei depositi postomiocenici non può ovviamente farci riconoscere tutti gli eventi morfogenetici che si sono succeduti dal Miocene ad oggi, ma consente di determinare diverse tappe dell'evoluzione morfologica e sedimentaria: in altri termini si possono ricostruire degli stadi successivi, che non necessariamente coprono tutta l'evoluzione morfotettonica locale. Ad esempio, possono esserci state ingressioni marine o fasi erosive che sono durate troppo poco per lasciare tracce, o le cui tracce sono state completamente distrutte dagli eventi successivi, o non sono ancora state scoperte. Gli stadi di seguito elencati sono più numerosi che in Biancotti & Motta (1989) e Motta (1991) e hanno una numerazione differente, in seguito alle successive scoperte di nuovi o più dettagliati indizi morfotettonici (Motta & Motta, 1997 e 1998; Biancotti & Motta, 1997), che hanno modificato le idee di trent'anni fa sull'evoluzione della zona (tab. 6.1). Inoltre essi sono qui inquadrati nelle moderne suddivisioni del Quaternario e riferiti alle attuali conoscenze sulle oscillazioni eustatiche (fig. 6.1), molto cambiate rispetto agli anni 1980 – 2000, a cui risale la maggior parte degli studi sul Finalese. Per le principali suddivisioni cronostratigrafiche, gli stadi marini e le variazioni climatiche desumibili dalle variazioni del rapporto isotopico dell'ossigeno faremo riferimento alla versione 2020 dell'International Commission on Stratigraphy (fig. 6.2).

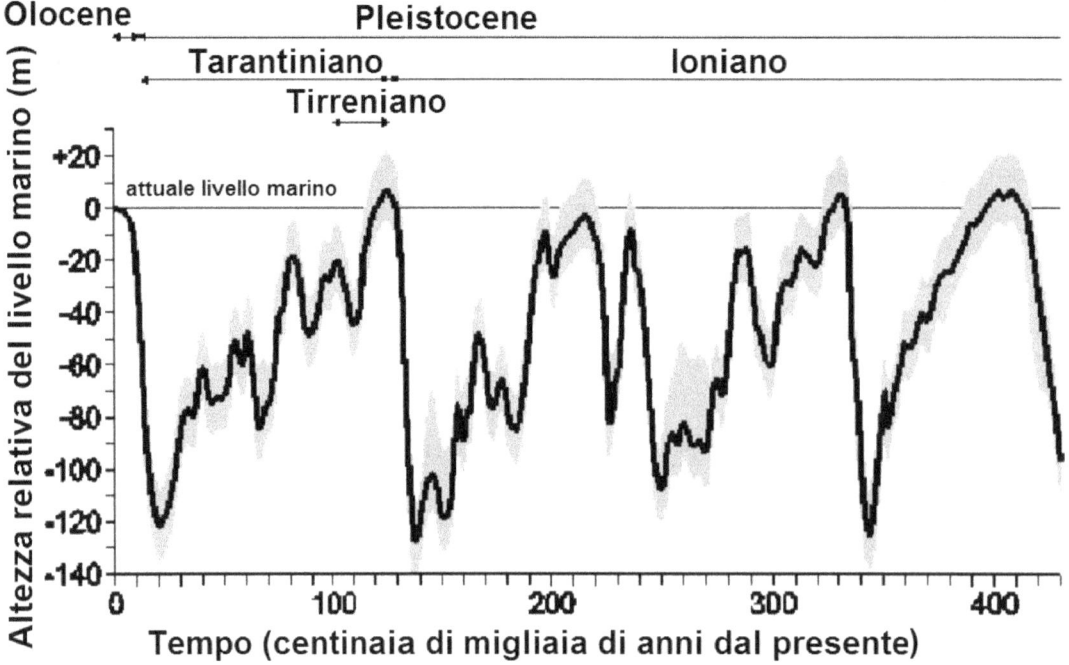

Fig. 6.1 – Oscillazioni eustatiche nel Mar Mediterraneo durante gli ultimi 430.000 anni.

Caratteri climatici			Eventi morfogenetici			Sea level
Versante ligure	Catena alpina	Versante padano	Versante ligure	Catena alpina	Versante padano	
Mediterraneo	Montano	Temperato di transizione	Episodi alluvionali ricorrenti			
Alternanza di fasi umide (abbandono delle grotte) e simili all'attuale (1)	Sostanzialmente simile all'attuale	Sostanzialmente simile all'attuale	Raggiungimento della situazione attuale di quasi maturità del reticolo idrografico	Terrazzamento dei fondovalle pianeggianti tardopleistocenici	Incisione dei *tallweg* e terrazzamento	Assenza di variazioni significative
Mediterraneo o leggermente più caldo (2) Più freddo dell'attuale (1) Mediterraneo	Alternanza di fasi a clima montano e a clima freddo Montano (vegetazione simile all'attuale, 5)	Alternanza di fasi steppiche a clima periglaciale (loess, crioturbazioni, 3) e temperate Atlantico? (9)	Formazione dei terrazzi marini più bassi e deposizione di facies tirreniane nelle rientranze rocciose	Nelle zone carsiche, alternanza di prevalenza dei processi carsici e fluviali	"Cattura del Tanaro" e modificazioni connesse del reticolo idrografico	+ 6 m (2) (Monastiriano recente, 4) Almeno - 10/15m (2) + 3-10 m (2), o + 5 m (5) (Mon. antico)
Più freddo dell'attuale (fasi della glaciazione Riss, 1)	Freddo	Continentale freddo (6)	Progressivo abbassamento del livello di base	Abbassamento di 10-15 m del livello di base carsico	Spostamento	Regressione (fase Ostiense-Nomentana, 7)
Caldo?	Temperato caldo	Subtropicale umido	Formazione di un livello di base carsico; modellamento fondivalle pianeggianti	Idem vers. lig; formazione di un polje, neoformazione di argille nei suoli di fondovalle	verso Nord-Est del reticolo idrografico per catture e diversioni, indotto da	+ 55 m (Milazziano, 4 e 7)
Temperato freddo? (glaciazione Mindel, 1)	Freddo?	Continentale freddo	Modellamento delle attuali valli allogeniche con messa a giorno dei sistemi ipogei	Abbandono del paleoTanaro e incisione del Massiccio di Nucetto	variazione differenziale dell'energia di rilievo. Modellamento asimmetrico delle valli con	- 100 m? ("Regressione romana", 4, Flaminio, 7)
Caldo?	Temperato (polje)	?	Modellamento fondivalle pianeggianti e terrazzi marini	Formazione di terrazzi fluviali e di polje	terrazzamento sul versante orografico sinistro e scalzamento alla base del destro	+ 100 m (correlabile al "Siciliano", *sensu* 1 e 7?)
Temperato (polje e alfisuoli)	?	?	Incisione di valli allogeniche, formazione di polje			Regressione
Caldo?	Temperato (polje)	?	Formazione di una costa a *rias* con falesie e grotte marine	Deposizione di sedimenti di suolo nelle grotte, formazione di polje		+ 265-270 m (correlabile all'Emiliano, *sensu* 7?)
Freddo? (Grèzes lités?) (Glaciazione Gunz, 1 e 7?)	?	?	Incisione del primo reticolo allogenico nelle aree carsiche	Occlusione con depositi fluviali di parte dei sistemi carsici ipogei		Regressione?
Tropicale (cockpit e plintiti)	Molto umido, più caldo dell'attuale	Temperato	Formazione di un reticolo fluviale, e di una morfologia fluviocarsica nelle zone carbonatiche	Estesi trasporti in massa di materiali fortemente alterati, sviluppo dei primi reticoli ipogei	Formazione di un reticolo fluviale	+ 250 m?
Subarido	?	Caldo (8), subarido	Formazione di *glacis*	Modellamento di una morfologia montuosa a versanti poco acclivi	Formazione di *glacis*	< + 250 m? (300 m?, 10)

Tab. 6.1 – Confronto fra caratteri climatici ed eventi morfotettonici dei versanti opposti delle Alpi Liguri tratto da Biancotti & Motta, 1997, a cui si rimanda per la bibliografia relativa.

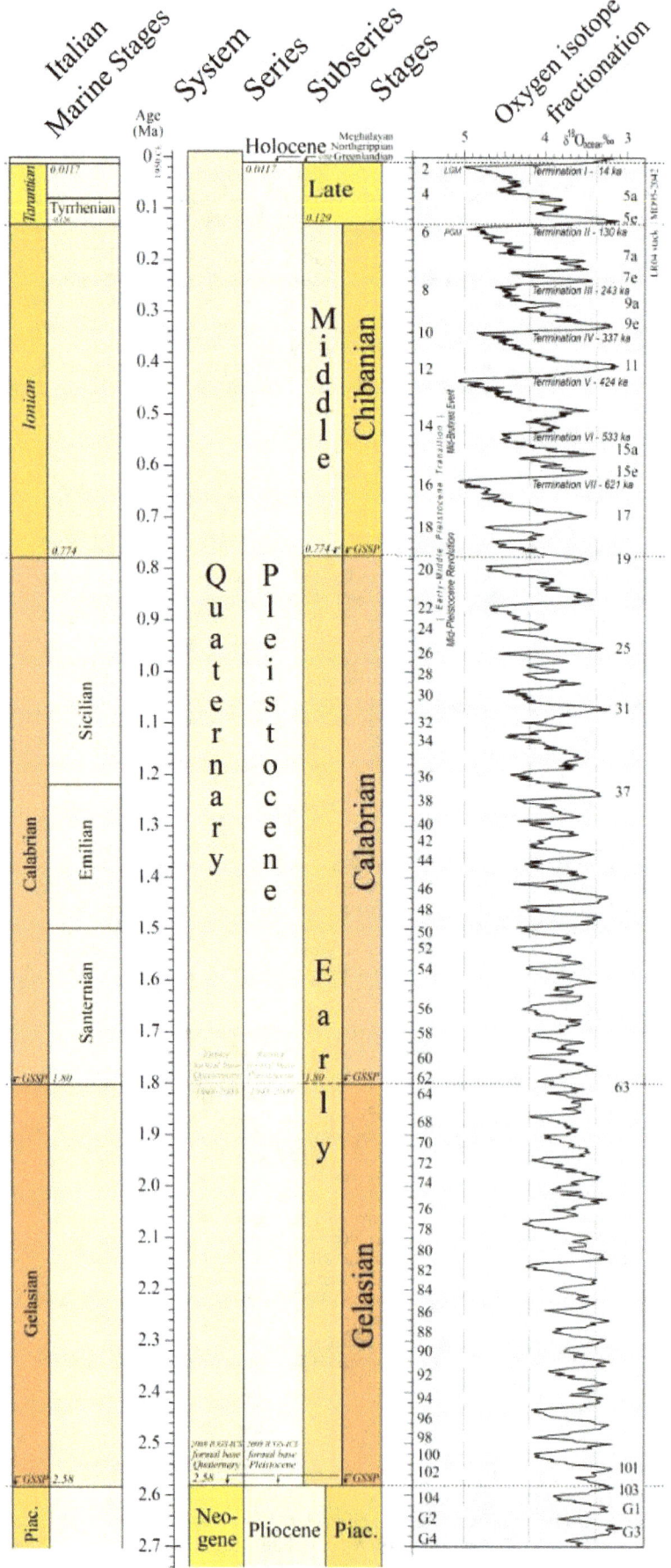

Michele Motta & Luigi Motta

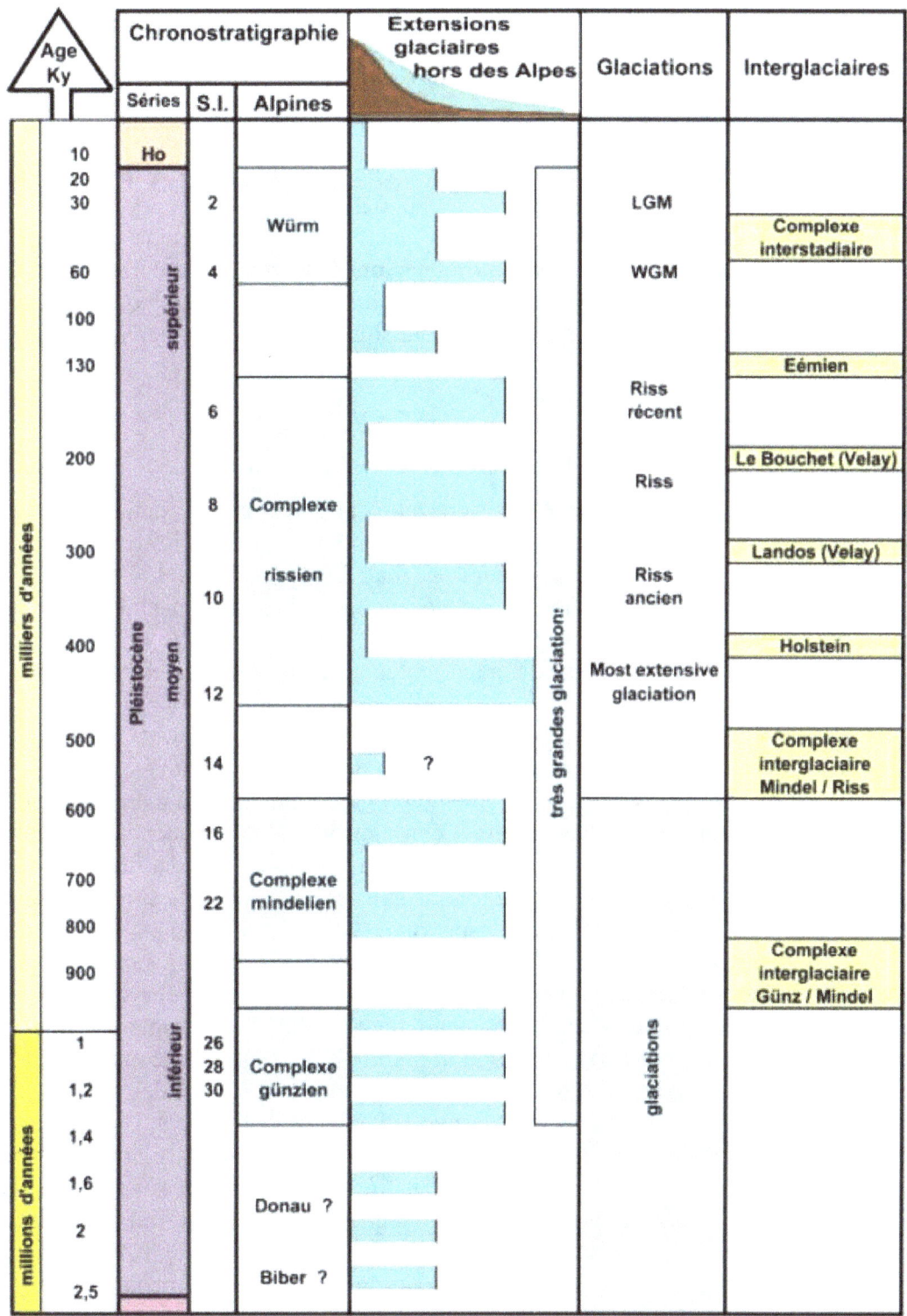

Fig. 6.2 – Il Quaternario.

151

Per gli stadi continentali non è disponibile una cronostratigrafia comunemente accettata, perché da anni la serie alpina è snobbata dalla comunità scientifica anglosassone, da cui la sua assenza nella cronostratigrafia ufficiale della suddetta commissione. Poiché non è corretto applicare all'Italia continentale le serie più prossime disponibili (Gran Bretagna e Russia), di ambiente molto differente, e neanche usare l'escamotage in voga sino a poco tempo fa di chiamare i periodi glaciali con circonlocuzioni tipo "principale glaciazione del Pleistocene superiore" (perché gli studi moderni indicano che le glaciazioni hanno avuto numerose pulsazioni non necessariamente della stessa forza in tutte le Alpi), riuseremo, come alcuni studiosi moderni, le denominazioni classiche, adattate alla moderna cronologia (tab. 6.2).

Purtroppo ancor oggi risultano piuttosto incerte sia la collocazione cronologica degli stadi qui descritti, per la mancanza di datazioni assolute, sia la correlazione con le oscillazioni eustatiche globali, perché queste ultime sono numerose, non già riconoscibili dalla loro entità (fig. 6.1), e probabilmente solo alcune di esse hanno lasciato nella nostra zona tracce.

IL CONTESTO STRUTTURALE

In generale, il Quaternario è caratterizzato dal sollevamento della catena alpina (Cortemiglia, 1982) e dal contemporaneo abbassamento delle aree limitrofe, la scarpata continentale del Mar Ligure e la pianura padana (Rovereto, 1934, 1939; AGIP, 1986; CNR, 1987). Nel Pleistocene superiore - Olocene, il periodo tettonicamente meglio conosciuto, si sono individuate le seguenti aree:

- Bacino Ligure-Provenzale, ad accentuata subsidenza, che coinvolge il margine alpino;
- Alpi Liguri, in sollevamento, in cui si registra attualmente un campo di stress con sforzo principale orientato N - S (trasverso alla catena);
- Appennino Ligure, in sollevamento progressivamente più marcato verso N.

La deformazione delle suddette aree, conseguenza di una tendenza regionale alla disgiunzione nel quadro del processo di collisione Eurasia - Africa, avviene superficialmente lungo strutture disgiuntive e trascorrenti, ma in profondità si registrano anche eventi sismici di tipo compressivo e transpressivo (CNR, 1987).

Sul versante ligure, a oriente del Colle di Cadibona i rilievi formano allineamenti di vette paralleli allo spartiacque principali e più elevati dello stesso, che suggeriscono un abbassamento neotettonico della zona lungo faglie parallele allo spartiacque. Questo tratto della catena montuosa sarebbe quindi assimilabile a un horst compreso fra i due bacini subsidenti di Alessandria, in progressivo restringimento, e del Mar Ligure, in progressivo ampliamento (Biancotti & Motta, 1997). A W del Colle di Cadibona, la parte emersa della catena alpina mostra indizi di generale sollevamento; la parte immersa, foggiata a blocchi tettonici disposti a gradinata, è invece in progressivo abbassamento (Motta & Motta, 1995). L'energia di rilievo sugli opposti versanti della catena alpina non mostra sensibili differenze, al contrario di ciò che si verifica sugli Appennini liguri (Brancucci & Motta, 1989) e lo spartiacque alpino pare sostanzialmente stabile (Motta & Motta, 1994).

Stadi dell'evoluzione morfotettonica del Finalese

STADIO 0 - PRIMA DELLA FORMAZIONE DEL GLACIS

Abbraccia il periodo dal termine della deposizione della Pietra di Finale (Serravalliano, fig. 6.3) sino alla formazione del glacis nel successivo Stadio 1. Nel Finalese non ha lasciato alcuna traccia; solo interpretando i depositi pliocenici a W e NE dell'area se ne possono indirettamente ricostruire per somme linee le vicende geodinamiche.

È noto che la definitiva emersione di Alpi Liguri e Langhe avvenne a fine Miocene, con la regressione messiniana (Boni *et alii*, 1980). I depositi pliocenici del versante meridionale, ricchi di facies di falesia (Boni, 1984), consentono di affermare con certezza che, come oggi, anche nel Pliocene inferiore-medio Alpi e Appennini liguri si affacciavano al Mediterraneo con una costa alta, il cui andamento era fortemente condizionato da strutture tettoniche, probabilmente attive (Boni *et alii*, 1980), e interrotta raramente da sbocchi vallivi e da piccole pianure costiere. Solo in queste posizioni geomorfologiche si depositarono sedimenti, come il Lembo di S. Ermete, il più vicino a NE del Finalese, deposto allo sbocco di una grande valle, e il Lembo di Boissano, il più vicino a W del Finalese, deposto lungo la costa (su un terrazzo marino). La completa assenza di sedimenti pliocenici suggerisce che il Finalese fosse emerso, a formare un promontorio situato più a meridione della linea di costa attuale (scartando l'improbabile alternativa di una parziale sommersione con successiva completa erosione dei sedimenti depositati nel periodo). Il promontorio corrispondeva a un alto strutturale separante il bacino di Albenga-Loano da quello di Savona, delimitato da un sistema di faglie costiero (la cui attività probabilmente era iniziata nel Miocene), composto da faglie attive sia lungo una componente verticale, sia lungo una trascorrenza destra (Boni *et alii*, 1980).

La zona in questo periodo era in stasi o in sollevamento (Boni *et alii*, 1980).

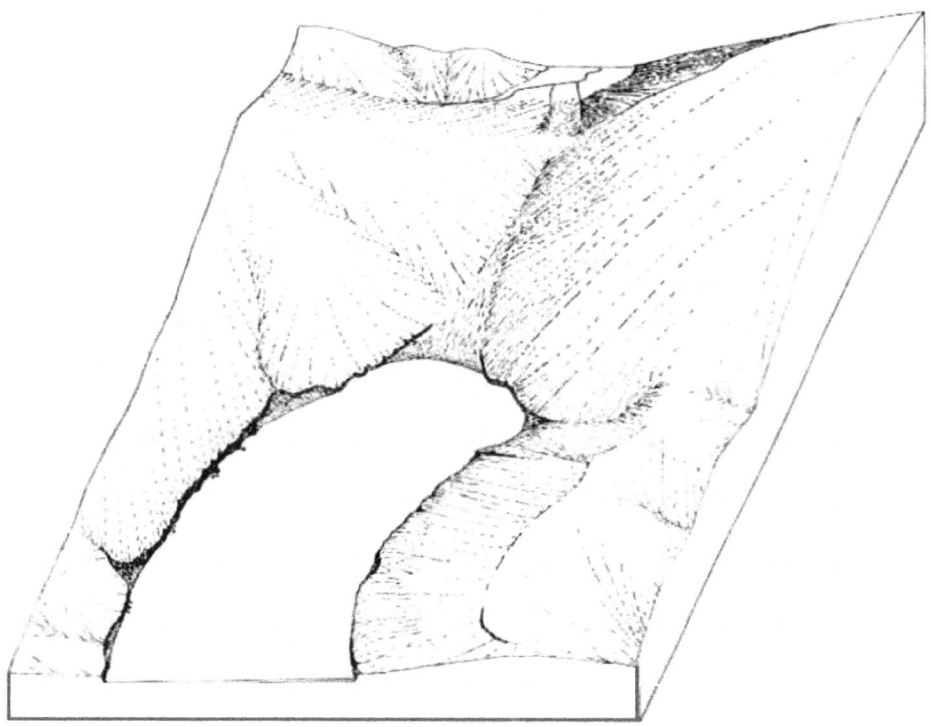

Fig 6.3 – Il Finalese nel Langhiano - Serravalliano. Nel grande golfo al centro si deposita la Pietra di Finale.

STADIO 1 - MORFOGENESI DI UN GLACIS D'EROSIONE (INIZIO DEL PLEISTOCENE INFERIORE?)

La forma pianeggiante e debolmente inclinata verso S, tangente all'attuale "superficie delle vette" (vedi capitolo sulla geomorfologia quantitativa), doveva essere una superficie d'erosione, poichè non ha lasciato alcun deposito superficiale: nelle grotte e nelle depressioni carsiche sviluppatesi subito al di sotto di essa mancano ciottoli di provenienza alloctona. È ragionevole ipotizzare che essa costituisse un *glacis* d'erosione (fig. 6.4).

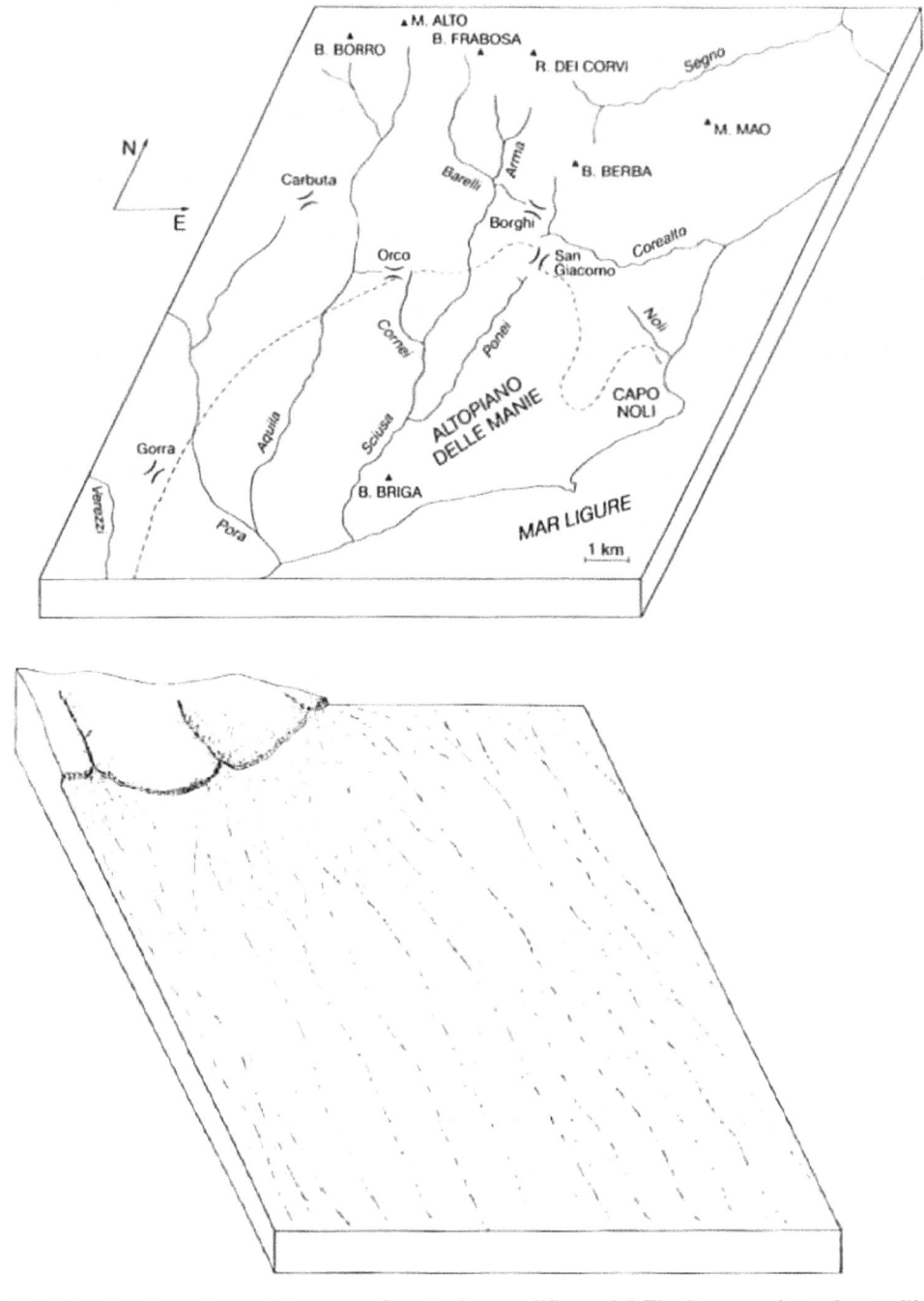

Fig. 6.4 – In alto, schema della geografia attuale semplificata del Finalese, corrispondente all'area rappresentata nelle figg 6.3, 6.4 (in basso), 6.6, 6.14, 6.16. La linea tratteggiata rappresenta il limite della zona dove affiorano prevalentemente rocce carbonatiche. In basso: verosimilmente il *glacis* d'erosione occupò quasi interamente l'area delle valli del Finalese, compresa tutta la zona dei futuri altopiani carsici, all'inizio del Gelasiano.

Essendo esteso anche alla Pietra di Finale, di cui tronca gli strati superiori, il glacis è la più antica forma riconosciuta nella zona di età posteriore al Serravalliano. Sino a nuove scoperte la sua formazione può perciò essere considerata come il primo stadio dell'evoluzione postmiocenica.

Una precisazione dell'età del *glacis* che vada oltre il generico "post-Serravalliano" è difficile. Il *glacis* finalese è analogo a quelli dell'Europa meridionale e del Nord Africa (Valle del Rodano, Costa Azzurra, Corsica, Algeria, Langhe), descritti da Birot (1949), Cailleux & Tricart (1969), Gabert (1962), Perrodon (1957) e da essi attribuiti al "Plio-Villafranchiano", ovvero a quel periodo in cui attorno al Mediterraneo occidentale prevalsero condizioni bioclimatiche favorevoli ai processi di erosione areale su vasta scala (Biancotti, 1981). Infatti, il ruscellamento areale che forma i *glacis* deriva da un clima subarido, con brevi precipitazioni molto intense intervallate da lunghi periodi secchi.

In quest'ottica è molto importante la vicinanza col vicino *glacis* delle Langhe, che ha egualmente lasciato una "superficie delle vette", e i *glacis* monregalesi, che oltre a "superfici delle vette" hanno lasciato lembi della superficie originaria, con le loro coltri d'alterazione. Questi *glacis* padani erano siti al piede di rilievi di altezza ed estensione più modeste dell'attuale catena. A valle i *glacis* padani scendevano verso N sino a raccordarsi ai depositi in facies "fossaniana" e "villafranchiana", di ambiente deltizio – continentale, verosimilmente *glacis* d'accumulo (Biancotti & Motta, 1997, fig. 6.5) i cui sedimenti provenivano dai *glacis* d'erosione a monte. I depositi in facies "fossaniana" e "villafranchiana" contengono faune di clima caldo del Gelasiano ("tardo Pliocene" di Esu & Girotti, 1991).

A monte, i *glacis* più occidentali si addossavano ai rilievi alpini, solcati da valli fluviali in corso di terrazzamento (Motta *et alii*, 1994). Presso l'attuale Colle di Cadibona, limite geografico fra Alpi e Appennini, il grande *glacis* delle Langhe terminava sospeso a S su un versante ligure foggiato come una stretta scarpata che terminava in mare (L. & M. Motta, 1995).

Le Alpi tra Piemonte e Finalese presentavano versanti molto meno acclivi degli attuali, di cui restano a testimonianza le basse pendenze in corrispondenza a molte creste spartiacque attuali, particolarmente laddove lo sviluppo del carsismo ha rallentato l'erosione successiva. Nelle Alpi poco più a occidente, Eusebio *et alii*, (1995) segnalano forme carsiche "probabilmente tardoplioceniche" (nella cronostratigrafia attuale, del Gelasiano), attestanti un livello di base circa 300 m superiore all'attuale, confrontabile con quello attestato dalle più antiche grotte finalesi, situato a 280 – 300 m s.l.m. Da notare che esso risulta leggermente superiore alla quota minima della superficie delle vette del Finalese orientale (260 m).

Il *glacis* potrebbe al limite anche essere attribuito a quell'evento del Miocene superiore detto "crisi messiniana", in cui il Mediterraneo aveva egualmente clima subarido; ciò però escluderebbe la più che probabile coetaneità con i *glacis* piemontesi, che non possono essere più antichi del Gelasiano (fig. 6.5).

In conclusione il *glacis* può essere considerato l'equivalente ligure di quelli padani, e attribuito come essi (nella cronologia moderna) alla parte iniziale del Gelasiano.

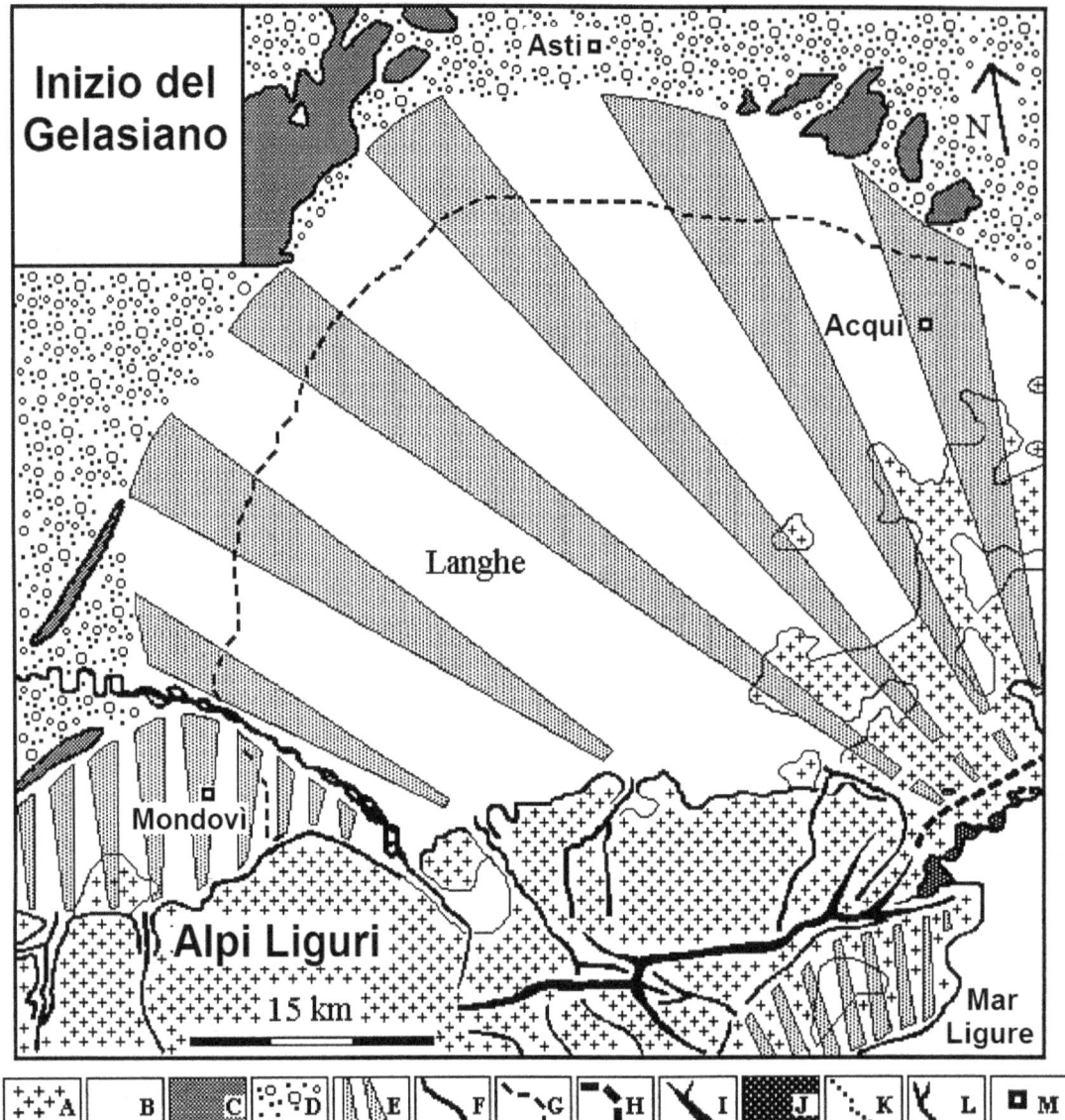

Fig. 6.5 – I *glacis* durante la deposizione dei sedimenti in facies "fossaniana" e "villafranchiana" (da Biancotti & Motta, 1997). Se il *glacis* finalese è coevo di quelli padani, non può essere anteriore all'età dei sedimenti in facies "piacenziana" dell'astigiano (Pliocene superiore), troncati alla sommità dalla superficie erosiva dei *glacis* padani. A: aree attualmente a substrato premiocenico. E: aree attualmente a substrato postmiocenico. C: aree di affioramento attuale dei sedimenti gelasiani padani ("Fossaniano" e "Villafranchiano" *auctorum*). D: *glacis* prevalentemente di accumulo. E: *glacis* prevalentemente di erosione, F: limite tra rilievi montuosi e superfici di spianamento erosive. G: limite sudorientale del bacino marino del Pliocene superiore. H: spartiacque limitante *glacis* non pedemontani. I: principali spartiacque della catena alpina. J: aree di affioramento attuale di depositi di acque salmastre, profondamente ferrettizzati, del Gelasiano. K: attuale linea di costa. L: principali corsi d'acqua presenti all'epoca.

STADIO 2 - SOLLEVAMENTO TETTONICO E MORFOGENESI DI UN ALTOPIANO CARSICO A *COCKPIT* (PLEISTOCENE INFERIORE)

Ancora nel Gelasiano, un clima più umido pone termine all'erosione areale modellante i *glacis*: iniziano a formarsi anche nell'area dei *glacis* un reticolo fluviale ben definito e le prime forme carsiche.

È noto che nelle zone montuose l'andamento generale del reticolo idrografico si conserva a lungo: é pertanto possibile avanzare alcune ipotesi sull'andamento dei primi corsi d'acqua che incisero il *glacis* finalese, partendo dall'analisi del reticolo attuale e di alcune larghe insellature degli spartiacque, interpretabili come testimonianze di antiche valli fluviali (Motta, 1987; Biancotti & Motta, 1989; Motta, 1991). Altro importante indizio è l'assenza totale alla sommità degli altopiani carsici attuali di forme e depositi riconducibili a paleoalvei fluviali.

Da questi elementi sembrerebbe che inizialmente i torrenti evitassero la parte del *glacis* finalese in cui affioravano rocce carbonatiche (fig. 6.6), probabilmente perché su di essa il carsismo aveva già formato microforme carsiche e un reticolo ipogeo (quello con livello di base a 280 – 300 m s.l.m.), inibendo l'erosione da ruscellamento superficiale. Così, per erosione selettiva, mentre altrove la superficie del glacis cominciava a essere largamente abbassata dall'incisione delle valli fluviali, questa zona diventò un grande altopiano carsico leggermente rialzato, lungo più di l0 km e largo più di 5 (fig. 6.6). I dati di addensamento altimetrico delle grotte suggeriscono che il livello di base carsico rimase a lungo attestato agli attuali 200 – 260 m s.l.m. Stessa indicazione dà la quota minima del fondo delle depressioni carsiche, 220 m s.l.m. nella zona della Pietra di Finale, 240 m s.l.m. sull'Altopiano delle Mànie.

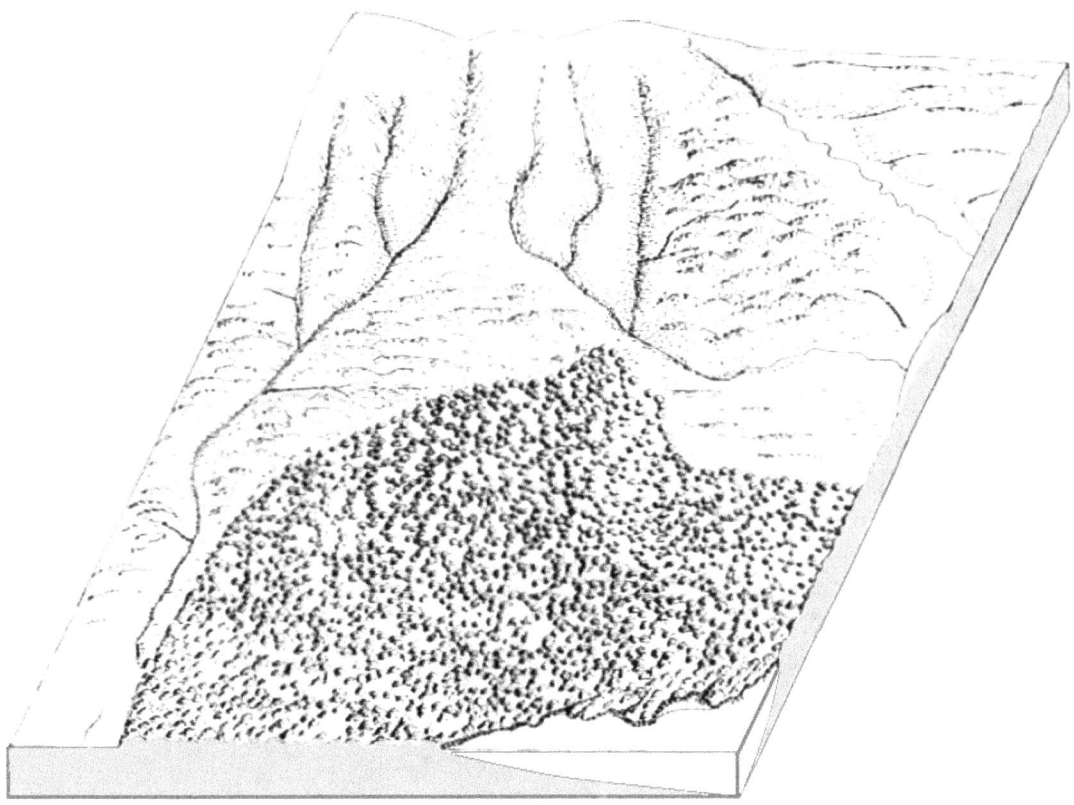

Fig. 6.6 – **Il Finalese durante lo Stadio 2. La superficie del vecchio *glacis* viene incisa da un reticolo idrografico dove è costituita da rocce metamorfiche insolubili, mentre l'area di rocce carbonatiche rimane in leggero rilievo e sviluppa macroforme carsiche di tipo tropicale umido, fra cui principalmente *cockpit*.**

La maggior parte delle macroforme carsiche degli altopiani si presentano attualmente come *cockpit*, relitti di *cockpit* o macrodoline, tutte forme di clima caldo – umido, ma potrebbero anche essersi formate inizialmente (già nello Stadio 1??) come altri tipi di depressioni carsiche (doline, uvala…), trasformate poi in *cockpit* da un successivo cambiamento climatico. Che l'evoluzione delle macroforme sia stata complessa è suggerito dalla presenza di «terrazzi carsici», cioè relitti di depressioni carsiche smantellate dall'erosione. Questi terrazzi e la disposizione relativa degli altri tipi di macroforme indicano che probabilmente sugli altopiani sono avvenuti complessi fenomeni di «cattura», in cui alcune depressioni carsiche, ed in particolare i *cockpit*, si sono accresciute a spese di altre.

Sul versante padano sono presenti morfosculture somiglianti a quelle finalesi presso Millesimo, nella parte più meridionale dell'antico *glacis* delle Langhe; invece le superfici sommitali delle zone carsiche alpine (altopiani di M. Sotta e Pian di Lisa nella Val Tanaro, alta Valle Bormida di Millesimo) hanno morfosculture verosimilmente coeve dei *cockpit*, ma di clima più fresco: doline a imbuto e polje, con associati alfisuoli. Nella zona dei *glacis* padani lo stadio ha lasciato selle fluviali, che sugli attuali spartiacque delle Langhe talora conservano lembi residui di depositi alluvionali. Le selle testimoniano un cambiamento climatico comportante lo sviluppo di un reticolo fluviale, diretto lungo le linee di massima pendenza della precedente superficie d'erosione (fig. 6.8). Si può quindi concludere che in un periodo del Pleistocene inferiore, durato abbastanza da far sviluppare i *cockpit,* sul più soleggiato versante ligure si ebbero condizioni tropicali umide, sul versante padano un ambiente mesofilo a clima sempre molto umido, ma più fresco.

In questo stadio i fiumi, scendendo dai rilievi alpini a N del Finalese, seguivano probabilmente due vie, testimoniate da posizione e quota delle selle fluviali: una aggirava l'altopiano a E, seguendo il percorso degli attuali Rio Barelli → Rio Luere → Sella dei Borghi → Sella di Voze (oggi a 208,2 m s.l.m.) → Rio Noli, sfociando nell'attuale Golfo di Noli; l'altra aggirava l'altopiano a W, lungo il percorso: alto Aquila attuale → sella di San Rocco → sella di Gorra (oggi a 202 m s.l.m.), sfociando a W dell'attuale Altopiano della Caprazoppa.

Non è esatto identificare lo Stadio 2 con il "periodo di sviluppo dei *cockpit*", visto che anche al giorno d'oggi, nella parte centrale degli altopiani ancora non raggiunta dall'erosione rimontante dal bordo degli altopiani, *cockpit* e macrodoline di tipo tropicale presentano segni di attuale attività sia della corrosione marginale al bordo dei valloni a fondo piatto e delle piane centrali (che crea caratteristiche nicchie), sia degli inghiottitoi. Tuttavia il grosso dello sviluppo dei *cockpit* non può che essere avvenuto in condizioni climatiche decisamente più umide delle attuali, individuabili nei periodi corrispondenti agli interglaciali alpini e ai periodi più caldi e umidi del Gelasiano, in cui in Italia vivevano faune analoghe a quelle odierne dei climi caldo-umidi tropicali (fig. 6.7). Nel Pleistocene inferiore i rapporti isotopici dell'ossigeno (fig. 6.3) mostrano temperature particolarmente elevate in numerosi picchi all'inizio del Gelasiano; dopo non compaiono più picchi indicanti temperature nettamente superiori a quella attuale sino ai due della parte più recente del Calabriano, corrispondenti alle ingressioni del Siciliano, a 1,08 e 0,97 Ma dal presente.

Questo Stadio ha l'età minima data dall'età dei reperti paleoetnologici ritrovati sull'Altopiano delle Mànie in località Terre Rosse da Giuseppe Vicino, direttore del Civico Museo del Finale. I reperti erano nel materiale colluviale derivante dall'erosione del paleosuolo con caratteri di plintite già descritto, le cui caratteristiche denotano temperatura media superiore all'attuale, abbondanti precipitazioni e regime pluviometrico distinto nettamente in due stagioni (Ajassa & Motta, 1991). Il paleosuolo è necessariamente successivo allo Stadio 1, essendosi sviluppato su materiali insolubili residui del processo carsico. Il reperto più antico validamente datato è un bifacciale amigdalare, che «ricorda alcuni tipi arcaici dell'Acheuleano», associato ad altri reperti litici che confermano l'attribuzione dell'industria all'Acheuleano arcaico (Vicino, 1982). L'Acheuleano arcaico ligure corrisponde al complesso mindeliano, nelle idee attuali la prima glaciazione del Pleistocene medio (ma i vecchi autori come Bernardini, 1977, e Tiné, 1982, lo collocavano nel Pleistocene inferiore. Perciò l'inizio dello sviluppo dei *cockpit* dell'Altopiano delle Mànie risalirebbe almeno al periodo caldo-umido immediatamente precedente (interglaciale Gunz – Mindel, del Pleistocene inferiore, caratterizzato in Liguria secondo Tiné da *Ippopotamus maior* e *Elephas meridionalis*).

Periodo	Età a micromammiferi	Età a macromammiferi	Unità Faunistica
Pliocene medio - sup. (3.6-2.6 Ma)	Villaniano inf.	Villafranchiano inf.	Triversa
Pleistocene inf. (2.6-1.8 Ma)	Villaniano medio	Villafranchiano medio	Montopoli
			Collepardo
	Villaniano sup.		Costa San Giacomo
		Villafranchiano sup.	Olivola
Pleistocene inf. (1.8 Ma-780 ka)	Bihariano inf.		Tasso
			Farneta
			Pirro
		Galeriano inf.	Colle Curti
Pleistocene medio (780-118 ka)	Bihariano sup.	Galeriano medio	Slivia
	Toringiano inf.		Isernia
		Galeriano sup.	Fontana Ranuccio
Pleistocene sup. (118-10 ka) e Olocene	Toringiano sup.	Aureliano	

Fig. 6.7 – Età delle faune italiane a macro e micromammiferi e loro collocazione cronologica (il temine Villafranchiano in passato era anche una sottoserie stratigrafica con la stessa collocazione cronologica). Da www.ocean4future.org, adattato alla nuova definizione del limite Pliocene – Pleistocene. L'UF di Triversa ha macromammiferi sia di foresta umida sub-tropicale, sia di prateria arborata. Nel Villafranchiano medio si diffondono macromammiferi tipici di ambienti aperti, mentre nel Villafranchiano sup. e Galeriano inf. i macromammiferi sono di clima temperato-freddo, con forte piovosità regionale. Nel Galeriano medio la fauna dipende dall'alternanza glaciali - interglaciali e nell'area ligure-tirrenica ha caratteri di clima più secco rispetto a quella adriatica. Sono presenti forme arcaiche di specie attuali: il capriolo *Capreolus sussenbornensis*, il cervo *Cervus elaphus acoronatus*, il daino *Dama clactoniana*, il rinoceronte di Merck *Stephanorhinus kirchbergensis*, la iena *Crocuta spelaea* e il leone *Panthera leo fossilis*, e *Mammuthus trogontheri*. Nell'Aureliano si alternano taxa freddi (*Capra ibex, Marmota marmota primigenia, Alces alces, Cervalces carnutorum e Cervalces latifrons, Megaloceros giganteus, Bison bonasus, Bos primigenius, Mammuthus primigenius, Coelodonta antiquitatis, Ursus spelaeus, Canis lupus*) e taxa caldi (*Cervus elaphus, Capreolus capreolus, Dama dama, Sus scrofa*). Gran parte della megafauna si estingue nell'ultimo massimo glaciale. Con l'Olocene, la diffusione dell'uomo altera profondamente la fauna. Riguardo ai micromammiferi, il Villaniano medio è caratterizzato da *Mimomys polonicus* e il Villaniano sup. da *Mimomys pliocaenicus*; il Bihariano inf. da *Mimomys savini* e dalla comparsa dei *Microtus* del sottogenere *Allophaiomys arizodonti*, che indicano un ambiente arido steppico, dominato da Graminacee che con le loro spicole silicee sono molto abrasive sullo smalto dei denti. Il Bihariano sup. è caratterizzato dall'associazione *Microtus* con *Mimomys savini*. Caratterizza il Toringiano inf. *Arvicola mosbachensis*, forma neotenica di *Mimomys savini*; il Toringiano sup., l'associazione *Microtus* e *Arvicola* (Masini & Sala, 2007).

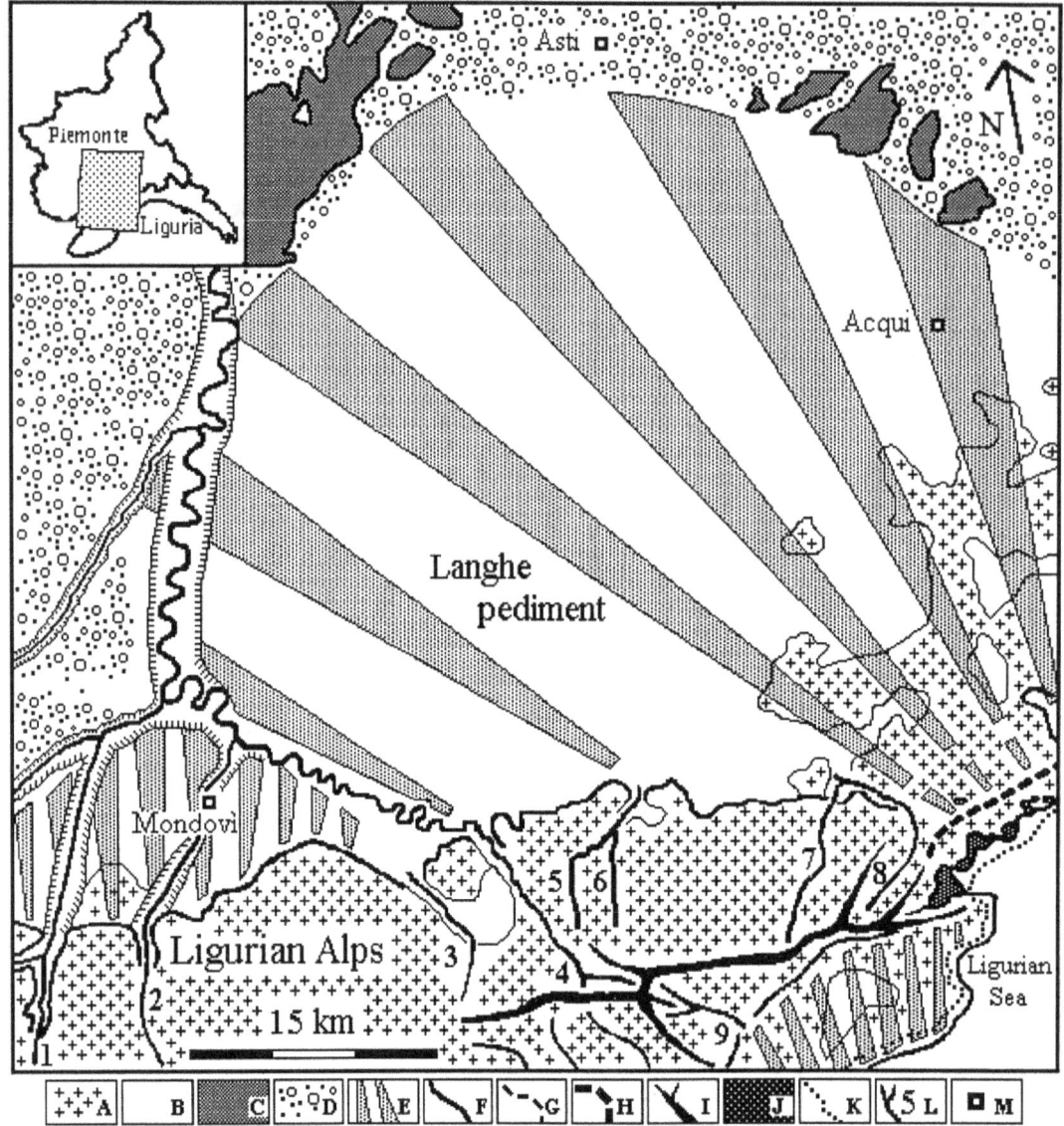

Fig. 6.8 – Ricostruzione dell'area tra Finalese e pianura cuneese (da Biancotti & Motta, 1997) nel Gelasiano, all'incirca durante lo stadio 2. A: aree attualmente a substrato premiocenico. E: aree attualmente a
substrato postmiocenico. C: aree di affioramento attuale dei sedimenti gelasiani padani ("Fossaniano" e "Vila-
franchiano" *auctorum*). D: *glacis* prevalentemente di accumulo. E: *glacis* prevalentemente di erosione, F:
limite tra rilievi montuosi e superfici di spianamento erosive. G: limite sudorientale del bacino marino del
Pliocene superiore. H: spartiacque limitante *glacis* non pedemontani. I: principali spartiacque della catena alpina. J: aree di affioramento attuale di depositi di acque salmastre, profondamente ferrettizzati, del Gelasiano.
K: attuale linea di costa. L: principali corsi d'acqua presenti all'epoca: 1: Pesio; 2: Ellero: 3: Tanaro; 4: corso
d'acqua passante per l'attuale Colle dei Giovetti; 5, 6, 7, 8: Bormide di Millesimo, Pallare, Mallare; 9: Mare-
mola. M: posizione dei centri abitati attuali.

Tale datazione è credibile in base alla velocità di corrosione carsica (Motta, 1987).

Egualmente, il riempimento della Grotta dell'Edera, attribuito al Pleistocene inferiore (Motta & Motta, 1997), è necessariamente posteriore alla comparsa dei *cockpit*,
essendosi deposto quando era già stata incisa almeno una valle fluviale allogenica
nell'altopiano carsico (Stadio 3).

In conclusione, lo stadio è sicuramente collocabile in un periodo caldo-umido del
Pleistocene inferiore.

STADIO 3 – DISSEZIONE DELL'ALTOPIANO A OPERA DI VALLI FLUVIALI ALLOGENICHE (PLEISTOCENE INFERIORE)

Dopo lo Stadio 2 i fiumi trovarono nuovi percorsi attraverso l'altopiano, suddividendolo in unità minori (sulle quali i processi carsici continuarono ad operare indisturbati). Questo cambiamento del reticolo idrografico può avere due possibili spiegazioni.

l) Già nello Stadio 2 alcuni corsi d'acqua allogenici attraversavano la zona carsica: in quest'ipotesi il Cornei e il Ponci sarebbero i resti di antichi fiumi allogenici provenienti da N (Cortemiglia, 1982), lungo i tracciati degli attuali Rio Aquila-Rio Cascine-Sella di Orco-Rian Cornei, e Rio Barelli-Rio Luere-Sella di Borghi-Sella di S. Giacomo-Rio Ponci. I corsi d'acqua allogenici si sarebbero approfonditi man mano che la zona si sollevava tettonicamente, in parte mantenendo il loro corso originario, in parte subendo catture.

2) In alternativa si può pensare che le valli che oggi attraversano la zona carsica in origine siano state create dall'acqua dei torrenti scorrenti lungo il bordo dell'altopiano carsico, che avrebbe trovato un passaggio all'interno dell'altopiano stesso scavando percorsi sotterranei: in altri termini dei trafori idrogeologici che portavano verso il mare le acque dei rilievi alpini di rocce insolubili, attraversando la zona carsica in gallerie ipogee. Le valli si sarebbero formate per progressiva venuta a giorno dei fiumi sotterranei: o per crolli della volta delle grotte, o più probabilmente perché l'acqua, fuoriuscendo a valle della zona carsica, provocò un'attiva erosione rimontante. Così si sarebbero formate valli di risorgenza, a poco a poco ampliate a monte (a spese della lunghezza del tratto sotterraneo del corso d'acqua) dai processi fluviocarsici e dall'azione combinata del carsismo e di frane di crollo; al tempo stesso, sul lato opposto dei trafori idrogeologici, in corrispondenza ai punti d'ingresso a monte delle acque nei percorsi sotterranei, sarebbero egualmente nate delle valli cieche, in progressivo accrescimento verso il mare. Valli di risorgenza e valli cieche si svilupparono sino a incontrarsi, sicchè i corsi d'acqua attraversarono tutta la zona d'affioramento delle rocce carbonatiche con percorso subaereo. A sostegno di quest'ultima ipotesi si hanno diversi indizi:

- i sistemi ipogei dei carsi a *cockpit* attuali sono generalmente trafori idrogeologici; è presumibile che fosse lo stesso per molti *cockpit* finalesi, da cui la presenza di gallerie dirette verso l'esterno della zona carsica, facilmente "riciclabili" dalle acque allogeniche;

- la sezione "a buco di serratura" delle grandi grotte situate alle quote più elevate (quindi verosimilmente le più antiche) indica un iniziale sviluppo come tubo freatico; le sequenze di riempimento iniziano sovente con sabbie laminate e ghiaie embricate a clasti alloctoni (Motta & Motta, 1997), depositi tipici dei trafori idrogeologici;

- molti tracciati delle grotte più alte di quota sono diretti N – S;

- l'Arma Strapatente (in Valle Sciusa; fig. 6.9) e la grotta 99 di Bric del Frate (in Valle Aquila) erano sicuramente percorse da importanti flussi idrici che, considerando quota e direzione, potevano ben costituire due dei corsi d'acqua sotterranei che attraversavano l'altopiano.

Non tutti gli indizi sono però in tal senso: ad esempio l'Arma delle Fate ha la morfologia di ex tubo freatico, l'orientazione "giusta" e un riempimento di sabbie laminate e ghiaie embricate a clasti alloctoni (Motta & Motta, 1997); ma le strutture sedimentarie del sedimento indicano senza ombra di dubbio direzione di flusso verso l'imbocco N (cioè che si allontana dal mare), suggerendo che la grotta non facesse parte di un traforo idrogeologico, ma di un reticolo ipogeo locale orientato, come i reticoli attivi attuali (ma a una quota superiore), dalla pendenza degli strati verso il depocentro della Pietra di Finale (attuale Valle Sciusa).

Altro elemento forse contrario all'ipotesi dei trafori idrogeologici: piccole grottine si trovano fin quasi alla sommità degli altopiani; ma le grotte di grandi dimensioni, che mostrano di essere nate come «tubi freatici», sono solo a meno di 350 metri s.l.m. Si può però obiettare che i tratti degli antichi trafori idrogeologici sopra tale quota, passando nelle zone attualmente percorse dalle valli allogeniche, possono essere andati interamente distrutti. Peraltro la scarsità di tubi freatici alla sommità degli altopiani, indica che prima della formazione del *glacis* (Stadio 0) non esisteva un reticolo ipogeo ben sviluppato in profondità.

È evidente che la notevole altitudine delle forme fluviali dello Stadio 3 è dovuta al successivo forte sollevamento tettonico, di cui però non si può precisare la velocità, dato che le variazioni del livello di base erosivo registrano in ritardo i sollevamenti, smorzandone le variazioni di velocità. Anche per questo motivo, lo stadio è mal databile con precisione.

Fig. 6.9 – L'Arma Strapatente.

Un termine di datazione dello stadio è offerto dai livelli fossiliferi delle grotte, necessariamente depositati solo dopo che il dissecamento dell'altopiano troncò i sistemi carsici ipogei. Sono sequenze di riempimento celebri per l'abbondanza di reperti paleontologici e paleoetnologici. Fra queste la più antica ad oggi conosciuta è quella dell'Arma delle Fate, contenente abbondanti culture e resti ossei "rissiani" e culture "mindeliane" (comunicazioni personali di G. Giacobini, Un. Torino, e G. Vicino, Museo Civico del Finale). Ovviamente l'età delle grotte è di gran lunga più antica dell'età dei loro riempimenti, ad esempio l'Arma delle Fate, prima della deposizione degli strati fossiliferi, ha subito una lunghissima evoluzione da «tubo freatico» a «grotta a buco di serratura»; solo al termine, quando diventò inattiva, e fu troncata dall'erosione dei bordi dell'altopiano, diventò facilmente accessibile ai grossi mammiferi (leone, orso delle caverne, cervidi…) e all'uomo. Inoltre, come abbiamo detto, è improbabile che questa grotta fosse uno dei primi trafori idrogeologici.

STADIO 4 – EVOLUZIONE INFLUENZATA DALLE OSCILLAZIONI EUSTATICHE DEL PLEISTOCENE INFERIORE - MEDIO

La morfologia della Grotta dell'Edera indica senza dubbi che questa cavità si è sviluppata per coalescenza di pozzi, percorsi da acque raccolte da piccole doline (e quindi in ambiente tipicamente continentale), nella parte superiore, vadosa, di un sistema carsico ipogeo ben sviluppato in profondità. Tuttavia, i caratteri stratigrafici e paleontologici del rìempìmento indicano che per un certo tempo la grotta, oggi a 240 m s.l.m., costituì una cavità aperta su una falesia costiera con l'imbocco inferiore sicuramente sommerso, poichè in esso si fossilizzarono molluschi marini (Motta & Motta, 1997), mentre gli imbocchi superiori (una trentina di metri più in alto) rimasero sicuramente emersi, perché da essi caddero sul fondo della grotta, mescolandosi ai molluschi marini, molluschi continentali. Di fronte alla grotta c'erano fondali con biocenosi caratteristiche di ambiente circalitorale influenzato da correnti di fondo, e fondali pelitici. Situazione simile, dal punto di vista dell'associazione biotica e dell'ambiente sedimentario, a quella attuale del Finalese. Ciò consente due considerazioni:

1) quando la grotta era semisommersa, il fondale dell'insenatura antistante (quindi l'antico livello di base erosivo) era ben più basso del suo imbocco inferiore;

2) è stato lo sviluppo delle valli allogeniche nello Stadio 3 che ha aperto l'attuale imbocco inferiore della Grotta dell'Edera o almeno l'ha reso molto prossimo alla superficie topografica esterna. È infatti impensabile che l'abrasione marina abbia modellato il versante in cui si apre la grotta come una semplice insenatura marina, data la strettezza e lunghezza della Valle Urta e la distanza della grotta dallo sbocco vallivo; inoltre l'associazione fossile prova che i fondali antistanti la grotta erano più profondi di una semplice piattaforma di abrasione costiera.

Pertanto, in un periodo del Pleistocene inferiore caratterizzato da temperatura delle acque marine simile a quella odierna (Motta e Motta, 1998), le valli allogeniche furono invase dal mare in un'ingressione marina vera e propria (non una semplice stasi del sollevamento tettonico locale), formando una costa a *rias*.

I fossili della Grotta dell'Edera non sono più antichi del Pleistocene inferiore. D'altra parte, se nel Pleistocene medio erano già sicuramente presenti e inattive le principali grotte delle valli Aquila e Pora (in base ai reperti faunistici e alle industrie ritrovate nei loro riempimenti dagli scavi del Civico Museo del Finale), e se nelle altre grotte lontane dal mare mancano del tutto sedimenti o fossili marini, quest'ingressione è sicuramente più antica dei più antichi riempimenti delle grotte situate a quota inferiore a quella dell'Edera. Ciò conferma, allo stato delle conoscenze attuale, la datazione di Motta & Motta (1997) al Pleistocene inferiore.

Se, come indicano i fossili, nello Stadio 4 il clima era simile all'attuale, la sommersione della Grotta dell'Edera non è il frutto di una fortissima oscillazione eustatica positiva. I 242 – 252 m di dislivello fra il livello marino dello Stadio 4 e quello odierno testimoniano solo l'entità del sollevamento tettonico da questo Stadio ad oggi, e l'ingressione deriva con ogni probabilità da un ritorno al livello marino paragonabile a quello odierno, dopo una forte oscillazione eustatica negativa (del complesso gunziano??).

Allo Stadio 4 risale quasi certamente la morfogenesi della Parete Dimenticata (salvo i ritocchi successivi di modellamento delle microforme carsiche) in cui si apre la Grotta dell'Edera. Anche molte altre pareti rocciose finalesi a quota simile, hanno grotte con morfologia dell'imbocco compatibile con un modellamento costiero (Arma du Principà, Pozzo delle Cento Corde, solo per citare grotte già descritte). Forse quindi tali grotte erano completamente (o quasi) sviluppate già nel Pleistocene inferiore. Inoltre, in questo stadio il carsismo ipogeo aveva già sistemi ormai quasi inattivi, come i pozzi coalescenti che compongono la Grotta dell'Edera.

L'ingressione marina dello Stadio 4 fu solo una momentanea interruzione del progressivo (e forse regolare) sollevamento tettonico dell'area, che favorì l'ulteriore smembramento dell'originario altopiano nei piccoli altopiani e *mese* attuali, separati da profonde valli allogeniche terrazzate. Tale smembramento quasi certamente era già completato nel Musteriano, quando iniziò a essere sfruttata la posizione facilmente difendibile di S. Antonino, morfologia creata proprio dall'approfondimento delle valli Aquila e Urta.

STADIO 5 - PERIODO DI STABILITÀ DEL LIVELLO DI BASE (PARTE FINALE DEL PLEISTOCENE INFERIORE?)

Gli indizi morfotettonici (in particolare i terrazzi della seconda serie della fig. 6.11) indicano che il sollevamento relativo dell'area si interruppe per un periodo piuttosto lungo, stabilizzando il livello di base carsico sui 100 – 105 metri sul livello del mare attuale. Tale interruzione non indica necessariamente un rallentamento del sollevamento tettonico, anzi probabilmente ebbe solo (o quasi) cause eustatiche.

Il tratto finale delle valli Sciusa e Pora fu invaso dal mare, che modellò terrazzi marini attualmente sospesi 100 - 108 m sul livello del mare (Motta, 1991; tab. 6.3).

Sul versante costiero degli altopiani carsici si formarono piattafome d'abrasione, in parte conservate ancor oggi sotto forma di terrazzi marini: piccole spianate lenticolari presentanti una netta rottura di pendenza col versante soprastante, talvolta una vera e propria parete rocciosa testimone diretta dell'originaria falesia. Finora, però, su nessuna spianata sono stati ritrovati sedimenti con fossili marini. Ciò è attribuibile a diverse cause:
-   copertura successiva con brecce di pendio;
-   antropizzazione generalizzata comportante lo scavo o il seppellimento sotto terrazzamenti, costruzioni e terra di riporto;
-   erosione conseguente il successivo abbassamento del livello marino.

Probabile origine marina hanno le brecce a matrice argillosa rossastra, presenti sui terrazzi di Pino, del Villaggio Olandese e di Verzi (tab. 6.3). Somigliano molto ai depositi marini pleistocenici di Capo Noli, ma non si può escludere che siano facies particolari di brecce di pendio, non essendo stati trovati fossili. In ogni caso tutti i gra-

dini morfologici importanti fra Pino a Verzi sono a 100-140 m di quota e se ne può e-
scludere un'origine tettonica o comunque strutturale: perciò, se anche si negasse la loro
origine marina, indicherebbero comunque un lungo periodo di stabilità del livello di base erosivo.

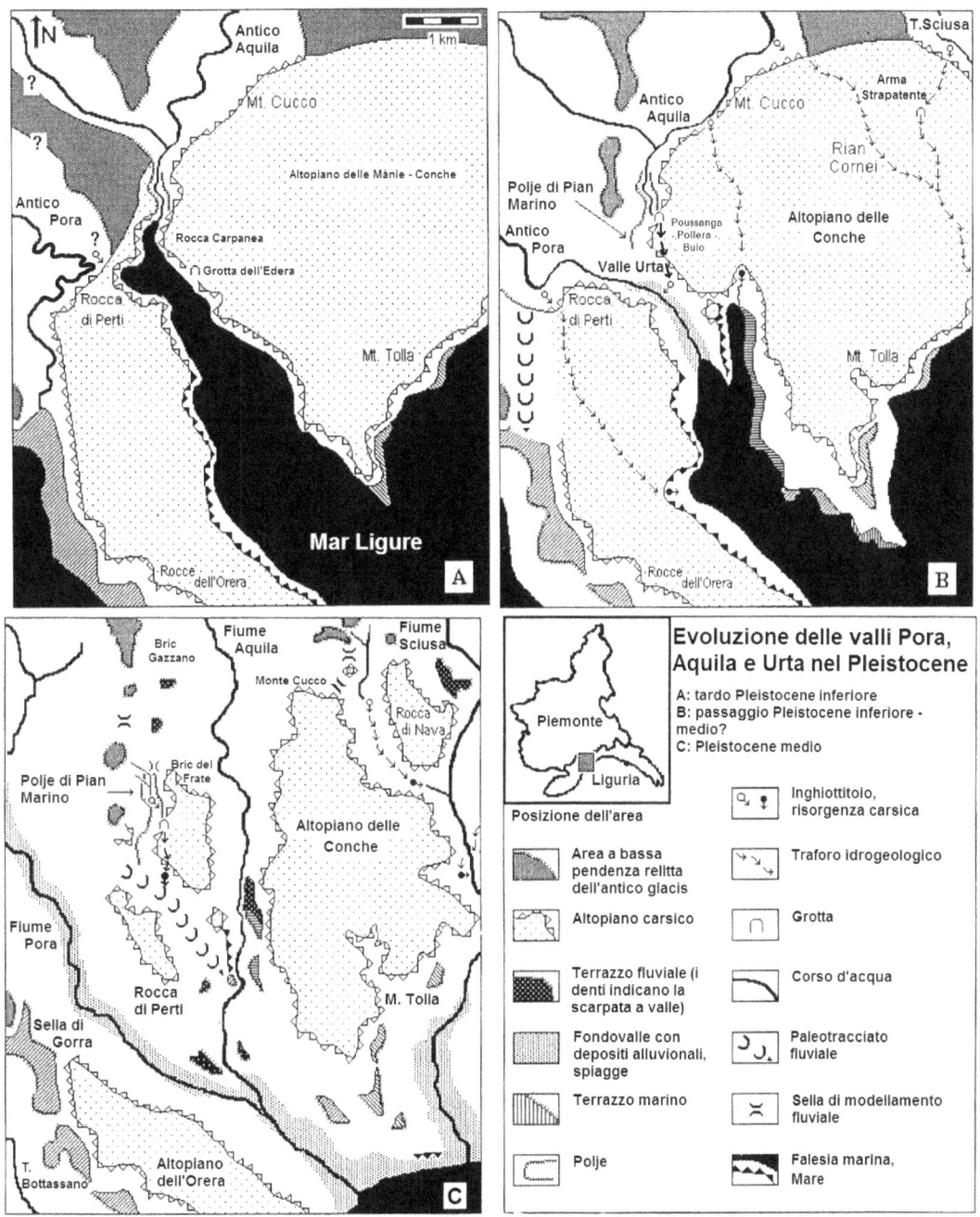

Fig. 6.10 – Evoluzione della costa ligure finalese nel Pleistocene inferiore - medio. A: L'altopiano carsico
è dissecato da un corso d'acqua allogenico antenato dell'attuale Aquila, che tronca il complesso ipogeo della
Grotta dell'Edera; in seguito la valle allogenica è invasa dal mare sino all'altezza dell'imbocco inferiore della
Grotta dell'Edera. B: Dopo un forte abbassamento del livello di base (probabilmente per sinergia fra sollevamento tettonico e una regressione marina), si sviluppano polje e nuovi sistemi carsici ipogei; segue un periodo
di stabilità del livello di base in cui si ampliano le valli e si formano terrazzi marini. C: nel Pleistocene medio la
geografia è già molto simile a quella attuale, con forte frammentazione degli altopiani, attraversati dai moderni percorsi dei fiumi Aquila, Sciusa e Pora.

In ambiente continentale si formarono larghi fondovalle lungo i corsi d'acqua principali. Di questi nel Finalese orientale si è conservato soltanto quello del Ponci che, impostato quasi interamente in rocce carbonatiche carsificate, è sfuggito al generale ringiovanimento del reticolo idrografico avvenuto nello stadio successivo. In Valle Sciusa lo stadio è registrato dai terrazzi 17,18 e 19 della tab. 6.3 (fig. 6.11).

Tab. 6.3 – Principali terrazzi costieri pianeggianti, terrazzi fluviali e selle imerpretabili come relitti di paleovallate, riferibili: da 1 a 8 al livello di base attuale; da 9 a 22 ad un livello di base sospeso di 100 m sull'attuale (il mare o il fondovalle fluviale sottostante).

1 - Fondovalle del Noli	– quota 0 - 29 m
2 - Fondovalle dello Sciusa	– quota 0 - 28 m
	– quota 129 - 211 m
3 - Terrazzo di San Donato	– quota 0 - 5 m
4 - Terrazzo di Varigotti	– quota 0 - 10 m
5 - Terrazzo della Baia dei Saraceni	– quota 0 - 3 m
6 - Terrazzo di Bordelle	– quota 0 - 10 m
7 - Terrazzo del Malpasso	– quota 0 - 5 m
8 - Terrazzo di Spotorno (estremità meridionale)	– quota 0 - 2 m
9 - Fondovalle del Ponci	– quota 145 - 285 m
10 - Terrazzo di Verzi	– quota 110 - 140 m
11 - Terrazzo a W di Bric Briga	– quota 108 - 125 m
12 - Terrazzo di Monte - Mauda	– quota 100 - 127 m
13 - Terrazzo di Selva	– quota 122 - 134 m
14 - Terrazzo del Villaggio Olandese	– quota 122 - 140 m
15 - Terrazzo di Chien	– quota 105 - 125 m
16 - Terrazzo di Pino	– quota 100 - 115 m
17 - Terrazzo di Chiesa Campe	– quota 315 - 323 m
18 - Terrazzo di Bricco du Lurdu	– quota 323 - 327,8 m
19 - Terrazzo di Rocca della Volpe	– quota 385 - 393,3 m
20 - Sella di San Lorenzino (Orco)	– quota 308 m
21 - Sella di San Giacomo	– quota 317 m
22 - Sella di Borghi	– quota 312 m

Nel Finalese occidentale in questo periodo un "Paleo-Pora" passava fra Rocca Carpanea e Rocca di Perti (fig. 6.10 B). Di esso resta il tratto subpianeggiante dell'attuale Valle Urta che, assieme a una serie di terrazzi fluviali, indica che tutto il reticolo idrografico è restato a lungo con un profilo longitudinale simile all'attuale, ma più alto di 80 - 105 m (Motta, 1991). Alcuni di questi terrazzi fluviali hanno ciottoli e ghiaie grossolane ben arrotondate (depositi fluviali) e coperte da una patina di alterazione che li fa collocare nel Pleistocene medio *sensu* Imperiale *et alii* (1982).

Lo stadio 5, scartando le ipotesi meno probabili (per un esame più completo vedasi Biancotti & Motta, 1989), può essere collocato nell'Emiliano (parte finale) – Siciliano (fig. 6.2) sulla base delle seguenti considerazioni.

1) Le analoghe forme mediterranee datate al Siciliano, in genere attualmente sono a circa 80-100 m di quota (per i vecchi autori a causa di una generale forte trasgressione marina, vedi Nilsson, 1983 o Tiné, 1982).

2) È improbabile che lo stadio coincida con le trasgressioni del Pleistocene medio: ad esempio le linee di riva del "Milazziano" oggi si trovano di solito a soli 55-60 m s.l.m. (Nilsson, 1983); trovarle a 100 – 108 m implicherebbe un successivo rapidissimo sollevamento tettonico, di cui non si ha nessun altro indizio.

3) La distribuzione altimetrica delle grotte e delle linee di riva situate sotto i 100 m s.l.m. indica che lo stadio termina con un brusco abbassamento del livello di base, quasi certamente un'importante regressione marina: probabilmente la prima dello Ioniano, la "regressione romana" *auctorum*. In essa il livello marino si portò rapidamente 100 metri sotto al livello attuale (fig. 6.1), causando la "fase Flaminia" di forte erosione (Biancotti & Motta, 1989), coeva al complesso mindeliano di glaciazioni (Pleistocene medio).

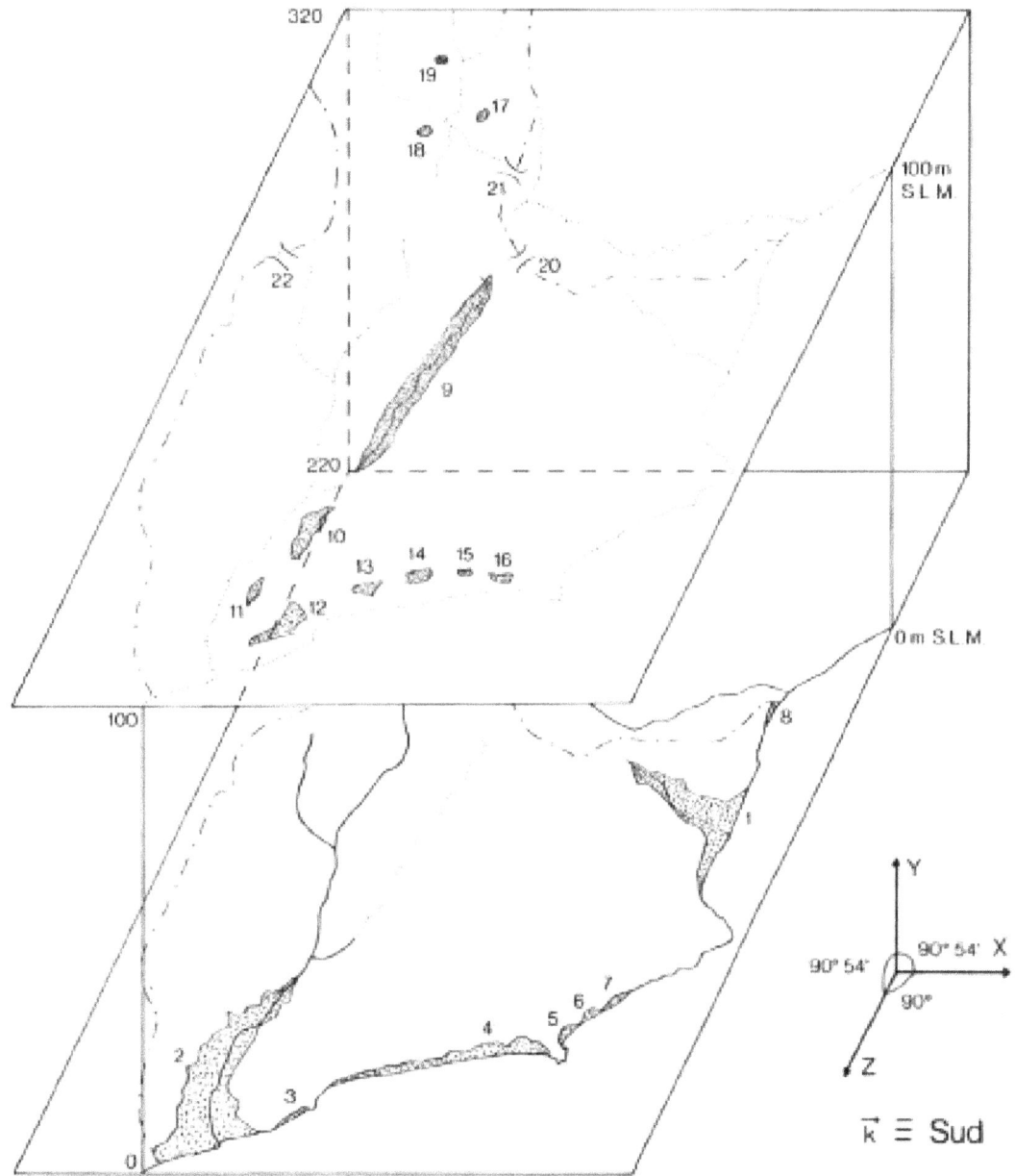

FIG. 6.11 – Ubicazione delle forme indicate in tab. 6.3. Gli assi cartesiani indicano l'orientazione spaziale dei due piani (paralleli al piano di equazione y = 0).

Il contenuto faunistico delle grotte (Tiné, 1982) indica che nella parte finale del Pleistocene inferiore e nel Pleistocene medio il clima alternò:

- fasi fredde, nelle quali si depositarono *éboulis ordonnés* a spese delle rocce più gelive (calcari dolomitici, quarziti…);

- intermedie, causanti una tendenza al rimodellamento in polje delle valli allogeniche abbandonate e dei *cockpit* (fig. 6.10 C e 6.12), che in questi ultimi formò basse pareti rocciose sovraescavate al margine dei valloni a fondo piatto;

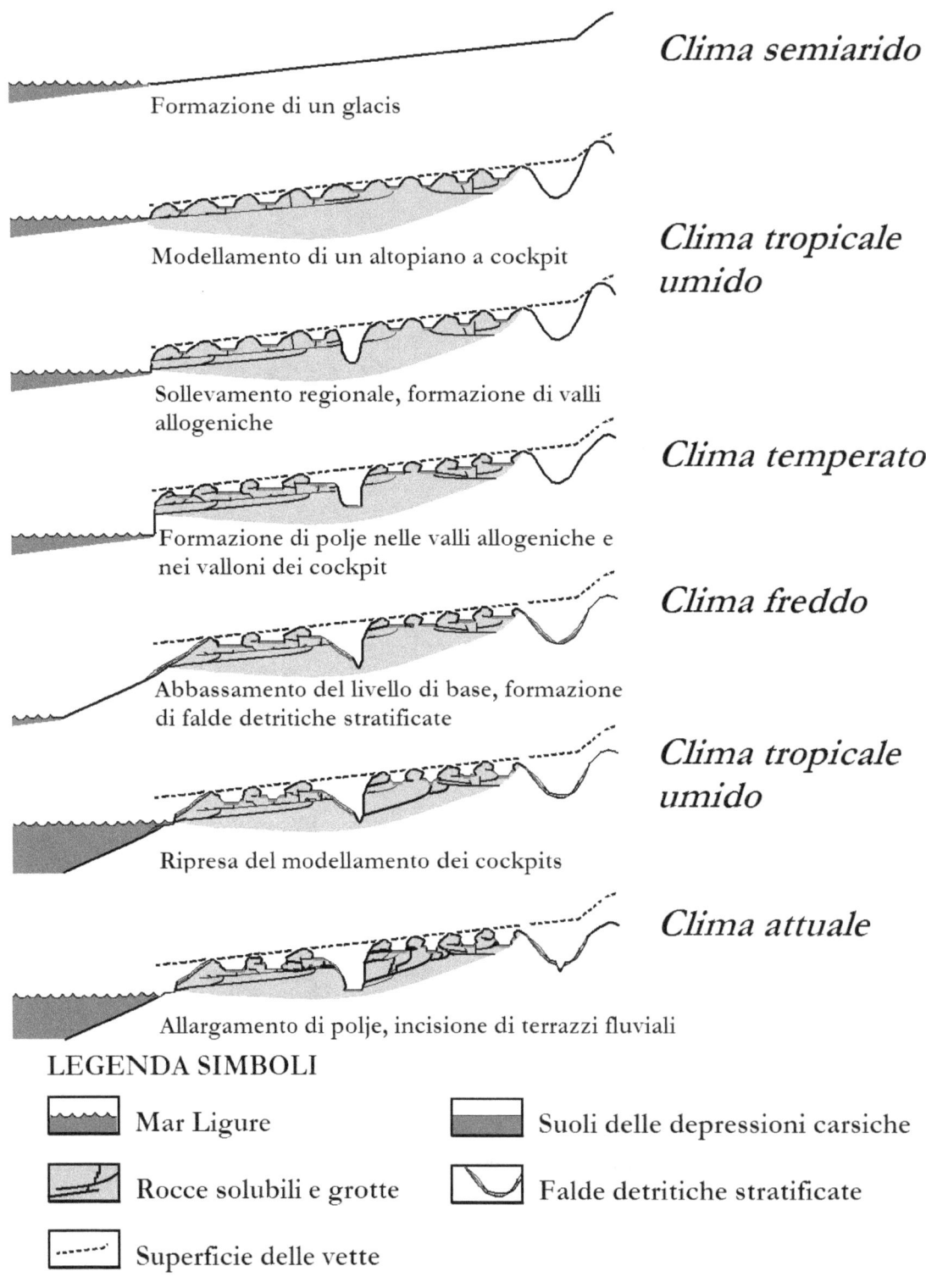

Clima semiarido

Formazione di un glacis

Clima tropicale umido

Modellamento di un altopiano a cockpit

Clima temperato

Sollevamento regionale, formazione di valli allogeniche

Clima freddo

Formazione di polje nelle valli allogeniche e nei valloni dei cockpit

Clima tropicale umido

Abbassamento del livello di base, formazione di falde detritiche stratificate

Clima attuale

Ripresa del modellamento dei cockpits

Allargamento di polje, incisione di terrazzi fluviali

LEGENDA SIMBOLI

Mar Ligure   Suoli delle depressioni carsiche

Rocce solubili e grotte   Falde detritiche stratificate

Superficie delle vette

Fig. 6.12 – Effetto delle oscillazioni climatiche sull'evoluzione morfologica degli altopiani del Finalese nel Quaternario. Il disegno è una rappresentazione indicativa, non in scala, e le oscillazioni climatiche sono state più numerose di quelle in esso riportate.

- calde, con approfondimento dei *cockpit* e talora (Isasco, Mànie?) loro allargamento e trasformazione in macrodoline a fondo piatto.

Da questa alternanza derivano le gradinate di paretine oggi presenti sui versanti delle colline dei *cockpit* (molte delle quali celebri come siti di arrampicata sportiva), particolarmente dove affiorano i calcari miocenici (altopiani delle Conche e dell'Orera).

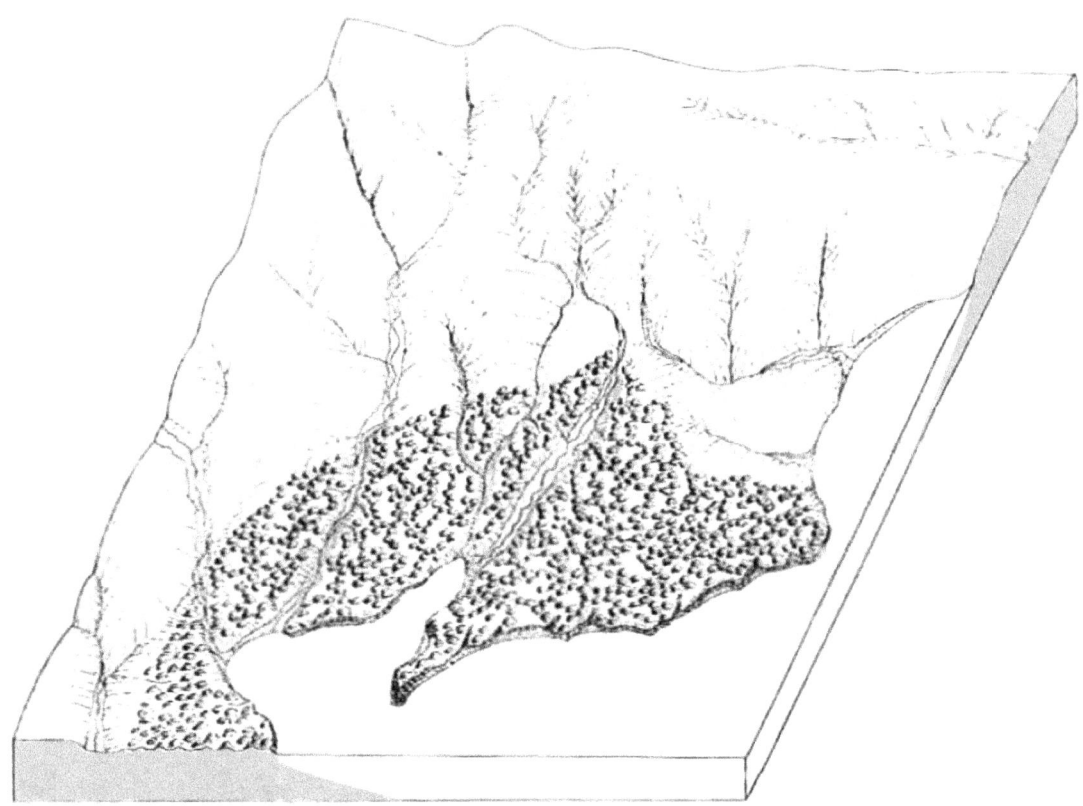

Fig. 6.13 – **Il Finalese nello Stadio 5. L'originario altopiano carsico è assai ridotto, sia per l'abrasione marina sia per l'erosione fluviale, a beneficio delle valli allogeniche che, grazie alla stabilità del livello di base, diventano larghe e pianeggianti. Molti sistemi carsici ipogei, troncati dall'erosione, sono inattivi e accessibili all'uomo e ai grandi mammiferi.**

STADIO 6 – FORTE SOLLEVAMENTO RELATIVO (PLEISTOCENE MEDIO, PROBABILMENTE IN UNA O PIU' DELLE MAGGIORI GLACIAZIONI)

Allo stadio 5 segue un brusco sollevamento relativo dell'area, non tanto dovuto a ripresa dell'attività tettonica (probabilmente mai del tutto interrotta) quanto piuttosto a una regressione marina. È ovvio attribuirla alla prima delle glaciazioni del complesso mindeliano, anche se in questa parte più orientale delle Alpi Liguri mancano totalmente depositi morenici e forme attribuibili al modellamento glaciale: compaiono solo più a occidente a partire dall'alta val Pennavaira, con circhi glaciali aventi soglie a quote di poco superiori ai 1000 m; più a oriente nell'Appennino Ligure, a quote analoghe.

L'abbassamento del livello di base carsico, probabilmente perché legato all'eustatismo piuttosto che a cause tettoniche, è più rapido di quello dello Stadio 3: così fra 60 e 100 m di quota si trovano solo poche e piccole grotte.

In questo stadio si ha un notevole ringiovanimento di quasi tutto il reticolo: dei vecchi fondovalle, con l'eccezione già citata del Ponci e della Valle Urta, rimangono solo terrazzi fluviali. L'assenza totale di terrazzi fluviali sospesi di 55 - 75 m sugli alvei attuali indica che il reticolo fluviale si è approfondito rapidamente sino a raggiungere la quota corrispondente a 55 m sull'alveo attuale, senza periodi di stasi in cui il fondovalle potesse allargarsi. In questo stadio si delinea l'attuale percorso del Pora (fig. 6.10 C), per l'abbandono del tratto che scorreva fra Rocca Carpanea e Rocca di Perti. Di conseguenza, tale tratto oggi è l'unico ben conservato del vecchio fondovalle, mentre altrove solo qualche terrazzo ne resta a testimonianza.

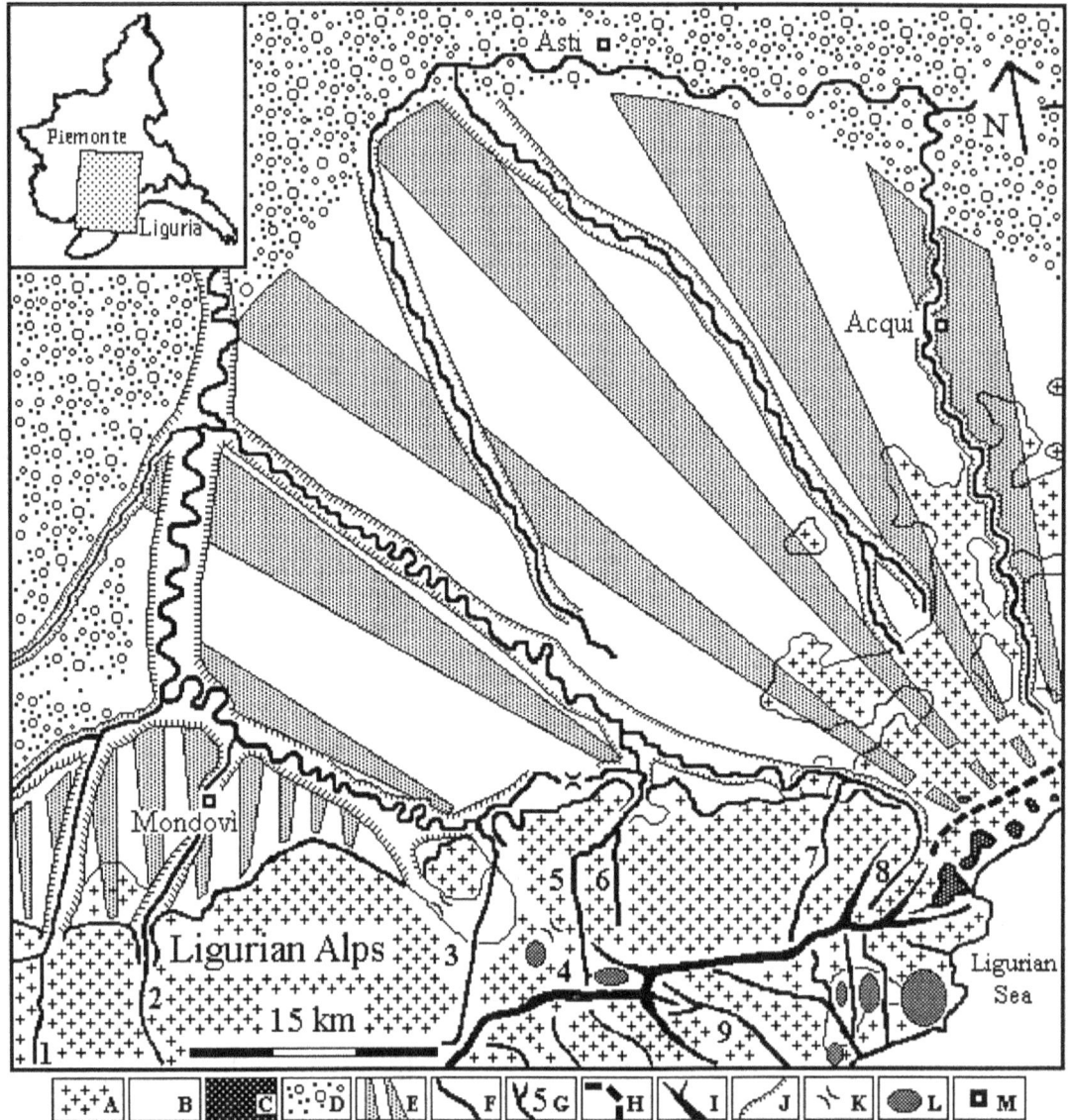

Fig. 6.14 – Lo stadio 6 è verosimilmente lo stesso in cui si è completato lo smembramento dei *glacis* monregalesi e delle Langhe. La figura mostra la ricostruzione della geografia di quest'area nel Pleistocene medio (da Biancotti & Motta, 1997). A - I, M: vedasi fig. 6.8. J: scarpate di terrazzo. K: selle fluviali. L: altopiani carsici.

Sul versante padano, numerosi allineamenti di selle fluviali indicano un progressivo terrazzamento del reticolo primitivo sviluppato sui *glacis,* che si approfondisce di 80-100 m (Biancotti, 1981c) e migra progressivamente verso N, probabilmente per tutto il Pleistocene medio, secondo Biancotti (1981a) per un basculamento regionale. Di conseguenza questo settore del reticolo, inizialmente tributario di valli dirette verso l'astigiano (Biancotti & Cortemiglia, 1982), alla fine del Pleistocene scorreva direttamente verso l'alessandrino (L. & M. Motta, 1995).

Nelle Alpi Liguri la riattivazione (probabilmente nel Pleistocene inferiore), della Linea del Tanaro, già esistente nell'Oligocene medio, causò l'abbandono del paleoreticolo drenante verso WNW. Il Tanaro, il fiume principale, assunse nel suo tratto alpino l'andamento attuale, con forte aumento dell'energia di rilievo, che causò numerosi movimenti gravitativi sui cui corpi di frana si svilupparono suoli con processo di alterazione fengite → interstrato ordinato → vermiculite allo stadio di sviluppo del massimo di interstrato ordinato (Motta & Motta, 1994), confrontabili con i suoli dell'Italia centrale datati al Pleistocene medio (Pozzuoli *et alii*, 1992).

Lo Stadio 6 è sicuramente precedente ai depositi marini di Capo Noli e Varigotti, sedimentati a pochi metri di profondità e oggi sospesi sul livello marino di alcuni metri, quindi certamente appartenenti ad una successiva fase trasgressiva del Pleistocene medio - superiore.

STADIO 7 – ALTERNANZA DI APPROFONDIMENTI E ALLARGAMENTI DEL RETICOLO IDROGRAFICO (PLEISTOCENE MEDIO)

In questo stadio si formò la prima serie di terrazzi fluviali della fig. 3, sospesi di 15 – 55 m sugli alvei attuali, e numerosi terrazzi marini nella bassa Val Pora, oggi a 55 m sul livello del mare (Motta, 1991).

Le forme lasciate da questo stadio derivano principalmente da variazioni eustatiche (il Milazziano della tab. 6.4 per i terrazzi fluviali oggi a 55 m s.l.m., e forse anche per la fase di sommersione marina delle Grotte di Valdemino, che si aprono a 45,5 m s.l.m.), come pure la distribuzione altimetrica delle grotte, che sotto i 50-60 m di quota non si addensano tutte al livello del mare attuale, ma sono distribuite in maniera più ampia.

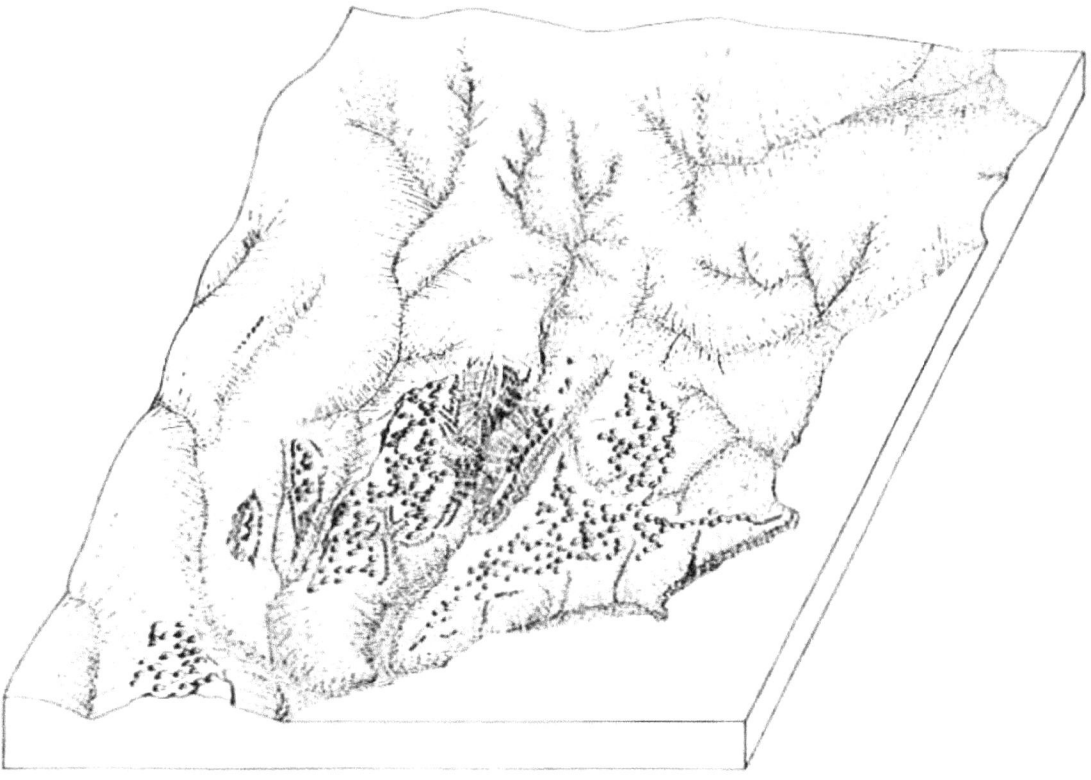

Fig. 6.15 – Il Finalese nello Stadio 7, con l'ulteriore smembramento degli altopiani carsici, ha praticamente preso l'aspetto odierno.

Con ogni probabilità questo stadio fa ancora parte del Pleistocene medio, perché il livello di base è troppo elevato per i valori comunemente associati al Tirreniano. In tale periodo, come indica il contenuto faunistico delle Grotte di Valdemino (databili, secondo il sito web delle grotte, tra i 500.000 ed i 750.000 anni fa), si alternarono faune di clima caldo (macaco, tigre, rinoceronte, elefante, coccodrillo…) e freddo (stambecco, mammut, cervidi, orso, cavallo…). Le variazioni climatiche e la conseguente alternanza di biostasia – rexistasia possono essere state un'importante concausa delle variazioni erosive.

Tab. 6.4 - Trasgressioni marine quaternarie e quota media a cui si trova traccia delle relative linee di riva in Liguria, secondo Nilsson (1983) e Tiné (1982). L'entità delle trasgressioni è pienamente comparabile con l'altezza sul livello marino attuale per le più recenti, mentre per quelle antiche è via via sempre più influenzata dall'entità del sollevamento tettonico successivo. Da Biancotti & Motta, 1989.

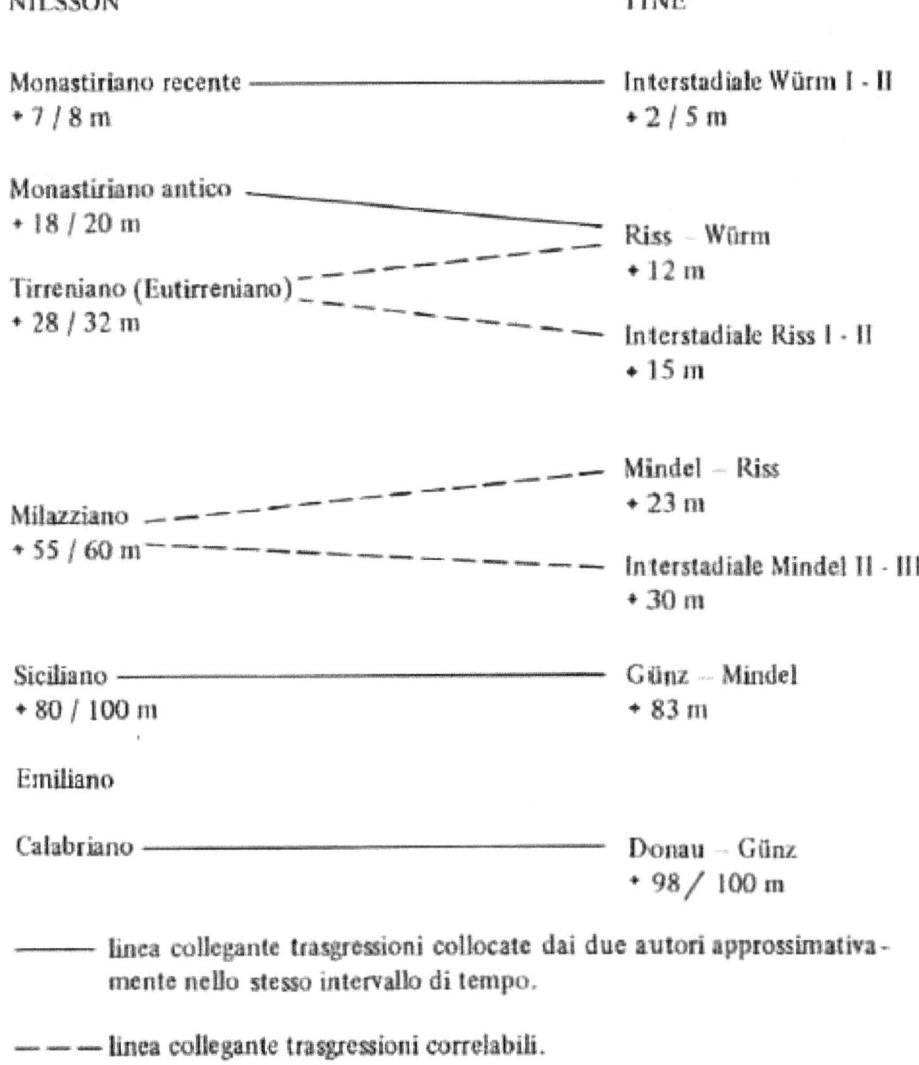

NILSSON   TINE'

Monastiriano recente ————————————— Interstadiale Würm I - II
+ 7 / 8 m   + 2 / 5 m

Monastiriano antico   Riss - Würm
+ 18 / 20 m   + 12 m

Tirreniano (Eutirreniano)
+ 28 / 32 m   Interstadiale Riss I - II
                                           + 15 m

                                           Mindel - Riss
                                           + 23 m
Milazziano
+ 55 / 60 m   Interstadiale Mindel II - III
                                           + 30 m

Siciliano ———————————————————— Günz - Mindel
+ 80 / 100 m   + 83 m

Emiliano

Calabriano ——————————————————— Donau - Günz
                                           + 98 / 100 m

———— linea collegante trasgressioni collocate dai due autori approssimativamente nello stesso intervallo di tempo.

— — — linea collegante trasgressioni correlabili.

STADIO 8 – OSCILLAZIONI MODERATE DEL LIVELLO MARINO (PLEISTOCENE SUPERIORE – MEDIO?)

Le oscillazioni del livello marino indicate dall'analisi dei depositi marini di Capo Noli sono rapide ma modeste e hanno quasi certamente cause esclusivamente eustatiche. Sono distinguibili due trasgressioni, separate da una fase regressiva sufficientemente lunga da permettere che parte del solco di battente alla quota attuale di 1,6 m si trasformasse in una grotta carsica e che questa si riempisse parzialmente. Ciò consente di dividere lo Stadio 8 negli episodi 8a, 8b, 8c. La collocazione in una scala cronologica di questi episodi è resa difficile dalla divergenza di opinioni della comunità scientifica su età ed entità delle trasgressioni "tirreniane" *latu sensu*. Si confronti ad esempio la fig. 6.1 con tab. 6.4, dove lo schema di Tiné (1982), basato proprio su dati della Liguria Occidentale, analizzati secondo i concetti derivati principalmente da De Lumley & Woodyear (1969), risulta obsoleto specialmente riguardo all'entità delle trasgressioni pre-tirreniane, in quanto non considera minimamente il sollevamento tettonico della regione. Un altro schema a cui si fa riferimento in Motta & Motta (1989), è quello di Ozer & Ulzega (1982) basato sul Tirreniano sardo.

Stadio 8a - Ingressione ioniana

Vi si riferiscono alcune brecce fossilifere a matrice argillosa ed altri litotipi subordinati, depositati entro un solco di battente probabilmente formatosi nello stesso episodio trasgressivo. La profondità a cui si sono depositati i sedimenti non è specificabile esattamente, ma senza dubbio si tratta di pochi metri dato che la fauna è di ambiente litorale. Dato che le tasche di sedimenti sono attualmente 1-2 m sopra al livello del mare, se ne deduce che il livello marino arrivò almeno 3-10 m sopra quello attuale, valore ben confrontabile con la quota massima di numerosi terrazzi marini di tab. 6.3.

Lo stadio 8a può essere attribuito:

1) nello schema di Nilsson all'Eutirreniano o al Monastiriano antico. È da notare che l'entità di queste due trasgressioni per Nilsson è leggermente superiore a quella stimabile nella nostra zona; la causa è facilmente spiegabile ricordando che i valori proposti da Nilsson si riferiscono al livello marino all'acme delle relative trasgressioni, e che la profondità di deposizione dei sedimenti potrebbe essere stata sottostimata.

2) Nello schema di Tinè al Riss-Wiirm o all'interstadiale Riss I - Riss II.

3) Dalla correlazione di questi depositi con quelli sardi lo stadio risulterebbe attribuibile all'ingressione «pretirrreniana» di Ozer & Ulzega, 1982 (strato Ta della Sardegna settentrionale).

4) Dalla posizione cronologica delle oscillazioni eustatiche mediterranee (RSL_{Med}, fig. 6.16, tab. 6.6) lo stadio può coincidere con lo stadio marino isotopico 7a-c o, molto meno probabilmente, con gli stadi 7e (ciò implicherebbe che in seguito il sollevamento tettonico ha avuto forti variazioni e/o interruzioni) e 5e (implicherebbe che in area mediterranea in realtà è composto da due oscillazioni distinte, come in certe parti del mondo). Lo stadio 7a-c è collocato fra 197.000 e 214.000 anni fa, quindi dello Ioniano, anteriore al Tirreniano (fig. 6.18).

A questo stadio sono attribuibili anche i gradini morfologici che interrompono il versante meridionale dell'Altopiano delle Mànie e di Monte Capo Noli a 5-10 m di quota (Varigotti e Bordelle, 4 e 6 in fig. 6.11). Sono sicuramente terrazzi marini, con la falesia a monte ormai del tutto morta ma ancora ottimamente conservata. La loro morfologia mostra che si sono formati quando il livello marino era almeno una decina di metri sopra all'attuale (verosimilmente l'altezza massima dei terrazzi marini è 1-2 m inferiore rispetto al livello marino che li ha modellati). Il lato W del terrazzo di Varigotti conserva depositi marini, evidentemente successivi alla formazione della spianata su cui poggiano, e correlabili, per analogia di facies e quota, con i depositi di Capo Noli. Il terrazzo di Varigotti non può essere più recente del Tirreniano, perché successivamente ad esso il livello marino non è mai più risalito abbastanza da attivare il modellamento marino alla quota del terrazzo. Considerata la quota è probabile che la sua superficie sia stata modellata dall'ingressione ioniana, mentre i sedimenti su di esso potrebbero anche essere dell'ingressione tirreniana.

Stadio 8b - Regressione pretirreniana

A Capo Noli i sedimenti dello Stadio 8a sono troncati verso l'alto da una superficie d'erosione che testimonia senza dubbio la completa emersione, perchè su di essa si è deposto successivamente uno strato tabulare di calcare alabastrino (roccia di ambiente sicuramente continentale). Evidentemente durante una fase regressiva i processi agenti nel solco di battente sono diventati quelli di una vera e propria piccola grotta, sul cui fondo si è formato uno strato di calcare alabastrino. Il litotipo indica che in questo stadio il livello marino era a quota ben inferiore all'attuale dato che, nelle grotte raggiunte frequentemente dagli spruzzi, fitocarsismo e salsedine impediscono generalmente la deposizione di calcite concrezionata.

In questo stadio si è con ogni probabilità sviluppata la parte oggi sommersa della Grotta di Capo Noli (Motta, 2021), estesa almeno 6,5 m sotto il livello marino attuale (vedi descrizione della grotta); il suo livello di base carsico corrispondeva quasi certamente alle risorgenze, oggi sottomarine, antistanti Capo Noli. Poichè queste ultime al momento della loro formazione erano almeno a livello del mare, quest'ultimo era almeno 10 m più basso dell'attuale. Appare probabile che le berme sommerse finalesi principali, situate sempre tra le isobate - 8,5 e - 10 m (Cortemiglia, 1991), siano testimoni di una linea di riva oggi sommersa come le risorgenze sopra ricordate. Ovviamente, non necessariamente tale linea di riva rappresenta il più basso livello raggiunto dal mare nel periodo compreso fra le due ingressioni.

Lo Stadio 6b può essere collocato:

1) nello schema cronologico di Nilsson, nell'intervallo di tempo fra il Monastiriano antico e recente, oppure in quello fra il Monastiriano antico e l'Eutirreniano.

2) Nello schema di Tiné, nel Wiirm I o nel Riss II-III.

3) Lo stadio è correlabile cronologicamente con i depositi continentali interposti fra gli strati Ta e Tb della Sardegna settentrionale (Ozer & Ulzega,1982).

4) Dalla posizione cronologica delle oscillazioni eustatiche mediterranee (RSL$_{Med}$, fig. 6.16, tab. 6.6) lo stadio può coincidere con lo stadio marino isotopico 6, collocato 135.000 – 141.000 anni fa o, molto meno probabilmente (vedasi stadio 8a) con gli stadi marini isotopici 5e o 7d.

Stadio 8c - Ingressione tirreniana

Sopra lo strato di calcare alabastrino ricordato si sono depositati sedimenti marini che contengono inglobati frammenti dello strato anzidetto, quindi sicuramente legati ad una nuova fase trasgressiva. Essi mostrano di essersi deposti in condizioni di forte moto ondoso, probabilmente fra 1 e 2 m al di sotto della superficie. Considerando la quota massima a cui sono oggi, il livello marino relativo era 6-10 m sopra quello attuale.

Nei pressi degli affioramenti descritti si osserva a 5-6 m di quota un vistoso solco di battente scavato in rocce molto fratturate, che si prolunga in una lunga cengia. Dato che la forma è poco rimodellata nonostante la forte erodibilità del litotipo, è più che probabile che sia stata formata dall'ultima ingressione che è arrivata sino a tale altezza (e non da ingressioni precedenti): la stessa in cui sono stati deposti i sedimenti marini sopra descritti.

Lo stadio, in base a posizione altimetrica, contenuto paleontologico e stratigrafia, è riferibile:

1) nello schema di Nilsson al Monastiriano recente.

2) Nello schema di Tiné all'interstadiale Wiirm I-II.

3) Nello schema di Ozer & Ulzega (1982), per la presenza di *Patella ferruginea* e *Isara cornea* e la mancanza di *Strombus, Conus* e altri generi caratteristici dello strato Tc, alla "Prima ingressione Tirreniana" della Sardegna settentrionale (Formazione di Cala Mosca, strato Tb).

4) Dalla posizione cronologica delle oscillazioni eustatiche mediterranee (RSL$_{Med}$, fig. 6.16, tab. 6.6) lo stadio coincide con lo stadio marino isotopico 5e, datato fra 119.000 e 126.000 anni fa.

Tab. 6.5 – Altezza delle linee di riva rispetto al livello del mare attuale, riconosciute nel Finalese. Questi valori ovviamente sono molto diversi da quelli di fig. 6.1 e fig. 6.16, perché risentono del progressivo sollevamento tettonico del Finalese.

Stadio	Altezza del livello marino (m)	Collocazione cronologica
1	260? (quota minima del *glacis*) 280?? (livello di base carsico ipogeo)	Inizio Pleistocene inf.?
2	≈ 200 (livello di base carsico ipogeo) < 220 (quota minima attuale fondo depressioni carsiche) ≈ 200 (sella di Gorra)	Pleistocene inf.
3	< 202 (sella di Gorra, 202 m s.l.m.)	
4	242 – 252	
5	100 – 105	Fine Pleistocene inf.?
6	Abbassamento da 100 a 55	Pleistocene medio
7	55	
8a	4,5 – 10	
8b	< - 10	
8c	6 – 10	Pleistocene superiore
9	Abbassamento da 10 a 0	Olocene

Ulteriori considerazioni circa l'età delle due trasgressioni anzidette possono essere formulate confrontando le associazioni marine fossili con le tanatocenosi attuali di scogliera osservabili a Capo Noli e con la bibliografia sui depositi analoghi delle altre grotte marine liguri. In generale le faune fossili di Capo Noli indicano un clima caratterizzato da fasi temperate e fredde. L'associazione fossile dei depositi della prima ingressione è considerabile una "fauna banale": tutte le specie ritrovate vivono ancora oggi in Liguria occidentale. Tuttavia la proporzione numerica fra gli esemplari delle varie specie differisce notevolmente da quella delle tanatocenosi attuali di Capo Noli: ciò presuppone condizioni ecologiche leggermente diverse. Molto significativa è la presenza nei depositi dell'ingressione ioniana di *Sus* cf. *scrofa* Linné, comune nei depositi liguri solo a partire dal Pleistocene superiore (Tiné, 1983, considera tale specie caratteristica del "Würm 1"; per Masini & Sala, 2007, è un tipico rappresentante dei "taxa caldi" dell'Aureliano). Anche il fossile di Caprinae fornisce interessanti elementi cronologici: fossili di questa sottofamiglia (riferibili a *Capra ibex* Linné) sono dominanti nel "Riss recente" e nel "Würm 1" della Grotta del Broion (Sala, 1980), e la comparsa di Caprinae nella serie dei depositi quaternari della grotta "B" di Spagnoli è riferita da Sala (1978) al "Würm I".

Indicativa è anche la quota raggiunta dal livello marino durante l'ingressione ioniana, paragonabile a quella dell'ingressione che ha lasciato i depositi, con analoghe associazioni fossili, della Caverna di Bergeggi (Vicino, 1981) e dell'exCasinò presso i Balzi Rossi, riferita alla "parte inferiore del Pleistocene superiore" da Cortemiglia (1982).

L'associazione fossile dell'ingressione tirreniana ha differenze ecologiche dall'associazione faunistica attuale non superiori a quelle che ha l'associazione dell'ingressione ioniana; peculiare dell'ingressione tirreniana è però la presenza di *Patella ferruginea*, attualmente rarissima in Liguria, e di *Mitra fusca* (= *Isara cornea*), attualmente diffusa nel Mediterraneo soltanto sulle coste sudoccidentali, dove si è recentemente reintrodotta dall'Africa occidentale (D'Angelo e Gargiullo, 1978). L'altezza sul livello attuale del livello marino durante l'ingressione tirreniana è quella di antiche linee di riva riconosciute in Riviera di Ponente a Capo Mele (Cortemiglia, 1982) e Bergeggi (Vicino, 1981), egualmente attribuite alla "parte inferiore del Pleistocene superiore" da Cortemiglia (1982).

Tab. 6.6 – Età e quota delle ingressioni marine nel Mediterraneo, secondo gli studi più recenti (RSL$_{Med}$).

Marine Isotope Stage	Age (ka)	Inverse model	Pacific benthic $\delta^{18}O_{sw}$	RSL$_{Red}$	RSL$_{Med}$	Planktonic $\delta^{18}O_{sw}$	Atlantic benthic $\delta^{18}O_{sw}$	$\delta^{18}O_c$ regression	Bates et al. (2014) mean
2	18–25	−123	−113	−114	−120	−130	−124	−123	−133
5e	119–126	0	3	18	−4	−10	28	4.9	12
6	135–141	−123	−130	−99	−94	−138	−97	−129	−130
7a–c	197–214	−20	12	14	12	−16	34	−3.6	−3
7e	236–255	−18	16	−3	1	−20	−6.2	−9.4	−10
9	315–331	−0.5	40	11	−5	−27	43	5	8
10	342–353	−111	−96	−114	−77	−98	−112	−126	−122
11	399–408	0	58	4	12	−5	57	5.7	9
12	427–458	−126	−146	−118	–	−142	−100	–	−147
13	486–502	−29	18	–	−8	−11	32	–	−5
16	625–636	−126	−113	–	–	−144	−125	–	−141
17	682–697	−23	31	–	0.5	−12	8.1	–	−4
19	761–782	−21	21	–	7.2	1	−6.8	–	−2

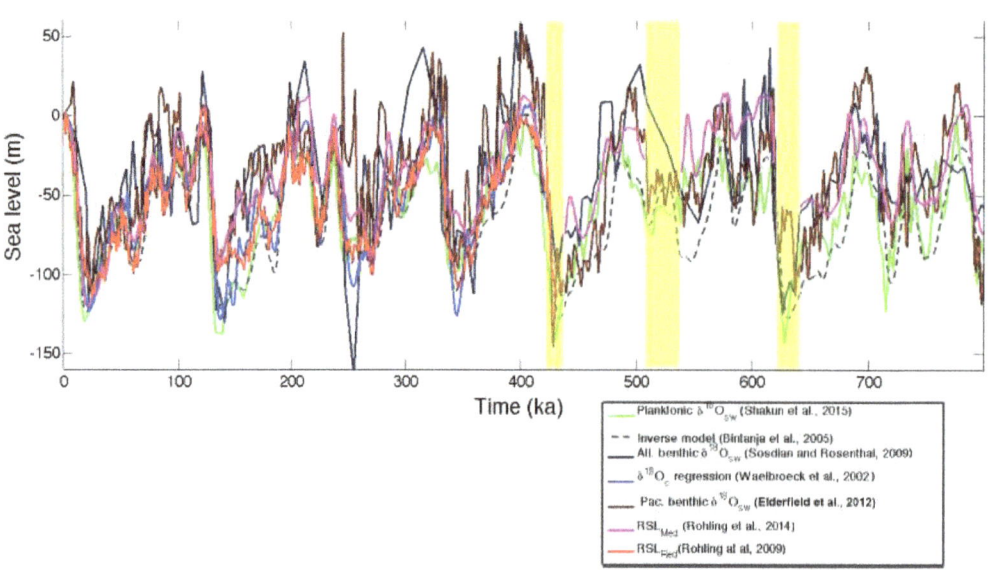

Fig. 6.16 – Oscillazioni del livello marino negli ultimi 800.000 anni. La curva relativa al Mediterraneo è la RSL$_{Med}$.

Poiché le ingressioni di cui siamo trattando sono alte pochi metri, lontano dalla costa la morfogenesi non ne risentì. Qui il processo morfogenetico principale è stato l'evoluzione del reticolo idrografico verso la maturità, con approfondimento delle valli (specie nelle parti in cui attraversano la zona carsica) e ampliamento a spese degli altopiani carsici, che si ridussero ulteriormente di estensione.

STADIO 9 – RAGGIUNGIMENTO DELLA SITUAZIONE ATTUALE DI MORFOGENESI PREVALENTEMENTE ANTROPICA

La fase regressiva post-tirreniana ha avuto notevole effetto sulla parte distale delle principali valli fluviali, causandone l'incisione al di sotto del livello di base attuale. Ne consegue che oggi tutti i corsi d'acqua della zona poco prima della foce scorrono in valli sovradimensionate e hanno forte tendenza alla sedimentazione, da cui i larghi fondovalle pianeggianti su cui sorgono Finalborgo, Finalpia e Noli, e le foci paludose di Sciusa e Pora.

Nell'Olocene la dinamica dei versanti subisce un forte impulso sia per le rapide variazioni climatiche sia per la progressiva pressione antropica. Quest'ultima dall'età romana diventa il fattore dominante specie riguardo a ruscellamento dei versanti (terrazzamento, incendi), dinamica fluviale (costruzione di briglie e rinforzo delle sponde fluviali), lavorazione e impermeabilizzazione del suolo (coltura, urbanizzazione), dinamica delle spiagge (ripascimenti, costruzione di opere di difesa costiera).

L'uomo a seconda delle zone ha ostacolato o favorito i processi erosivi. Fra le opere di difesa del territorio hanno particolare importanza geomorfologica il sistematico terrazzamento dei versanti, che in parte risale almeno all'Età del Ferro, e la costruzione di briglie lungo i torrenti, che dal 1933 ha ridotto fortemente le rovinose piene ed i fenomeni di franamento delle sponde, un tempo molto frequenti. Fra le azioni a favore dell'erosione, principalmente gli incendi (vedi capitolo sui suoli) e, recentemente, la diffusione del ciclismo fuori strada.

Oggi le forme più comuni alla sommità degli altopiani non sono più le depressioni chiuse, ma i sistemi di valloni a fondo piatto derivanti dallo sfondamento laterale dei *cockpit*. In essi, come nei pochi *cockpit* ancora conservati, è attivo il trasporto solido. Sembrerebbe quindi che il clima attuale, caratterizzato da piovosità media poco superiore ai 1000 mm annui ma molto elevata nei mesi primaverili e autunnali, sia ancora in grado di mantenere attivi, almeno nei mesi piovosi, i processi fluviocarsici tipici dei *cockpit*. Nei polje i processi tipici, come la corrosione marginale e il parziale allagamento nella stagione umida, sono egualmente presenti, ma progressivamente ridotti dall'apertura di doline a imbuto, avvenuta improvvisamente durante le forti piogge del settembre 1992 (Ajassa *et alii*, 1995) e nei successivi eventi pluviometrici eccezionali (1994, 2000, ecc.). Tuttavia le doline a imbuto non sono in grado di rimodellare sostanzialmente i valloni a fondo piatto dei *cockpit*; inoltre la loro formazione è contrastata dall'uomo, che le ottura con detriti o ne regola il deflusso con pozzi.

Sui versanti degli altopiani agiscono intensamente i processi del carso coperto e il fitocarsismo, favoriti dall'abbondanza di vegetazione. Tra le microforme del carso nudo attuali, sui calcari dolomitici prevalgono i graffi, mentre sui calcari puri lo sviluppo di fori, kamenitze e alveoli di corrosione dà alla roccia l'aspetto spugnoso caratteristico del fitocarsismo tropicale, benché queste microforme siano sicuramente attuali, sviluppandosi anche su nicchie di crollo recenti. Nonostante la forte permeabilità superficiale che ne deriva, gli eventi pluviometrici brevi e intensi sono in grado di attivare erosione e trasporto solido nelle numerose forre fluviocarsiche, asciutte per gran parte dell'anno. Nelle zone di calcari dolomitici triassici, ne deriva un paesaggio fluviocarsico a campi di monoliti simile a quelli che si incontrano in diverse zone alpine, ma povero di falde detritiche e con coperture abbastanza continue di suoli e vegetazione.

Il reticolo ipogeo è fortemente condizionato dalla struttura geologica, in particolare dall'inclinazione della superficie d'appoggio della Pietra di Finale, e dalle faglie nelle zone d'affioramento delle altre rocce solubili. Perciò esso usa sovente le stesse grotte di drenaggio dei *cockpit* nonostante le profonde modifiche del reticolo fluviale e del livello carsico di base avvenute durante il Quaternario. Così il carsismo ipogeo conserva tutt'ora l'originale impronta tropicale: le grotte attive sono sovente gallerie paragenetiche, in cui si alternano camere e sifoni semiostruiti da depositi sabbiosi o ghiaiosi.

Il clima attuale è favorevole al concrezionamento ipogeo, per cui le grotte inattive sono in genere quasi completamente ostruite.

In ambiente costiero dopo la regressione post-tirreniana il livello marino non ha più subito variazioni metriche. Il processo geomorfologico più caratteristico sono le alternanze erosione-ripascimento delle spiagge che nel secolo scorso sembravano seguire ritmi ciclici (Fierro *et alii*, 1975). Negli ultimi decenni ad esse si é sostituita una fase di generale erosione, in conseguenza della lotta all'erosione dei versanti, che ha diminuito l'apporto fluviale di sedimenti alle spiagge; l'erosione viene contrastata con massicci interventi antropici, quali ripascimenti e costruzione di pennelli.

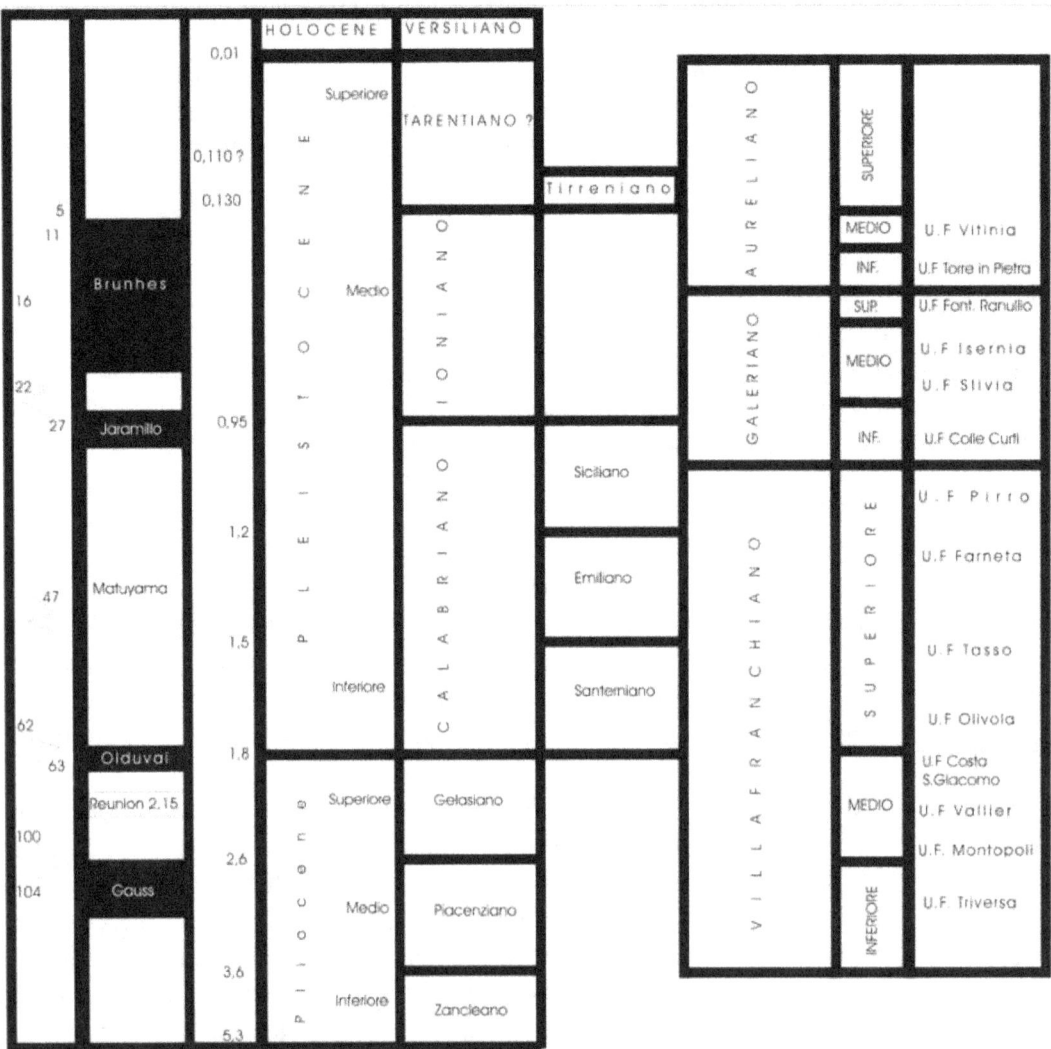

Fig. 6.17 – **Rapporti tra cronologia assoluta, ingressioni marine e unità faunistiche.**

Michele Motta & Luigi Motta

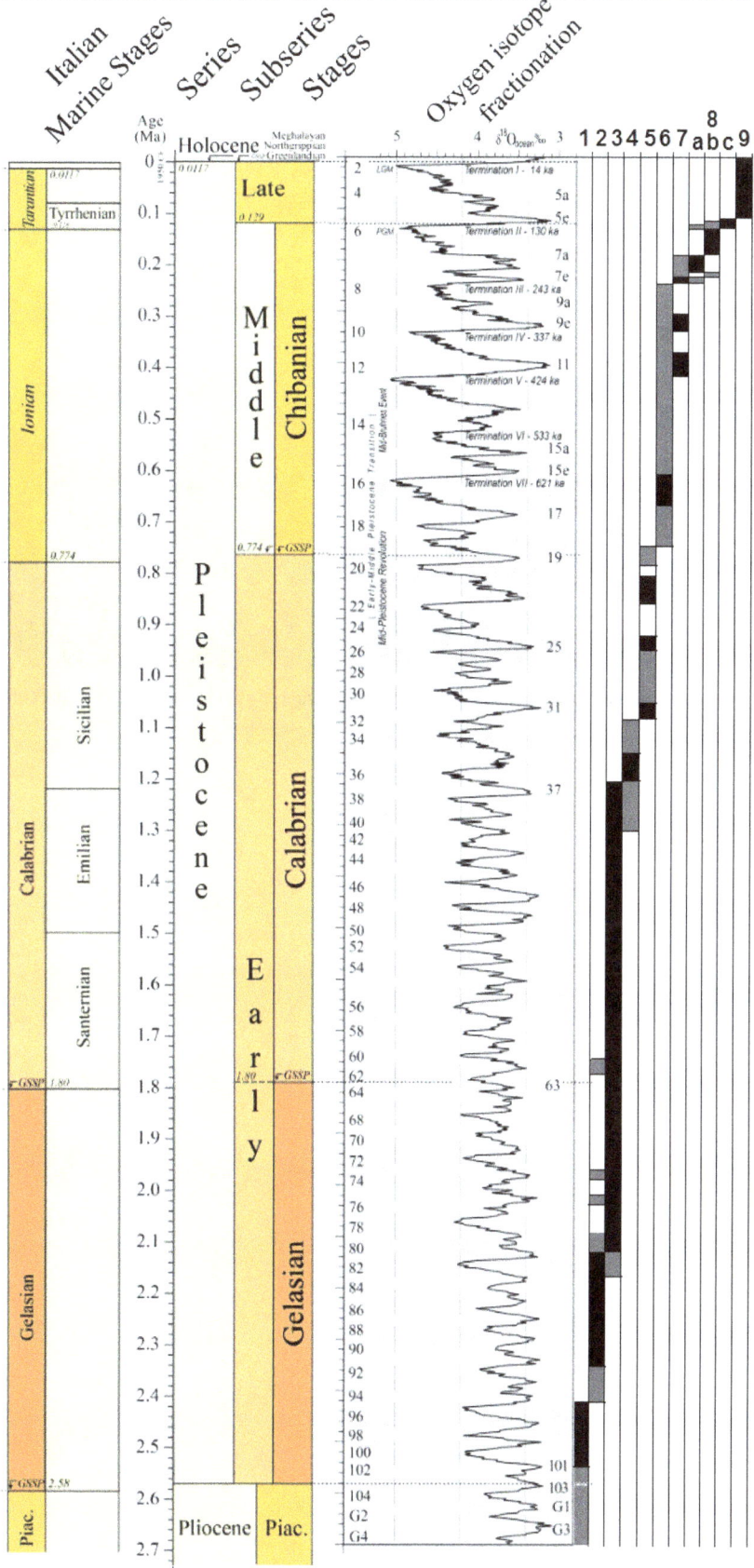

Fig. 6.18 - Collocazione degli stadi dell'evoluzione postmiocenica della regione nello schema cronologico dei Quaternario. In nero i periodi di tempo più probabilmente corrispondenti con gli stadi relativi; in grigio quelli in cui la probabilità è minore.

179

Fig. – Erosione concentrata causata dal passaggio frequente di MTB su sentieri (Monte Capo Noli).

BIBLIOGRAFIA

AA.VV, 1995, Atlante delle grotte e delle aree carsiche piemontesi: Regione Piemonte and AGSP, (A. Eusebio ed.), 206 p., Torino.

AA.VV. (1959): Attività di campagna. Grotte, 9, 5-10.

Agrillo, G., Bonati, V., 2013, Atlante climatico della Liguria: Genova, ARPAL - Centro Funzionale Meteoidrologico di Protezione Civile, 130 p.

Ajassa R. e altri, Il dissesto idrogeologico del Finalese ligure del Settembre 1992: in «La Sardegna nel mondo mediterraneo, IV convegno internazionale Studi di pianificazione territoriale e ambiente, Sassari-Alghero 15-17 Aprile 1993», Bologna, Pàtron, 1995, 153-170.

Ajassa, R., Motta, M., 1991, Osservazioni sui suoli della zona dell'Altopiano delle Mànie - M. Capo Noli: Studi e Ricerche di Geografia, 14 (2), 194-213.

D'Angelo G., Gargiulo S., 1978, Guida alle conchiglie mediterranee: Fabbri, Milano, 224 pp.

Arnò, C., Lana, E., 2005, Ragni cavernicoli del Piemonte e della Valle d'Aosta: Regione Piemonte & Associazione Gruppi Speleologici Piemontesi, Torino.

Arpal, 2016: Meteorological data. [Online] Available from: http://www.cartografiarl.regione.liguria.it/SiraQualMeteo/script/PubAccessoDatiMeteo.asp?_ga=1.131054856.625821549.1481913880 [Accessed 25th November 2016].

Arpal, 2017: Meteorological data. [Online] ,http://www.cartografiarl.regione.liguria.it/ [accesso il 13.12.2017]

Arpal, 2017: Meteorological data. [Online] http://www.cartografiarl.regione.liguria.it/ [accesso il 13.12.2017]

Badino, G., 1995, Fisica del clima sotterraneo: Memorie dell'Istituto Italiano di Speleologia, v. IIS,7 n. II, 137 pp., Bologna.

Badino, G., 2005, Underground drainage systems and geothermal flux: Acta Carsologica, 34 (2), 277-316.

Badino, G., 2010, Underground meteorology - "What's the weather underground?": Acta Carsologica, 39 (3), 427–448.

Balbiano d'Aramengo, C., and AGSP, 1993, Le grotte del Piemonte. Guida per l'escursionismo: Via dalla Pazza Folla Ed., Cassolnovo, Pavia.

Bernardini E., 1977, La preistoria in Liguria: SAGEP, 231 pp., Genova.

Biancotti A., 1981, Geomorfologia delle Langhe sudoccidentali: Mem. Acc. Sc. Torino, Cl. Sc.F.M.N., ser. V, 5 , 3-21.

Biancotti A., Brancucci G., Motta, M., 1990, Carta geomorfologica dell'Altopiano delle Mànie e dei bacini idrografici limitrofi: Studio Cartografico Italiano, Genova.

Biancotti A., Brancucci G., Motta, M., 1991, Note illustrative alla carta geomorfologica dell'Altopiano delle Mànie e dei bacini limitrofi: Studi e ricerche di Geografia, 14 (2), 155-177.

Biancotti A., Motta, M., 1989, Morfoneotettonica dell'Altopiano delle Mànie e zone circostanti (Liguria occidentale): Supplementi Geografia Fisica Dinamica Quaternaria, 1, 45-68.

Biancotti A., M. Motta, Morphotectonic Evolution of the Ligurian Alps and their Forelands: in «Zeitschrift fur Geomorphologie», Berlin, 1997, 35-60.

Biancotti, A., Bellardone, G., Bovo, S., Cagnazzi, B., Giacomelli, L., Marchisio, C., 1998, Distribuzione regionale di piogge e temperature: Regione Piemonte, 80 p., Torino, Italy.

Birot P., 1949, Sur le problème de l'origine des pédiments: C.R. Congr.lot. Geog. Lisbona, 2, 9-18.

Bixio, R., et al., 1987, Le nostre grotte – Guida Speleologica Ligure: Genova, Società Speleologica Italiana, 176 pp.

Boccalatte, A.W., 2018, Le grotte del finalese ligure: caratteristiche geomorfologiche e rilevazioni della frequentazione umana: Tesi di laurea in Scienze Geografiche, Un. Torino, a.a.2017-18, 121 pp.

Bögli, A., 1978, Karsthydrographie und physische Speläologie: Berlin, Springer, 292 pp.

Boni A., Boni P., Peloso G.F., Gervasoni S., 1980, Dati sulla neotettonica di parte dei fogli S. Remo (102), Imperia (103) ed AlbengaSavona (92-93): in: "Contributi preliminari alla realizzazione della Carta Neotettonica d'Italia", P.F. Geodinamica, C.N.R.,1 (2), 1245-1272, Roma.

Boni A., Cerro A., Gianotti R., Vanossi M., 1971, Note illustrative della Carta Geologica d'Italia. Foglio 92-93 "Albenga-Savona": Serv. Geol. It., 142 pp., Roma.

Boni P., Mosna S., Vanossi M., 1968, La "Pietra di Finale" (Liguria occidentale): Atti Ist. Geol. Un. Pavia, 18, 102-150

Botosaneanu L., Holfinger J.R., 1991, Some aspects concerning colonization of the subterranean realm-especially of subterranean waters: a response to Rouch & Danielopol, 1987: Stygologia, 6, 129-142.

Gli altopiani carsici del Finalese

Brancucci, G., Motta, M., 1989, Note illustrative alla carta delle zone geomorfologicamente instabili dell'Altopiano delle Mànie e dei bacini idrografici limitrofi (Liguria occidentale): Studi e ricerche di Geografia, 12 (1), 59-68.

Buccino, G., e altri, 1978, I travertini della bassa valle del Tanagro (Campania). Studio geomorfologico, sedimentologico e geochimico: in «Bollettino Società Geologica Italiana», Roma, 97, 617-646.

Buecher, R.H., 1999: Microclimate Study of Kartchner Caverns, Arizona.- Journal of Cave and Karst Studies, 61, 108–120.

Cachia, M., De Marinis, R., Maifredi, P., Pastorino, M.V., 1974, Studio sulla circolazione delle acque sotterranee nella Valle del Rio dei Ponci. In: Atti XI Congresso Nazionale di Speleologia, Memoria XI di Rassegna Speleologica Italiana, Genova 1972, v. II, 251-263, Como.

Cachia, M. e altri, 1974, Contributi allo studio dei rapporti tra carsismo ed idrogeologia nel Finale: "La Valle del Rio dei Ponci" (Finale Ligure, SV): in Atti XI Congresso Nazionale di Speleologia, Como, Rassegna Speleologica Italiana, 11 (II).

Cailleux, A., Tricart, J., 1969, Traité de Géomorphologie: Paris, SEDES, 5 voll.

Calandri, G., 1997, L'anidride carbonica nelle grotte della Liguria occidentale: (ed.) Pensabene G., Atti XVII Congresso Nazionale di Speleologia, Castelnuovo Garfagnana, Firenze, 1st-15th September 1994, v. 1 (15), 91-97.

Calandri, G., 2003, Caratteri chimico-fisici della sorgente Acquaviva (Finale Ligure, prov. Savona): Bollettino del Gruppo Speleologico Imperiese CAI, 33 no. 55, 3-9.

Capello, C. F., 1955, Il fenomeno carsico in Piemonte. Le zone interne al sistema alpino: C.N.R. Centro studi geografia fisica, Ser. 10, Vol. 6., Mareggiani, Bologna.

Casati, P., 1972, I calanchi nelle brecce tettoniche della Dolomia Principale presso Castione della Presolana (Prov. di Bergamo): Natura, 63 (2).

Castiglioni, G.B., 1979, Geomorfologia: U.T.E.T., Torino.

Colagrossi A., acc. 01.04.2021, Quaternario, dal mare ai ghiacci: in www.ocean4future.org

Colosio A., 2017, Studio dei fattori che influenzano gli scambi termici in un inghiottitoio carsico (Altopiano delle Manie, Liguria): Ph. thesis Un. Turin, 178 pp.

Cortemiglia, G.C., 1982, Indizi geomorfologici significativi quale contributo alla stesura di una carta neotettonica della Liguria: in "Contrib. Concl. Realizz. Carta Neotett. d'It.", parte II, P.F. Geodinamica, C.N.R., 513, 397-404, Roma.

Cortemiglia G.C., 1991, Inquadramento morfogenetico generale della costa ligure e lineamenti morfologici principali del tratto compreso tra Finale Ligure e Spotorno: in A. Biancotti, G. Brancucci (ed.), Cuneo 28-31 Maggio 1991 – Guida all'escursione primaverile Gruppo Nazionale Geografia Fisica e Geomorfologia, 20-26.

Debelmas J.F., Kerckove, A., 1980, Les Alpes Franco-Italiennes: Géol. A[pine, 56, 21·58.

Derruau, M., 1965, Précis de Géomorphologie: Masson & C., Paris.

Dublyansky, Y.V., Spötl, C., 2015, Condensation-corrosion speleogenesis above a carbonate-saturated aquifer: Devils Hole Ridge, Nevada: Geomorphology, 229, 17–29.

Eusebio, A., (Ed.), 1995, Atlante delle grotte e delle aree carsiche piemontesi: Regione Piemonte & AGSP, Torino.

Faimon, J., Troppova, D., Baldık, V., Novotny, R., 2012, Air circulation and its impact on microclimatic variables in the Cısarská Cave (Moravian Karst, Czech Republic): International Journal of Climatology, 32, 599–623.

Fairbridge, R.W., 1968, The Encyclopedia of Geomorphology: Reinhold Book Co., New York.

FAO-UNESCO, 1975, Carte Mondiale des Sols: Vol. I. Legende. UNESCO, 62 pp., Paris.

Fierro, G., Imperiale, G., Montano, F. Piacentino G.B., 1975, Caratteristiche sedimentologiche delle spiagge del Finalese e loro evoluzione: Atti Soc. It. Sc. Nat. Mus. Civ. St. Nat. Milano, 115, 118-156.

Forni, L., Franceschetti, B., 1981, Parametri geomorfici quantitativi e momento evolutivo di un reticolo idrografico: applicazione al bacino del Torrente Cervo (Biellese): Geog. Fis. Din. Quat., 4 (1), 22-29

de Freitas, C.R., Littlejohn, R.N., Clarkson, T.S.S., Jernigan, J.W., Swift, R.J., 2001, A mathematical model of air temperature in Mammoth Cave, Kentucky: Journal of Cave and Karst Studies, 63, 3–8.

Gabert, P., 1962, Les plaines occidentales du Po et leur piedmonts: Louis-Jean, Gap, 531 pp.

Germain, V., 1930, Faune de France, mollusques terrestres et fluviatiles: Paris, Masson, 820 pp.

Gestionale speleologico ligure, 2017: Pozzo delle Cento Corde. [Online] Available from: http://www.catastogrotte.net/Navigator-view-137.html?q=corde&order=recordupdate&desc=1 [accessed on December 12, 2017]

Gestionale speleologico ligure, 2017: Arma do Prinsipa'a. [Online] Available from: http://www.catastogrotte.net/Navigator-view-171.html?q=corde&order=recordupdate&desc=1 [accessed on December 13, 2017]

Ghibaudo M., Peano G., 1983, Il regime del collettore di Bossea e le correlazioni intercorrenti fra l'idrologia e la climatologia della grotta (prime osservazioni): Mondo Ipogeo, 77-80.

Goudie, A.S., Viles, H.A., Pentecost, A. 1993, The Late-Holocene Tufa Decline in Europe: in «The Holocene», Amsterdam, 3, 181-186.

Hennig, G.J., Grun R., Brunnacker, K., 1983, Speleothems, Travertines, and Paleoclimates: in «Quaternary Research», Orlando, 20, 1-29.

Hoffmann, F., 1998, Les tufs et les travertins en Périgord-Quercy. Etude de la dynamique passée et du fonctionnement actuel de dépôts carbonatés exokarstiques: Bordeaux, Université de Bordeaux, 3, 1-701 (Thèse doctorat).

Imperiale, G., Montano, F., Piacentino, G.B., Saglietto, F., 1982, Cartografia tematica relativa alla geomorfologia, litologia e acclività del bacino del Pora (Finale Ligure, Savona). Quad. Civ. Mus. Finale, 2, 24 pp.

Issel, A., 1885, Caverne ossifere del Loanese e del Finalese: Boll. Paleont. It., 11.

Issel, A., 1892, Liguria geologica e preistorica: Donath, Genova, 2 voll.

Issel, A., 1886, Contributo alla geologia ligustica: Roma, Tipografia Nazionale, 97 pp.

Kowalczk, A.J., Froelich, P.N., 2010, Cave air ventilation and CO_2 outgassing by radon-222 modeling: How fast do caves breathe?: Earth and Planetary Science Letters, 289, 209–219.

Lana, E., 2001, Biospeleologia del Piemonte: Regione Piemonte & AGSP, Torino, 262 pp.

Limondin-Lozouet, N., Preece, R.C., 2004, Molluscan Successions fron the Holocene Tufa of St Germain-le-Vasson, Normandy (France) and their Biogeographical Significance: in «Journal of Quaternary Sciences», Bognor Regis, 19(1), 55-71.

de Lumley, H., Woordyear, J., 1969, Le Paléolithique inférieur et moyen du Midi méditerranéen dans son cadre géologique. Tome 1. Ligurie et Provence: Gallia Préhist., Suppl. 5, CNRS, 463 pp., Paris.

Maifredi, P., Pastorino, M.V., 1969, Osservazioni idrogeologiche sulla sorgente dell'Acquaviva presso Finalpia: Atti Istituto Geologico Università Genova, 7 (1), 59-69.

Masini, F., Sala, B., 2007, Large and small mammal distribution patterns and chronostratigraphic boundaries from the Late Pliocene to the Middle Pleistocene of the Italian peninsula: Quaternary international, 160, 43-56.

Massa, S., 1971, Note meteorologiche (Grotta Andrassa e Tana di Spettari): Stalattiti e Stalagmiti, 1970-1971.

Massucco, R., 1972, La scomparsa della Grotta Pozzo di Capo Noli: Stalattiti e stalagmiti, GSS, 10, 1.

Moore, G.W., 1952, Speleothem, a new cave term: Nat. Speleol. Soc. News, 2.

Motta, L., Motta, M., 1989, I depositi quaternari di Capo Noli (Liguria occidentale): Mem. Acc. Lunigianese, 57-58, 147-166.

Motta, L., Motta, M., 1995, Evoluzione dello spartiacque Padano-Ligure presso il Colle di Cadibona: Atti Conv. "Rapporti Alpi - Appennino". Acc. Naz. Sc., Scritti e Doc., XIV, 485-497.

Motta, L., Motta, M., Ajassa R., Biancotti A. Mottura A., 1994, Rapporti fra morfologia e struttura nel Bacino di Bagnasco (Alta Val Tanaro, Alpi Liguri): Boll. Soc. Geol. It., CXIII, 1059-1076.

Motta, L., Motta, M., 1998, Il ritrovamento di molluschi marini nella Grotta dell'Edera nel quadro dell'evoluzione morfotettonica della Val Pora (Liguria occidentale): in «Il Quaternario», Roma, 10 (2), 495-502.

Motta, L., Motta, M., 2014, Oscillations of temperatures in Piedmont caves remarkable for speleofauna: in Proceedings, International Virtual Scientific Conference (SCIECONF 2014), 2nd, Zilina: 9 th - 13 th June 2014, Publishing Society, 412-417.

Motta, L., Motta, M., 2015a, The Climate of the Borna Maggiore di Pugnetto Cave (Lanzo Valley, Western Italian Alps): Universal Journal of Geoscience, 3 (3), 90-102.

Motta, L., Motta, M., 2015b, Thermic characterization of the Underground Superficial Compartment near Pugnetto cave system (Lanzo Valley, Western Alps): in Proceedings, International Virtual Conference on Advanced Research in Scientific Areas (ARSA-2015), 4th, Zilina: 9 th - 13 th November 2015, 4, 216-221.

Motta, M., 1987, Geomorfologia climatica e strutturale dell'altopiano carsico delle Manie e dei bacini idrografici limitrofi: Tesi di laurea in Scienze Geologiche Un. Torino, 3 voll.

Motta, M., 1991, Evoluzione morfologica postmiocenica degli altopiani carsici del Finalese occidentale e della Val Pora (Liguria occidentale): in "Guida Esc. Primaverile Gruppo Naz. Geogr. Fis. Geom", 35-40, Cuneo.

Motta, M., 2014, The Definition of the Extension of Quaternary Glaciers within Alpine Valleys, and his Application to Study of Subterranean Fauna: QUAESTI 2014, EDIS, Zilina, Slovak Republic, 439-444.

Motta, M., 2015, The analysis of geomorphic indicators for the definition of the extension of Pleistocenic glaciers within alpine valleys: method and applications: Acta Naturalis Scientia, 2 (1), 7-17.

Motta, M., 2016a, Handbook of recognition of Karst Microforms: Motta - Lulu Press, 101 pp., Raleigh.

Motta M., 2019, Qual'è la temperatura di una grotta?: Grotte, 168, 47-50.

Motta, M., Motta, L., 2014, Moyens de collecte des données climatiques dans les grottes. [Online] Available from: http:// www.speleo-doubs.com/congres2014 [accessed on December 10, 2016]

Motta, M., Motta, L., 2016a, Preliminary data on the temperature distribution in a ponor (Andrassa, Ligurian Alps). [Online] Available from: http://www.arsa-conf.com/actual-conferences-and-papers/?pa=831&cmd=det [Accessed December, 2016].

Motta, M., Motta, L., 2016b, The caves with single entrance have a circulation "air bag style" really? The hygrothermal conditions of Andrassa (Ligury, Italy): Proceedings of the 4th Virtual Multidisciplinary Conference (QUAESTI 2016). Zilina, Slovacchia, 12-16.12.2016, 125-130.

Motta, M., Motta, L., 2017, The climatic study of caves with single entrance: temperatures, humidity, thermal exchanges: Lulu, Raleigh (USA), 75 pp.

Motta, M., Motta, L., 2019, Le stagioni delle grotte – il microclima delle grotte del Finalese ligure: Lulu, Raleigh (USA), 167 pp.

Nilsson, T., 1983, The Pleistocene: Geology and Life in the Quatemary Ice Age: Reidel, Dordrecht, 651 pp.

Olgyay, V., 1990, Progettare con il clima: Franco Muzio, Padova, 181 pp.

Ordonez, S., Garcia del Cura, M.A., 1983, Recent and Tertiary fluvial carbonates in central Spain: in Collinson & Lewin (eds.), Ancient and Modern Fluvial Systems, International Association of Sedimentology, Oxford, 6, 485-497.

Oxer, A., Ulzega, A., 1982, Comptes-rendus de l'excursion-table ronde sur le Tyrrhenien de Sardaigne: Avril 1980. Cagliari, INQUA, 110 pp.

Pazdur, A., e altri, 2002, ^{13}C and ^{18}O Time Record and Paleoclimatic Implications of the Holocene Calcareous Tufa from South-Eastern Poland and Eastern India (Orissa): in «Journal on Methods and Applications of Absolute Chronology», Gliwice, 21, 97-108.

Pedley, H.M., 1990, Classification and Environmental Models of Cool Freshwater Tufas: in «Sedimentary Geology», Amsterdam, 68, 143-154.

Pentecost, A., LORD, T., Postglacial Tufas and Travertines from the Craven District of Yorkshire: in «Cave Sciences», Crickhowell, 1988, 15(1), 15-19.

Péres, J.M., Picard, J., 1964, Nouveau manuel de bionomie benthigue de la Mar Mediterranée: Rec. Trav. St. Mar. Endoume, Marseille, 31 (47), 137 pp.

Perna, G., Sauro, U., 1978, Atlante delle microforme di dissoluzione carsica superficiale del Trentino e del Veneto: Mem. Museo Tridentino Sc. Nat., ser. nuova, 22.

Perrodon, A., 1957, Etude géologique des bassins néogènes Sublittoraux de l'Algérie occidentale: Pubbl. Servo Carte Géol. Algérie, 12, 152 pp.

Raciti, F., 1974, Grotte di Capo Noli: inquadramento geologico ed ambientale: Rassegna Speleologica It., XI (1), 261-276.

Rovereto, G., 1934, Epirogenesi postpliocenica delle Alpi Marittime e della Riviera Ligure: Atti R. Acc. Naz. Lincei, Rend. CI. Sc.F.M.N., 20, 153-157.

Sala, B., 1978, La fauna Würmiana di Grotta B di Spagnoli: Riv. Sc. Preist., 33, 399-408.

Sala, B., 1980, Interpretazione crono-bio-stratigrafica dei depositi pleistocenici della Grotta del Broion (Vicenza): Geogr. Fis. Dinam. Quat., 3, 66-71.

Sauro, U., 1973, Il paesaggio degli Alti Lessini. Studio geomorfologico: Mem. f.s. del Museo di St. Nat., Verona, 6.

Schaetzl, R.J., Thompson, M.L., 2015, Soils – Genesis and Geomorphology, II edition, Cambridge University Press, 778 pp., New York.

Streiff, P., 1956, Zur Geologie des Finalese (Ligurien – Italien): Zürich, Universitat Zürich», 67, 1-82.

Symoens, J.J., Duvigneaud, P., Vanden Bergen, C., 1951, Aperçu sur la végétation des tufs calcaires de la Belgique: in «Bulletin Société Royal Botanique Belgique», Bruxelles, 83, 329-352.

Tiné, S., l982, I cacciatori paleolitici: SAGEP, 76 pp., Genova.

Tricart, J., Cailleux, A., 1965, Traité de Géomorpbologie - Le modelé des régions chaudes, foréts et savaines: SEDES, Paris, 322 pp.

U.S.D.A., 1980, Tassonomia del suolo: Edagricole, 855 pp., Bologna.

Vanossi, M., 1971, Contributi alla conoscenza delle unità stratigrafico strutturali del Brianzonese Ligure s.l.: Le strutture tettoniche nella zona tra Bardineto e Noli: Atti Ist. Geol. Un. Pavia, 21, 37-66.

Vicino, G., 1981, Scoperta di livelli quaternari a Bergeggi (Savona): Riv. Ingauna e Intemeha, n. s, 31-33, 183-187.

Vicino, G., 1982, Il Paleolitico inferiore in Liguria: in "Atti XXIII Riun. Scient. Ist. It. di Preistoria e Protostoria", 109-122, Firenze.

Zhang, D.D., e altri, 2001, Physical Mechanism of River Waterfall Tufa (Travertine) Formation, in «Journal of Sedimentary Research», Tulsa, 71 (1), 205-216.

Zucchiatti, A., 1972, Osservazioni geologiche-idrologiche in comune di Noli: Stalattiti e stalagmiti, GSS, 10, 19-21.